Über dieses Buch Unser ganz gewöhnlicher Alltag scheint sehr normal und friedlich zu verlaufen; die üblichen Dinge, die wir gebrauchen, essen, anziehen, mit denen wir wohnen, scheinen alle ohne Überraschungen zu sein. Wer dieses Buch gelesen hat, wird nicht mehr so unbefangen denken ... Um uns herum existiert ein phantastischer (Mikro-)Kosmos voller Kämpfe, Wunder und dramatischer Ereignisse, die wir nie vermutet hätten.

Milliarden kleinster Lebewesen bevölkern mit uns zusammen das Haus; Hunderte von Minisendern und -empfängern tauschen Geräusche aus; die Vorgänge der Evolution werden täglich in unseren vier Wänden nachvollzogen; Millionen von Lichtjahren entfernte Galaxien senden uns – durch das Rauschen des Fernsehers – ihre Botschaften ... Im spiegelglatten Aluminiumrahmen unseres Fensters bilden sich täglich größere Risse – auch wenn wir sie ein Leben lang nie sehen werden. Ein ganz gewöhnlicher Lippenstift verbrennt – unmerklich – auf der Haut. Blumengleiche Kristalle und explodierende Bälle zerfallen, wenn wir unserem Kaffee Zucker und Milch zufügen.

Die aufregendsten und faszinierendsten Wunder, die jeden Augenblick um uns herum geschehen, hat David Bodanis in diesem Buch beschrieben. Er schildert 24 Stunden in einem ganz gewöhnlichen – also einem sehr geheimnisvollen! – Haus, und das in einer Sprache, die diese Naturphänomene und Technikprozesse lebendig und sehr verständlich beschreibt. Dazu kommen 88 Abbildungen, die uns bewußter, wacher und klüger unseren Alltag erleben lassen.

Über den Autor David Bodanis arbeitete nach einem Mathematikstudium an der bekannten London School of Economics, bevor er freier Schriftsteller und Journalist wurde. Zur Zeit schreibt er (u. a.) für ›Times Literary Supplement‹, ›Washington Post‹ und ›The Observer‹.

David Bodanis
Das geheimnisvolle Haus
Die Mikrowelt,
in der wir leben

**Aus dem Englischen von
Gernot Barschke**

**Mit 88 Abbildungen,
davon 52 vierfarbig**

 **Fischer
Taschenbuch
Verlag**

Veröffentlicht im Fischer Taschenbuch Verlag GmbH,
Frankfurt am Main, März 1990

Lizenzausgabe mit freundlicher Genehmigung
des ECON Verlages, Düsseldorf
Die Originalausgabe ›The Secret House‹
erschien im Verlag Sidgwick and Jackson, London
Copyright © 1986 David Bodanis
Für die deutsche Ausgabe:
© 1988 ECON Verlag GmbH, Düsseldorf
Umschlaggestaltung: Manfred Walch, Frankfurt am Main
Satz: Fotosatz Otto Gutfreund, Darmstadt
Druck und Bindung: Clausen & Bosse, Leck
Printed in Germany
ISBN 3-596-28716-2

Inhalt

Zwei Aufnah-
men desselben
Hauses. Links
ein Thermo-
gramm, das
den Wärmever-
lust deutlich
macht.

Einleitung und Danksagung

Die Idee, dieses Buch zu schreiben, bekam ich, nachdem ich einige Zeit in einem sonderbaren Haus eines französischen Dorfes gewohnt hatte. Das Erdgeschoß war unter Einbeziehung einer sarazenischen Befestigungsmauer aus dem 12. Jahrhundert gebaut worden, der erste Stock war einige Jahrhunderte später errichtet worden, und so ging es weiter bis zur vierten Etage, einer Dachterrasse, die 1978 fertiggestellt worden war. Jede dieser Ebenen hatte eine andere Atmosphäre, eine andere Ausstrahlung. Was würde wohl dabei herauskommen, wenn ich versuchte, diese Ausstrahlung, dieses spezifische Wesen für ein modernes Haus zu erarbeiten?

Ein zufälliges, nochmaliges Lesen der Werke von Husserl in diesem Stadium meiner Überlegungen machte mir deutlich, auf welche Weise ich an dieses Unternehmen herangehen wollte. Warum sollte ich nicht einfach die unmittelbare Umgebung beschreiben, in der wir uns befinden, wenn wir uns mehr oder weniger ausgelassen oder auch verbissen durch einen ganz gewöhnlichen Tag bewegen? Nun stellte sich nur noch das Problem, in welchem Stil dies geschehen sollte. Ich verbrachte ein paar Monate damit, versuchsweise einige Kapitel zu schreiben, wobei sich ein Berg von zerknüllten Papierblättern ansammelte, der groß genug wurde, um die Dorfbewohner zu beeindrucken.

Schließlich erreichte ich den Stil, der mir geeignet zu sein schien. Wie sich herausstellte, war er von einer »wohlwollenden Unpersönlichkeit« geprägt: Ich nahm eine wohlwollende Haltung ein, während die Tatsachen unpersönlich blieben. Andere hatten diesen Weg bereits vor mir beschritten – Tati, Swift und Gimpel kannten sich in diesem Metier aus –, aber ich verspürte die Neigung, eine wissenschaftliche Betrachtung der Dinge vorzunehmen; eine angemessene Form, um die unmittelbare Umgebung des modernen Menschen zu beschreiben.

Nachdem dies nun alles klar war, blieb nur noch das geringfügige Vorhaben, Nachforschungen anzustellen und das Buch zu schreiben. Französische Dörfer weisen viele Vorzüge auf, aber wissenschaftliche Nachforschungen kann man dort kaum betreiben. London schien dafür geeigneter zu sein. June Hall, meine Agentin, sorgte für die Beschaffung der finanziellen Mittel, die in diesem Stadium notwendig waren, denn sie hatte in William Armstrong einen mutigen Verleger gefunden. Ohne seine Unterstützung wäre dieses Buch wahrscheinlich niemals geschrieben worden.

Erst einmal in London angekommen, machten es mir die Bibliotheken leicht, meiner Forschungsarbeit nachzugehen. Es war eine Freude, die Präsenzabteilung wissenschaftlicher Literatur der British Library, die Imperial College Library und die Hauptbibliothek der Universität London zu benutzen. Für historische Belange stellte sich außerdem die Science Museum Library als erstklassig heraus.

Eine vielleicht noch angenehmere Überraschung waren all die Organisationen und Einzelpersonen, die sich bereit erklärten, mit einem oftmals schlecht informierten Fragesteller, der lediglich über ein rein theoretisches Wissen verfügte, über kleine Probleme der angewandten Wissenschaft und Technik zu sprechen. Ihnen sei an dieser Stelle gedankt: The Air Infiltration Centre; The Assay Office, Goldsmiths Hall; Dr. J. P. Blakeman, Queen's University, Belfast; Dr. Sally Bloomfield, Department of Pharmacy, Chelsea College; Brick Advisory Centre; British Association for Chemical Specialities; British Institute of Cleaning Science; British Mycological Society; British Plastics Federation; British Textile Confederation; Building Research Station; Dr. Burtonwood, Huddersfield Poly; Dr. J. M. Clark, Porton Down Centre for Applied Microbiology and Research; Prof. Peter Clarke und seine Kollegen des Building Departments, Trent Poly in Nottingham; Cosmetic Toiletry and Perfumery Association; Electricity Council; Dr. George East, Leeds University; Dr. Griffiths, Pest Infiltration Laboratory; Dr. Alan Hedge, Environmental Psychology, University of Aston; Prof. Ewins und Dr. Flower, Imperial College; Dr. Peter Jackman, Air Infiltration Centre; Dr. Peter Jonas, Meteorological Office, Bracknell; Dr. H. G. Leventhal, Head of Acoustics, Atkins Research and Development; Dr. O. M. Lidwell, Common Cold Unit, Harvard Hospital Salisbury; Dr. C. A. Mackintosh, Central Public Health Laboratory; Ministry of Agriculture, Fisheries and Food; Dr. John Ridgeway, Water Research Centre; M. J. V. Powell, Construction Industry Research and Information Board; Rentokil Ltd.; Royal Institute of British Architects; Royal Institute of Public Health and Hygiene; Royal National Rose Society; Sainsbury's Technical Laboratories; Schweppes Research and Development Division; Dr. Wilson und Dr. Jeffries, Shirley Institute; Timber Research and Development Establishment; Society for Applied Bacteriology; Southern Gas; Dr. David Whitehouse, Mullard Space Science Centre. Natürlich ist niemand von ihnen für die verbliebenen Irrtümer oder Fehlinterpretationen verantwortlich.

Michael Marten von der Science Photo Library mit seinem Team professioneller Fotografen und seinen zahlreichen internationalen Kontakten half mir sehr dabei, die Fotografien für dieses Buch aufzustöbern und zu beschaffen.

Diese Einleitung wurde an einem Londoner Morgen um fünf Uhr fertiggestellt. Nachdem der Autor sie beim Verlag abgeliefert hat, wird er nach Frankreich in sein sonderbares mehrstöckiges Haus zurückkehren. Wie es jetzt dort aussieht, wird sich zeigen.

1. Kapitel
Morgens

Vom Wecker aus startet eine kugelförmige Stoßwelle und bewegt sich mit Schallgeschwindigkeit nach außen, breitet sich immer weiter aus, bis sie auf die Wand auftrifft. Ein Teil der Energie, die sie mit sich führt, bringt die Gardinen vor dem Fenster durch die Reibung des Ansturms dazu, sich zu erwärmen; der größte Teil der Energie prallt zurück, dringt in die Ohren der beiden Schläfer und weckt sie schließlich auf.

Ein Augenrollen und eine leichte Kopfbewegung, dann schält sich eine Frauenhand unter der sicheren Bettdecke hervor, tastet suchend auf dem Nachttisch herum, findet den Wecker und drückt auf den Knopf, um ihn abzustellen.

Das Summen des Weckers verstummt, doch das gleichmäßige hochfrequente Kreischen des Quarzkristalls im Innern der Uhr macht sich nun bemerkbar, breitet sich ebenso wie die Schallwelle vorher kugelförmig aus, prallt ebenfalls gegen die Wände und erwärmt die Gardinen. Aber diese zweite raumfüllende Stoßwelle ist nicht zu hören. Die Erwachte, verzweifelt bestrebt, die Unbilden des Morgens mit etwas besänftigender Musik abzuschwächen, streckt ihre Hand erneut hervor und tastet nach dem Radio. Die von der Quarzuhr ausgehenden kugelförmigen Impulse treffen ungehindert auf ihren Arm auf, wovon sie sich jedoch nicht abschrecken läßt: Sie findet das Radio, schaltet es an und hört einen kurzen Moment lang zu, dann greift sie heftig nach dem Abstimmknopf. Irgendein Einfaltspinsel hat ihn letzten Abend auf dem Nachrichtensender stehengelassen. Nun muß er von diesem nervenden Ge-

Durch Verwendung eines Infrarotfilms entstand dieses Bild, das die Wärmeverteilung eines Hauses bei Nacht zeigt. An den weißen Flächen ist das Gebäude am wärmsten, an den blauen und schwarzen am kältesten. Man beachte die starken Wärmeverluste am Dach, die durch die wirbelnden Strömungen der erwärmten Luft im Innern des Hauses ermöglicht werden.

fasel wegbewegt werden, um zu dem rettenden Sender zu kommen, der ständig klassische Musik überträgt.

Der Abstimmknopf dreht sich schnell, rast auf der Suche nach dem neuen Standort über die Megahertz hinweg. Während er sich zwischen den Sendern bewegt, ist ein Prasseln zu hören, außerdem ein leichtes Knistern und Zischen, was von der Frau aber ignoriert wird. Einige von diesen Knistergeräuschen sind die Aufschreie von weit in der Ferne explodierenden Galaxien, die sich im Todeskampf befinden und während ihres Vernichtungsprozesses eine gewaltig starke Teilchenstrahlung in Raum und Zeit hinausschicken. Weitere statische Störungen stammen von Blitzen, die auf weit entfernte Länder niedergehen und elektromagnetische Impulse durch die oberen Schichten der Atmosphäre senden. Diese Impulse bewegen sich über Meere und Wüsten hinweg in das am Bett stehende Radio hinein; alle werden empfangen und dann auf der Jagd nach dem richtigen Sender übergangen und ignoriert.

Das Radio stört den anderen Schläfer, aber nach mehrmaligem vergeblichem Zerren an der Bettdecke ist die Aufgabenverteilung klar bestimmt. Die Frau, die als erste wach geworden ist, legt sich entspannt wieder hin, um genüßlich der Musik zu lauschen, während ihr Mann noch etwas unsicher, seinen Protest im Innern zurückhaltend und sich darüber wundernd, wo die kultivierte Konversation seines Lieblingssenders abgeblieben ist, sich darauf vorbereitet, aus dem Bett zu steigen.

Rumms! Der Fuß des Mannes reckt sich aus dem Bett und trifft auf den Boden auf. Die Fußbodenbretter drücken sich nach unten, und ihre Schwingungen bewegen sich wie Wellen auf einem Teich seitwärts auf die Wand zu. Das ganze Haus wird durch die neue Belastung zusammengedrückt – die Ziegelsteine an der Stelle, wo der Fußboden in die Wand übergeht, schrumpfen durch das Gewicht um $\frac{1}{40000}$ Zentimeter zusammen.

Jeder Stoß, der nicht von den Wänden aufgenommen wird, bewirkt ein Beben des Fußbodens. Die Kommode fängt an, sich zu heben und zu senken, ebenso das Bett, der Stuhl, der Tisch mitsamt der darauf stehenden Pflanze, der Zeitschriftenstapel in der Ecke und sogar die alte Kaffeetasse, die auf den Fußboden gestellt worden ist. Alles hebt sich in die Höhe und fällt wieder hinunter, schnell erneut hoch und kracht wieder hinunter, da der Fußboden Schwingungen vollführt, um seine umherschwirrende Energie loszuwerden. Bei einem besonderen energischen Sprung aus dem Bett kann man die Bewegungen des Mobiliars sogar sehen (vornehmlich die Schirme von Nachttischlampen haben die Neigung, in solchen Augenblicken zu verrutschen), aber selbst bei einem sanfteren Auftreten findet die Erschütterung des Mobiliars statt.

Dann berührt der zweite Fuß den Boden, der Erwachte steht auf und geht zum doppelt verglasten Fenster, um zu sehen, was dort draußen geschieht.

Wie gewöhnlich regnet es. Aber es handelt sich nicht um Wassertropfen – die fallen nur an Schlechtwettertagen. Hierbei handelt es sich vielmehr um einen elektrischen Regen, der gleich frühmorgens niedergeht, ein Regen aus geladenen Luftteilchen, die Zerfallsprodukte eines radioaktiven Gases, das sich ganz in der Nähe gebildet hat. (Hauswände strahlen radioaktives Gas aus – etwas mehr, wenn sie aus Backsteinen oder Beton bestehen, etwas weniger, wenn sie aus Holz gebaut oder mit Metallplatten bedeckt sind –, ebenso Fußgängerwege und Straßenoberflächen.) Seitdem die Teilchen freigesetzt worden sind, schweben sie im unsichtbaren elektrischen Feld der unteren Atmosphäreschicht umher. Dieser elektrische Regen prasselt auf den Rasen, auf den Weg, der zur Haustür führt, aufs Dach, und nun kommt er auch durch das geöffnete Fenster hindurch ins Zimmer hinein. Es ist ein leichter Regen – mit vielleicht 200 Volt pro Meter, aber einer sehr geringen Stromstärke –, der überall dort, wo er auf die Schlafzimmerwände trifft, allmählich seine Ladung verliert und sich somit auflöst.

Das Fenster mit seinem Aluminiumrahmen wird wieder zugemacht; der unsichtbare Schauer hat kein besonderes Interesse gefunden. Beim Schließen des Fensters werden längliche Aluminiumspäne vom Rahmen weggerissen. Hätte es sich um ein Fenster mit Stahlrahmen gehandelt, so würde eine derart heftige Reibung eine geeignete Nische für den Rost bilden, der sich dann wenig später gut ausbreiten könnte. Doch in unserem Fall beginnt das Aluminiumfenster unauffällig damit, den entstandenen Kratzer selbst zu reparieren, genauso wie es das schon immer getan hat. Noch bevor sich der Täter abgewandt hat, beginnt seitwärts von der unversehrt

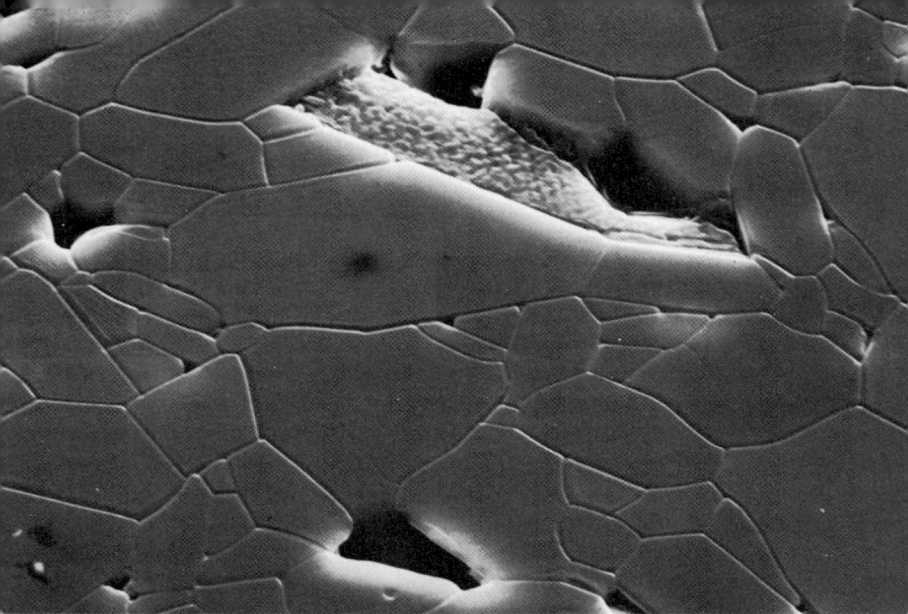

Aluminium, 4000fach vergrößert. Selbst dieses Musterstück, das reiner ist als das Aluminium in den meisten Drehkippfenstern, läßt erkennen, daß es mit Rissen, Spalten, Löchern und Unreinheiten durchsetzt ist.

gebliebenen Stelle aus eine neue Schicht Aluminiumoxid zu entstehen. Sie breitet sich über die mikroskopische Vertiefung aus, bedeckt und versiegelt sie, bis sie schließlich einen vollkommenen Ersatz für das weggerissene Stückchen gebildet hat.

Als das Aluminium im letzten Jahrhundert entdeckt worden ist, wurde es aufgrund seiner Eigenschaft der Selbstreparatur so behandelt, wie es ein so kostbares und mysteriöses neues Metall erwarten konnte. Der Kaiser von Frankreich rangierte sein Eßbesteck aus reinem Silber aus und ersetzte es durch ein anderes, das ganz aus diesem neuen und außerordentlich teuren Metall gefertigt war. Der amerikanische Kongreß zog den Vorschlag in Erwägung, einiges von dieser glänzenden Substanz zu kaufen und damit die Spitze des Washington-Monuments zu verkleiden – als Zeichen des Respekts für den Gründer der Nation; dieses Projekt war wegen der gewaltigen Kosten Ursache langer Diskussionen.

Erst als britische Chemiker während des Ersten Weltkrieges in einem abgeschossenen deutschen Zeppelin eine Aluminiumlegierung entdeckten, begann sich die Verwendung des Aluminiums als ein gewöhnliches Metall durchzusetzen, so daß heutzutage sein Vorhandensein in relativ billigen Drehkippfenstern als vollkommen normal angesehen wird.

Der Erwachte befindet sich nun auf seinem Weg zum Badezimmer. Während er vorangeht, setzt sich das Fußbodenbeben fort, und der Staub wirbelt beständig von dem unsichtbar zurückfallenden Mobiliar auf. Aber dort ist noch etwas, was sich unter seinen Füßen bewegt, nämlich unzählige kleine Wesen, die aus ihrem Schlaf gerissen werden, als der Mann über sie hinwegschreitet.

Es handelt sich um Milben, um Tausende und aber Tausende von winzigen Milben: Milbenmänner, Milbenfrauen, Milbenkinder, und abseits von den Hauptansammlungen liegen sogar noch die vertrockneten Körper der alten, vor langer Zeit gestorbenen Urgroßeltern der Milben. Brüder und Schwestern von ihnen befinden sich auch im Bett, in dem sie die Nacht kuschelig warm und weich unter unseren beiden Schläfern verbracht haben; und nun, da sich die gewaltige Last über ihnen regt, beginnen sie, sich ebenfalls zu regen und zu rekeln.

Das hört sich recht unangenehm an, ist aber völlig normal. Um sie ins Haus zu bekommen, brauchen wir gar nicht wochenlang die gleichen Bettlaken zu benutzen, den Hund in jede Ecke kriechen zu lassen und all die anderen schrecklichen, unhygienischen Dinge zu tun, die wir von den Leuten erwarten, deren Zimmer über und über »verwanzt« sind. Selbst wenn die Zimmer gut gelüftet sind und der Fußboden sauber ist – während der Hund nicht aus seiner Ecke heraus darf, um zu spielen –, werden die Milben dasein. Epidemiologische Untersuchungen zeigen, daß sich diese Kreaturen in fast 100 Prozent unserer Häuser aufhalten. Ebenso verhält es sich anscheinend auch in jedem anderen Industrieland. Ein Trost ist, daß es sich bei ihnen nicht um große, sichtbare Milben handelt, die ein Jucken verursachen wie etwa die nur zu gut sichtbaren und verhaßten Bettwanzen, sondern vielmehr um eine spezielle, besonders winzige Art (sie sind so klein, daß sie erst 1965 entdeckt wor-

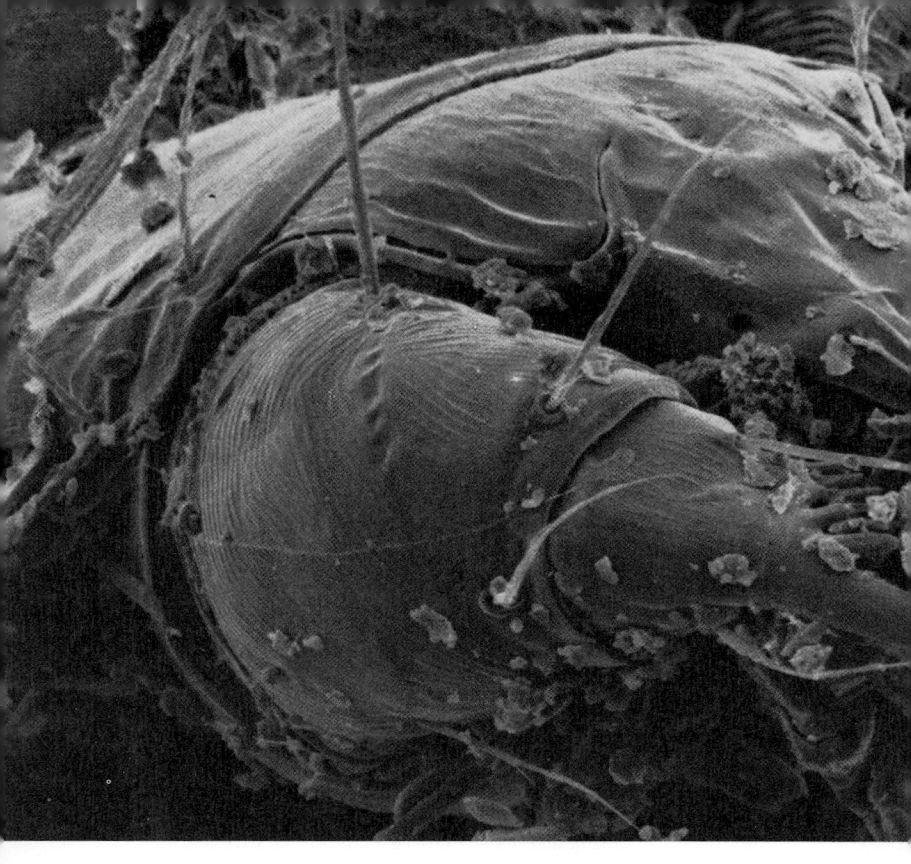

den sind), die ausschließlich in den Betten und in den Teppichen
der Menschen lebt.

Die Milben sind als Beutel mit Beinen bezeichnet worden, was
eine recht treffende Beschreibung ist. Sie besitzen einen im wesentlichen kahlen Körper, an dem sich einige lockersitzende Pan-
zerplatten befinden, außerdem Löcher für die Atmung, die Nahrungsaufnahme, Ausscheidung und Paarung, und überall ragen
vereinzelte kleine Haare heraus, mit deren Hilfe sie fühlen können, was gerade vor sich geht. Jede Milbe hat acht Beine, denn
einstmals befanden sie sich auf der gleichen Entwicklungslinie wie
die Spinne, was nun jedoch schon über 300 Millionen Jahre her ist,

Eine der vielen, normalerweise nicht sichtbaren Hausmilben, hier in 1000facher Vergrößerung. Man beachte die ökologisch nützlichen Einzelheiten des Körpers wie zum Beispiel die sägeförmig gezackten Mundwerkzeuge (zum Sammeln der menschlichen Hautschuppen) und die schützende Körperpanzerung.

und seitdem hat sich natürlich einiges geändert. Die Spinnen entwickelten sich weiter und wurden zu großen mehräugigen Fleischfressern, die auf die Jagd gingen; die Milben machten dagegen eine andere Veränderung durch, und so wurden viele von ihnen zu friedlichen Weidetieren, die all das verspeisen, was die größeren Geschöpfe, bei denen sie sich aufhalten, übriglassen.

Was im Haus für sie abfällt, ist Haut: die Schuppen der menschlichen Haut, die überall winzige Berge bilden. Sie reiben sich ab, wenn man sich im Bett bewegt, und sie scheuern sich ab, wenn man sich anzieht. Sie fallen in einer erstaunlichen Menge vom Körper, wenn man geht – Zehntausende Hautschuppen pro Minute –, und

19

es lösen sich nur unbedeutend weniger, wenn man vollkommen still steht. Für uns sind diese winzigen Hautschuppen belanglos, wir bemerken sie nur, wenn sie sich zu Staub zusammenballen, doch die wartenden Milben betrachten sie als Manna, als Göttergeschenk für die stets hungrigen Lebewesen.

Tief unten in den Teppichen verborgen, brauchen diese Milben nur mit geöffnetem Mund darauf zu warten, daß dieser immerwährende aus Hautschuppen bestehende Nebel auf sie niedergeht – eine Spitzenleistung hinsichtlich der Versorgung mit Nahrungsmitteln aus der Luft. Für die Milben, die im Bett leben (pro Gramm Matratzenstaub schätzungsweise 1500; über 70 000 in einem Doppelbett), sind die schwebenden Hautteilchen noch leichter verfügbar. Diese gleiten durch das Gewebe jedes Schlafanzuges, der gerade getragen wird, fallen durch die Zwischenräume, die von den jeweils benachbarten Fasern des Bettlakens gebildet werden, und purzeln schließlich direkt auf die Milben, die dort unten geduldig warten.

Die Wärme im Bett ist für sie äußerst angenehm, denn die ursprüngliche Evolution der Milben ging in den Tropen vor sich. Aber auch Teppiche bieten noch einen beliebten Aufenthaltsort; dort verlangsamen die Milben einfach all ihre Aktivitäten, so daß sie es auch in dieser kühleren Umgebung gut aushalten können.

Was die Milben an ihrem geschützten Wohnort tun, ist genau das gleiche, was die meisten Tiere während ihrer Existenz auf der Erde tun: sie fressen, entleeren ihren Darm, und in günstigen Momenten paaren sie sich. Zwanzig Kotkügelchen, die aus ihren Analröhren herausgedrückt werden, gibt jede Milbe täglich ab. Ein riesiger Haufen, der fast ebenso viele Kügelchen enthält, wie die Cheopspyramide bei Giseh Steine hat, würde mit Leichtigkeit in dem Punkt am Ende dieses Satzes Platz finden. Die Kotkügelchen sind so winzig, daß sie sich in die Luft erheben – möglicherweise eine aufsteigende Opfergabe für die Götter, die gütigerweise die nahrhaften Hautschuppen herabregnen lassen –, und sie schweben und taumeln schließlich durchs ganze Haus.

Einige der ehemaligen, nun vertrockneten Milben sind hohl und leicht genug geworden, um ebenfalls in die Luft aufzusteigen – ein Bestattungsopfer in altägyptischem Stil, neben den Kügelchen also

20

eine weitere Opfergabe. Aber die Milben gehen etwas komplizierter vor als die alten Ägypter, denn nicht alle im Haus umherschwebenden milbenförmigen Hülsen sind Mumien. Bei einigen von ihnen handelt es sich lediglich um die abgeworfenen Schalen der noch wachsenden Milben, denn wie andere Insekten auch häuten sich diese Teppich- und Bettbewohner, einen unsichtbaren Plan erfüllend: Ihre Haut wird trocken, bricht auf, und heraus kommt eine neue nackte Milbe.

Etwa einen halben Tag nach ihrer derart vonstatten gegangenen Neugeburt sind die frischen Milben bereit, sich zu paaren. Es handelt sich hierbei um einen recht interessanten Vorgang. Unter bestimmten Umständen produziert das Männchen ein versiegeltes Samenpaket, läßt es an einer geeigneten Stelle liegen – und verschwindet dann. Das Weibchen, das sich bis dahin sittsam zurückgehalten hat, setzt sich dann diskret auf das Paket, oder aber es läßt sich, wenn es eines von denjenigen ist, die ihre Fortpflanzungsorgane auf der Oberseite tragen, rückwärts auf das Samenpaket plumpsen.

Es ist also nicht ganz so, wie *wir* es gewohnt sind – aber es funktioniert. Milbenfamilien, die aus Tausenden von Mitgliedern bestehen, sind auf dem Mount Everest gefunden worden, wo sie in einer Höhe von über 5000 Metern leben; andere sind in der Antarktis entdeckt worden, wieder andere tief unten im Pazifik, und eine Art auf Neuguinea verbringt ihr ganzes Leben – erfolgreiche Fortpflanzungsprozesse eingeschlossen – sogar inmitten von Pilzgewächsen, die sich auf den Rücken von großen, in Mooswäldern lebenden Rüsselkäfern befinden. Die Vorstadtbetten und -fußböden bieten demnach also weit weniger harte Lebensbedingungen.

Unser männlicher Hausbewohner begibt sich nun ins Badezimmer; und nachdem das dringendste Bedürfnis befriedigt worden ist, geht es ans Zähneputzen. Es wird auf die Zahnpastatube gedrückt, wodurch sich die Metallwand an manchen Stellen ausdehnt, im Innern werden Druckwellen erzeugt, und die Creme beginnt herauszufließen. Aber woraus besteht diese Zahncreme eigentlich, die so sorgsam herausgepreßt wird?

Hauptsächlich aus Wasser; die meisten Sorten bestehen zu 30 bis

45 Prozent aus ganz normalem Leitungswasser. Und zwar deshalb, weil die Leute gerne eine ordentliche Menge Zahnpasta auf die Zahnbürste drücken wollen, und Wasser ist nun einmal der billigste Rohstoff, wenn es darum geht, ordentliche Mengen herzustellen. Etwas Leitungswasser auf die Zahnbürste tröpfeln zu lassen kostet so gut wie gar nichts; aber in Zusammensetzung mit den anderen in der Zahncreme enthaltenen Substanzen können die Hersteller es zur großen Freude ihrer Bilanz zum stolzen Preis von 20,– DM oder mehr pro Pfund verkaufen. Die Zahncremeproduktion ist so zu einem recht einträglichen Gewerbe geworden.

Der zweite Bestandteil, von der Menge her gesehen, ist Kreide: genau die gleiche Substanz, die der Lehrer benutzt, um etwas an die Tafel zu schreiben. Kreide ist aus Gips (Kalziumsulfat) oder wird aus den zusammengepreßten Überresten von vor langer Zeit gestorbenen Meerestieren gemacht. In den riesigen Meeren der Kreidezeit dienten die Kalkteilchen dem Aufbau der äußerst harten Panzerung, die diese Tiere bilden mußten, damit sie nicht gleich von den etwas größeren Meereswesen verspeist wurden. Ihre Massengräber sind unsere heutigen Kreidelagerstätten.

Die einzelnen Kalkteilchen haben ihre Härte im Laufe der Zeitalter bewahrt, und genau diese Härte brauchen sie nun, wenn sie auf der Zahnbürste gelandet sind. Die äußere Schicht der Zähne, der Zahnschmelz, mit dem sie konfrontiert werden, ist die härteste Substanz des menschlichen Körpers – sie ist robuster als der Schädel, härter als Knochen oder Fingernägel. Nur diese in der Zahncreme enthaltenen Kreidepartikel können sich während des Bürstens in die Zähne hineinmahlen und somit die oberen Schichten wie ein Schaufelrad, das sich in einem Steinbruch durch den Fels arbeitet, lösen.

Durch das Hineintreiben von Rinnen, Furchen und Kratern in die Zähne entfernt die Kreide auch einiges von dem gelben Belag, der sich gebildet hat, und genau für dieses Polieren ist die Substanz gedacht. Eine bestimmte Menge an unnötig vergrößerten Kreidestückchen, die besonders abschleifend wirken, reißen derart große Vertiefungen in die Zähne, daß sich dort unliebsame Bakterien einnisten können, die dann gut gedeihen.

Für den Fall, daß selbst dieses Ausmeißeln den gelben Belag

22

nicht vollständig entfernen kann, wird eine weitere Substanz in die Zahncreme hineingegeben. Es handelt sich um Titandioxid, um den Stoff, der in der weißen Wandfarbe herumschwimmt, damit sie auch wirklich weiß aussieht. Durch das Zähneputzen wird bewirkt, daß diese Substanz den verbliebenen gelben Belag überdeckt. Da sie wasserlöslich ist, geht sie nach einigen Stunden wieder ab und wird hinuntergeschluckt, doch zumindest bei dem schnellen Blick in den Spiegel nach dem Zähneputzen gibt sie dem Benutzer die Illusion, daß seine Zähne wirklich weiß sind. Einige Hersteller setzen noch einen optischen Aufheller hinzu – den Stoff, den man eigentlich eher im Bleichmittel zum Wäschewaschen findet –, um ganz sicherzugehen, daß der Blick in den Spiegel ein beruhigendes Weiß zeigt.

Diese Zutaten allein würden nicht gerade ein attraktives Gemisch bilden. Sie würden wie ein matschiger, weißer Plastikklumpen in der Tube stecken, kaum herauszudrücken sein und eher abstoßend wirken. Die wenigsten Benutzer würden es mögen, sich morgens als erstes mit einer Mischung aus Wasser, Tafelkreide und dem Weißmacher der Wandfarbe die Zähne zu putzen. Um diesen verständlichen Widerwillen zu überwinden, haben die Hersteller noch eine Menge anderer schöner Sachen hineingemixt.

Damit diese matschige Substanz nicht austrocknet, wird eine Mixtur, die Glykol enthält – das mit dem allgemein gebräuchlichen Frostschutzmittel für Autos verwandt ist –, mit dem Wasser und der Kreide verrührt, und um *diesem* Gemisch etwas Festigkeit zu verleihen (was wir bisher haben, ist ja nur nasse, gefärbte Kreide), wird eine große Portion gummiartiger Moleküle, gewonnen aus der Meeresalge *Chondrus crispus*, hinzugefügt. Dieser Meeresalgensaft verteilt sich zwischen der Kreide, dem Farbstoff und dem Frostschutzmittel, breitet sich dann in alle Richtungen aus und hält somit das ganze Gemisch zusammen. Etwas Paraffinöl (der Brennstoff, mit dem man die Campingleuchten betreibt) wird zusätzlich hineingepumpt, um den Algensaft dabei zu unterstützen, die ganze Substanz klumpenfrei zu halten.

Mit dem Glykol, dem Algensaft und dem Paraffin haben wir nun fast alles zusammen. Nur zwei wichtige Chemikalien fehlen noch, um das erfrischende Reinigungsmittel herzustellen, das uns als

Zahncreme vertraut ist. Die bisherigen Zutaten reichen für die Reinigung aus, aber sie würden nur wenig von diesem überzeugenden Schaum bilden, den wir morgens beim Zähneputzen erwarten.

Um diesem Mißstand abzuhelfen, wird fast jeder Zahnpasta, die man auf dem Markt bekommen kann, noch ein ordentlicher Schuß Waschmittel hinzugefügt. Wir alle kennen den Schaum, den die Waschmittel in der Waschmaschine entstehen lassen. Das gleiche nun unserer Substanz zugesetzte Mittel wird diesen Vorgang in unserem Mund wiederholen. Dieser Zusatz ist nicht unbedingt notwendig, doch er fördert den Verkauf.

Das Problem ist jetzt nur, daß dieser Inhaltsstoff – zugegebenerweise – auch wie Waschmittel schmeckt. Fürchterlich bitter und scharf ist er. Die Kreide, die sich in der Zahnpasta befindet, hat ebenfalls einen recht widerlichen Geschmack. Um diese Unannehmlichkeit zu vermeiden, fügen die Hersteller etwas hinzu, für das sie vielleicht am meisten Werbung betreiben. Es geht um den Geschmackstoff, und zwar muß er sehr stark sein. Doppelt destilliertes Pfefferminzöl wird verwendet – eine Essenz, die so stark ist, daß die Chemiker es in ihrem Labor tunlichst vermeiden, an diesem Stoff im Rohzustand zu riechen. Mentholkristalle und Saccharin oder andere Süßstoffe kommen schließlich noch hinzu, um das Verschleierungsunternehmen zum Abschluß zu bringen.

Ist das nun alles? Kreide, Wasser, Anstrichfarbe, Meeresalgen, Frostschutzmittel, Paraffinöl, Waschmittel und Pfefferminz? Nicht ganz. Eine Mixtur wie diese würde unwiderstehlich sein für jede einzelne der Hunderttausende von Bakterien, die sich auf der Oberfläche eines Badezimmerwaschbeckens befinden, auch wenn es makellos saubergehalten wird. Sie würden in die Zahncreme hineinkommen, in den Wasserblasen umhertreiben, den Algensaft und das Paraffin als Nahrung aufnehmen und vielleicht sogar Enzyme versprühen, um den Kalk aufzulösen. Das Ergebnis wäre also ein wenig verlockendes Chaos. Die Hersteller überwinden diese letzte Hürde, indem sie etwas hinzufügen, das die Bakterien vernichtet. Etwas Effektives und Starkes wird benötigt, etwas, das jede zufällig eingedrungene Bakterie in das Land des Vergessens schickt. Und dieses Etwas ist beispielsweise Formaldehyd – das Desinfektionsmittel, das in Anatomielabors benutzt wird.

Also handelt es sich um Kreide, Wasser, Anstrichfarbe, Meeresalgen, Frostschutzmittel, Paraffinöl, Waschmittel, Pfefferminz, Formaldehyd und Fluor (das angeblich die Zähne der Kinder vor Karies schützen soll) – das ist die allgemein gebräuchliche Mixtur, die jeden Morgen in den Mund genommen wird, um sich dann damit die Zähne zu putzen. Wenn sich dies zu unangenehm anhört, nur Mut: Untersuchungen zeigen, daß ein sorgfältiges Putzen der Zähne mit gewöhnlichem Wasser oftmals eine ebensogute Wirkung erzielt.

Wie dem auch sei, einige noch interessantere, für den Mund bestimmte Substanzgemische erwarten uns am anderen Ende des Flurs in einem Raum voller chemischer Verbindungen.

Wir kommen in die Küche, werfen die Zeitung auf den Tisch – und was entdecken wir dort? Eine riesige Bande winziger Geschöpfe, die sich, um ihr Leben bangend, auf der Flucht befindet. Es sind die Pseudomonaden, eine der am meisten verbreiteten Bakterienarten in unseren Häusern. Einige tausend von ihnen halten sich mit ihren Geißeln an unserem Gesicht fest, wenn wir die Küche betreten, eine ganze Menge von ihnen befinden sich an unseren Armen und auf dem Bademantel und noch mehr an jeder Stelle im Haus, die gerade vor kurzem feucht gewesen ist.

Hier auf dem Küchentisch drehen und wenden sie sich nun wie wild in dem verzweifelten Versuch, zur anderen Seite zu gelangen, doch bei diesem Vorhaben werden sie mit einem nahezu unlösbaren Problem konfrontiert: Sie sind zu klein. Sie haben nicht die Größe einer Milbe, sind nicht einmal halb so groß wie eine Milbe, sondern sind noch viel kleiner, klitzeklein, so winzig, daß eine Ansammlung von hunderttausend für uns nicht sichtbar sein würde, so mikroskopisch klein, daß das andere Tischende, das sie verzweifelt zu erreichen versuchen, ganze 400 000 Körperlängen von ihnen entfernt ist – umgerechnet auf unsere Verhältnisse, müßten wir dann eine ebene Strecke von über 600 Kilometern zurücklegen.

Und diese Wesen können nicht laufen. Sie können weder laufen noch gehen, noch joggen, hüpfen oder rennen; sie können nicht springen – nicht einmal kriechen können sie. Ohne Arme und Beine kommen all diese Fortbewegungsarten für sie nicht in Be-

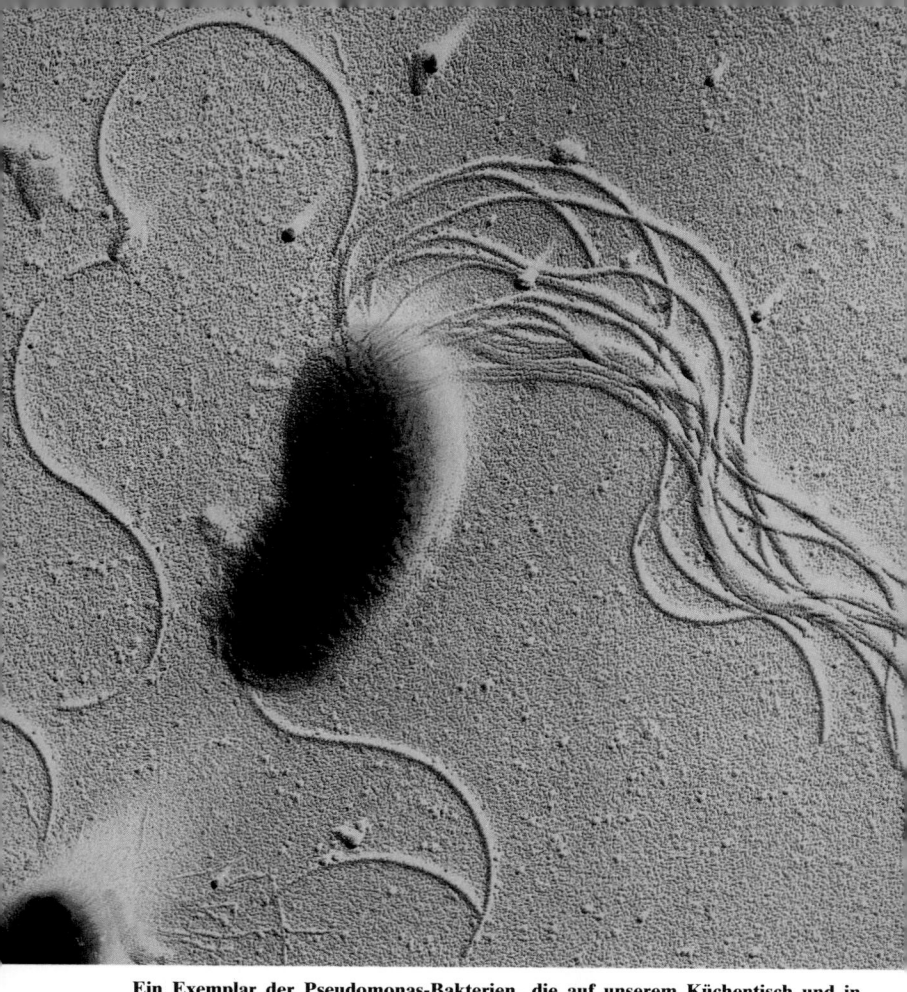

Ein Exemplar der Pseudomonas-Bakterien, die auf unserem Küchentisch und in feuchten Schwämmen und Lappen umherschwimmen.

tracht. Sie sehen aus wie kurze, dicke Stäbchen, etwa so, wie wir aussehen würden, wenn wir in einem Tauchanzug steckten, der keine Öffnungen für unsere Gliedmaßen und unseren Kopf aufweist. Aber selbst mit einer solchen Gestalt müssen diese Pseudomonaden über den Tisch hinweg fliehen, bedroht von diesem schrecklichen Ding, das sie verfolgt.

Daher schwimmen sie. Doch ohne Arme fällt der Bruststil für sie aus; Beine haben sie auch nicht, also kann auch der Beinschlag nicht angewendet werden. Aber sie sind mit etwas ausgestattet worden, was noch viel besser ist: mit einem Propeller. Jedes einzelne der unzähligen Geschöpfe, die sich auf dem Küchentisch versammelt haben – die bejahrten Senioren ebenso wie die gerade angekommenen Jugendlichen –, hat einen überdimensionalen, kräftigen Schwanz, der an seinem hinteren Ende herausragt. Dieser Schwanz, bestehend aus mehreren Geißeln, besitzt keinerlei Muskeln, aber eine winklige Röhrenverbindung, die in den Bakterienkörper hineinführt, wo sich ein chemischer Motor befindet, der diesen Propellerschwanz antreibt.

Da dies ihr einziges Fortbewegungsmittel ist, muß der Motor jederzeit in der Lage sein zu starten. Und das tut er auch. Die Geschöpfe sind einfach bestrebt loszurasen, woraufhin ihr Motor sofort anspringt, der Propeller sich zu drehen beginnt, und los geht's. Der Propeller rotiert, und das Geschöpf wird geradeaus nach vorne befördert. Seine Geschwindigkeit würde uns nicht gerade beeindrucken – etwa 20 Zentimeter pro Stunde –, doch für diese kleinen Wesen ist das sehr schnell. Nimmt man ihre Länge als Maßstab, so legen sie immerhin sieben Körperlängen pro Sekunde zurück, und damit sind sie um einiges schneller als Carl Lewis oder Armin Hary in ihrer besten Zeit. Jedoch würde auch ein Olympialäufer lange brauchen, um 600 Kilometer hinter sich zu bringen, und so haben diese Geschöpfe auf dem Tisch trotz ihres Propellerantriebs noch einen langen Weg vor sich.

Sie gehen diese Herausforderung auf seltsame Weise an. Jedes Wesen startet ganz normal, bewegt sich mit heftig rotierendem Propeller stetig und zielstrebig voran, aber sobald es einen Teil der Strecke zurückgelegt hat, scheint es plötzlich Amok zu laufen. Der Propeller wird abrupt langsamer, bleibt stehen und bewegt sich schließlich in die andere Richtung.

Dadurch wird die Kreatur wieder zurückgezogen, sie schlingert und schwankt und wird von ihrem Kurs abgebracht wie ein Motorboot, bei dem plötzlich der Rückwärtsgang eingelegt worden ist.

Vergrößerung einer Zeitungsseite.

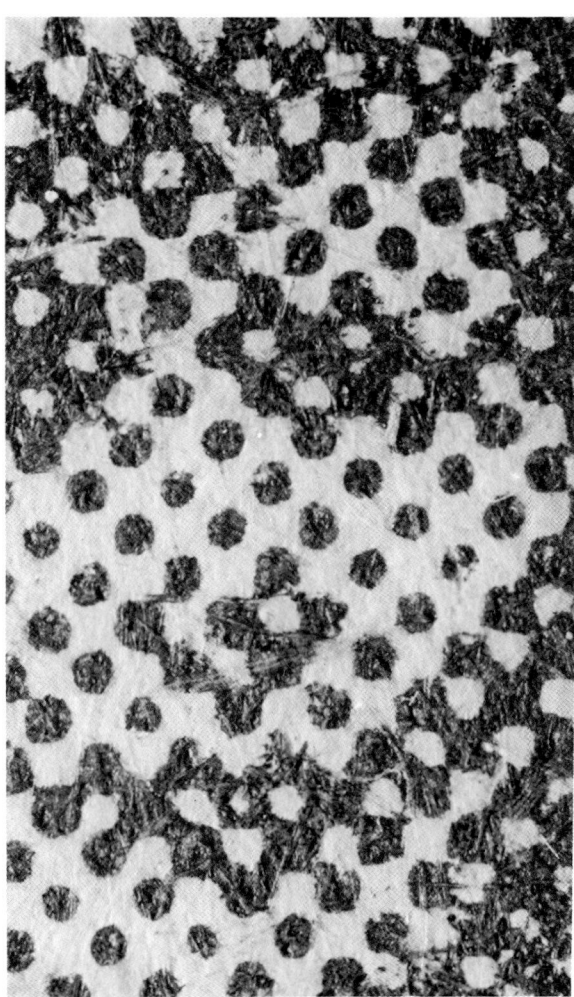

Ausschnitt aus einer aufgerasterten Fotografie.

Aber dann, ebenso unvermittelt, endet diese Verirrung wieder, und das Taumeln und Schlingern läßt sofort nach, da der chemische Motor den Propeller wieder normal antreibt. Das Geschöpf bewegt sich nun erneut zielstrebig vorwärts.

Diese chaotisch wirkenden Rückwärtsbewegungen kamen deshalb zustande, weil das Geschöpf versucht hatte, seinen Standort zu bestimmen. Zugegeben, eine recht sonderbare Art, sich zu orientieren, aber an Stelle eines Kompasses oder des Sonnenwinkels ist es das Beste, was sie tun können. Und es funktioniert. Wenn sich das Geschöpf einer Gefahrenzone nähert, so häufen sich diese Momente der unvermittelten, schlingernden Rückwärtsbewegung, was dem Wesen dazu dient, um diese Stelle herum in ein sichereres Gebiet zu kommen. Wenn es sich bereits in einer sicheren Region befindet, so unternimmt es weniger Schleuderaktionen – gerade genug, um nachzuprüfen, ob noch alles in Ordnung ist – und behält seinen eingeschlagenen Kurs bei.

So bewegt sich diese zahlreiche Bande also auf dem Tisch entlang, wobei die einzelnen Wesen immer wieder rückwärts taumeln, andauernd miteinander kollidieren und natürlich ein fürchterliches, verwirrendes Durcheinander bilden; aber sie entfernen sich doch stetig von diesem *entsetzlichen Ding,* das sie bedroht und von dem sie wissen, daß es sehr unklug wäre, in seiner Nähe zu bleiben.

Bei diesem Ding handelt es sich lediglich um die Morgenzeitung, die einen kurzen Augenblick vorher so ganz beiläufig auf den Tisch geworfen worden ist. Als die Zeitung aufschlug, fielen große Bruchstücke aus ihr heraus. Keine Papierteilchen, das Papier ist fest genug, aber Teile von den Zusätzen wie Hanffasern, Lein, Baumwolle, Asbest, Glasfasern, Leime und andere Substanzen, mit denen unsere Zeitung heutzutage ausgefüllt wird. Außerdem befand sich in dieser Teilchenflut noch ein außerordentlich großer Schwall losgelöster Druckerschwärze (normalerweise ist er mikroskopisch klein, doch die leicht geschwärzten Finger, die man manchmal bekommt, bis man bis zur Seite mit den Kleinanzeigen vorgedrungen ist, geben eine Andeutung davon, was gerade vor sich geht).

Die Druckerschwärze verbindet sich nicht mit den Fasern des Papiers, sondern wird in den von ihnen gebildeten Zwischenräumen festgehalten. Der heftige Aufprall einer Zeitung auf den Tisch reicht aus, um einiges davon zu lösen. Die Druckerschwärze spritzt, waagerecht verlaufende Fontänen bildend, heraus, und jede Pseudomonas-Bakterie, die von der ankommenden schwarzen Flüssigkeit getroffen wird, hätte nicht mehr lange zu leben. Denn abgesehen von den Ölen und Reinigungsmitteln, wird der Druckerschwärze noch eine hohe Konzentration mikrobentötender Substanzen zugesetzt. Diese Mittel sind vorteilhaft für die Frischhaltung der Druckfarbe, damit sie auch noch nach einer längeren Lagerzeit gut zu verarbeiten ist, doch in unserem Fall sind genau diese Substanzen, die nun auf den Tisch spritzen, der Grund für den wilden Tumult der fliehenden Pseudomonaden, den wir anfangs entdeckt haben.

So weit, so gut. Aber wie sind die Pseudomonas-Bakterien eigentlich auf den Tisch gekommen? Sie haben sich ursprünglich in dem Geschirrhandtuch befunden, und die Schrecken, die dieser einfache, gestreifte Gegenstand enthält, bieten einen Anblick, der nichts für Leute mit schwachem Herzen ist.

Was ist ein Geschirrhandtuch eigentlich? Ein Geschirrhandtuch ist ein einfaches Gewebe aus Baumwolle. Das bedeutet, wie wir bei der näheren Betrachtung der Kleidung noch genauer sehen werden, daß es aus langen, gewundenen Röhren besteht, die mit Protoplasma gefüllt und mit Mineralien, Proteinen und löslichen Fetten besprenkelt sind; gehalten wird diese ganze Struktur durch ein auf Zucker basierendes Zellulose-Netzwerk. Bakterien würden sicherlich auch schon darin ein fröhliches Festmahl abhalten können, aber da es sich um ein Geschirrhandtuch handelt, kommen noch zwei weitere Dinge hinzu.

Das eine sind die Nahrungsmittel: winzige Bruchstückchen von Brotkrümeln, Fettreste auf den abgewaschenen Tellern – etwas in der Art. Sicher im Geschirrtuch verstaut, bieten diese Überbleibsel von Lebensmitteln genügend Nahrung für Tausende von Mikroorganismen. Und das zweite charakteristische Merkmal eines Geschirrhandtuchs ist noch weitaus schlimmer. Das ist die Feuchtigkeit. Bakterien gedeihen in der Feuchtigkeit außerordentlich gut.

Es sollte somit nicht überraschen, daß die Mikrobiologen, die im Gesundheitswesen tätig sind, das Geschirrhandtuch (und seinen

Komplizen, den ungenügend ausgedrückten Schwamm oder Lappen) als einen der hauptsächlichen Verantwortlichen für die Verbreitung von Bakterienpopulationen in unserem Haus ansehen. Als damit nach dem Abtrocknen am Abend zuvor flüchtig über den Tisch gewischt wurde, verfrachtete es eine große Anzahl von Pseudomonaden dorthin. Gleichzeitig gelangte etwas Feuchtigkeit mit auf die Tischplatte, und die Nährstoffe, die sich in dieser Feuchtigkeit aufgelöst hatten, versorgten die Geschöpfe mit allem, was sie brauchten, um sich bis zum nächsten Morgen um ein Vielfaches zu vermehren. Diesem Problem könnte man aus dem Wege gehen, indem man den Tisch nur mit einem frischen Tuch abwischt oder sicherstellt, daß die Oberfläche knochentrocken ist; doch wer ist schon dazu aufgelegt, jeden Abend peinlichst genau darauf zu achten?

Diese wirklich schnelle Vermehrung kann einen falschen Eindruck davon geben, was nachts so in der Küche vor sich geht. Natürlich befinden sich all diese Geschöpfe auf dem Tisch und noch viel mehr dort, von wo sie hergekommen sind, nämlich im Waschbecken, im Kühlschrank und auf den Küchenborden. Aber das bedeutet nun noch nicht, daß sie die ganze Nacht lang über die gelagerten Lebensmittel hergefallen sind, sie ausgequetscht und verspeist haben, daß sie also einen fürchterlichen Schlamassel angerichtet haben. Versucht haben sie es immer wieder, aber oftmals hatten sie nicht die Spur einer Chance. Denn die Nahrungsmittel in unserer Küche schlagen zurück.

Betrachten wir einmal ein Ei im Kühlschrank. In der Nacht war es beständig am Atmen; rhythmisch nahm es die Gase der Kühlschrankatmosphäre auf und gab sie wieder ab. Seine Atmung vollführt es durch kleine Löcher auf seiner Oberfläche. Zwar dienen diese Löcher dazu, den möglicherweise im Innern des Eies heranwachsenden Embryo mit Sauerstoff zu versorgen, doch sie haben auch die dumme Angewohnheit, die auf der Oberfläche befindlichen Bakterien – oftmals Verwandte der Pseudomonaden, die wir auf dem Tisch entdeckt haben – hindurchzulassen. Diese Öffnungen gleichen den Ziellöchern beim Golfspiel; sie sind groß genug, so daß ein Dutzend oder noch mehr von den herumstrolchenden Bakterien, jeweils eine zur Zeit, hinuntergleiten können.

Das wäre zum schwachen Punkt zu sagen. Nun wenden wir uns der Verteidigung zu. Am Grunde des Loches kann die Bakterie nämlich nicht einfach schnell zum Eidotter hinüberschwimmen, wo sich die Nährstoffe für sie befinden. Etwas versperrt den Weg. Genau unter den Löchern erstreckt sich eine feste, gummiartige Membrane. (Bei hartgekochten Eiern erkennt man das halb durchsichtige Häutchen, das jedes Ei unterhalb der Schale umgibt, sehr gut.) Es ist für die Bakterien nicht einfach, dort hindurchzukommen. Sie müssen sich drehen und wenden, ein zersetzendes Enzym absondern und sich dann noch einmal dagegenstemmen, bis sie endlich ein Loch durch diese erste Barriere bohren können. In Anbetracht des Schicksals, das sie auf der anderen Seite erwartet, wäre es aber vielleicht besser gewesen, wenn sie ihr Vorhaben nicht ausgeführt hätten.

Für uns ist das Eiweiß ein klebriges, wäßriges Etwas, das die interessanten Eigenschaften besitzt, beim Kochen hart zu werden und einen schönen Farbkontrast zum Eigelb zu bilden. Ansonsten scheint es nicht weiter nützlich zu sein. Doch auf der mikroskopischen Ebene offenbart sich noch etwas anderes. Das Eiweiß umgibt den Dotter wie ein Meer, das mit chemisch geladenen Minenfallen durchsetzt und somit in der Lage ist, die eingedrungenen Bakterienflotten auf ihrem Weg zum Eigelb zu vernichten.

Wenn die einfallenden Bakterien durch die erste Barriere, die »Gummihaut«, gekommen sind, wird es ihnen gestattet, sich ohne weitere Schwierigkeiten in das Meer gleiten zu lassen. Sie dürfen mit Hilfe ihres Propellerantriebs sogar einige Minuten lang ungehindert voranschwimmen. Erst dann, wenn sie weit genug von der schutzbietenden Eierschale entfernt sind, beginnt der Angriff. Heranzischende Lysozymenzyme brennen sich in die Zellwände der Bakterien, zerreißen sie und lassen eine große Anzahl von Toten zurück. Weitere Lysozymströme treffen auf die Bakterien und dann noch mehr, bis das Zischen schließlich nachläßt. (Das gleiche Enzym befindet sich in den Tränen der Menschen, wo es ebenfalls beständig die umherwandernden Bakterien aufspaltet und somit dafür sorgt, daß die Oberflächen der Augen zu den wenigen relativ bakterienfreien Regionen des Körpers gehören.) Nach Beendigung des Lysozymangriffs mag es den überlebenden

Bakterien so erscheinen, als ob der Weg nun frei wäre, doch die Umstände haben sich in Wirklichkeit nur noch weiter verschlechtert. All die Nährstoffe um sie herum, die sie benötigen, um bis zum Erreichen des Eigelbs durchzuhalten, werden in diesem seltsamen, glasigen Meer nun infolge von bestimmten Lebensprozessen allmählich eingehüllt. Die Bakterien benötigen Eisen, damit sie ihre Propeller betreiben können; und das Eiweiß bildet nun umhergleitende Proteine, die sich auf das Eisen, das ihnen am nächsten ist, stürzen, bevor die Bakterien es tun können, es einhüllen und es somit auf chemischem Wege wegschließen. Die Nährstoffe Zink und Kupfer werden von diesen listigen Beschützern ebenfalls fest umschlossen.

Eventuell können die Bakterien es doch noch schaffen, denn selbst ohne ihre nötigen Hauptmahlzeiten aus Eisen ist es möglich, daß ihre Propeller noch genug Energie besitzen, um sie zum Dotter hinüberzubringen. Wenn die Bakterien es schaffen könnten, eben zu den Vitaminen (Riboflavin und Biotin sind besonders reichlich vorhanden) zu schwimmen, die sich ganz in ihrer Nähe, lediglich wenige Körperlängen entfernt, befinden, wären sie sehr wahrscheinlich immer noch in der Lage, an ihrem Ziel anzukommen, bevor sich der Eisenmangel zu sehr bemerkbar macht.

Aber sie schaffen es nicht. Das lebendige Eiweiß erzeugt aus seinen Tiefen weitere Substanzen, die viel kleiner und beweglicher sind als die Bakterien. Diese Stoffe erreichen die sich auf und ab bewegenden Vitamine als erste, umhüllen sie und zerstören sie fast dabei, bewirken aber, daß auch sie für die Bakterien, die schließlich irgendwann ankommen, nun nutzlos sind.

Das ist die letzte Chance, die die Bakterien gehabt hatten. Inzwischen sind sie zu weit von der Eierschale entfernt, um dorthin zurückzukehren, und der Dotter in der anderen Richtung, den sie unbedingt erreichen wollten, der ihnen schöne, saftige Proteine und Fette versprach, wenn sie nur dorthin gelangen könnten, um ihren fürchterlichen Hunger zu stillen, dieser Dotter vor ihnen liegt ebenfalls in viel zu weiter Ferne.

Das Ergebnis ist, daß die Bakterien sterben, eine nach der anderen. Sie bewegen sich mit stillstehendem Propeller vergeblich auf und ab und leiden an Hunger in diesem unverdächtigen, sicher wirkenden Meer, das plötzlich lebendig wurde, als sie sich hineinbegeben hatten. Das Eiweiß hat wieder einmal seine Pflicht erfüllt.

Die Konservendosen in unserer Küche bieten ebenfalls einen effektiven Schutz vor Bakterien. Die Dosen bestehen in den meisten Fällen aus einfachem Stahlblech. Die Innenseite ist mit einer Zinnschicht überzogen, die nicht einmal einen Millimeter dick ist. Aber diese äußerst dünne Schicht reicht aus. Das Zinn produziert freie Elektronen, die eine Barriere gegen die in den Nahrungsmitteln enthaltenen ätzenden Säuren bilden und die Dose somit vor der Zersetzung schützen. Es können also keine winzigen Löcher oder Schwachstellen entstehen, so daß es den Mikroorganismen nicht möglich ist einzudringen. Konserven mit Hammelfleisch, die Shackleton 1908 in die Antarktis mitgenommen hatte, wurden fünfzig Jahre später geöffnet, und man stellte fest, daß der Inhalt ohne Bedenken immer noch genießbar war.

Das Prinzip ist so simpel, und die Konservendosen sind dermaßen weit verbreitet (über hundert Milliarden Dosen werden jährlich auf der Welt hergestellt), daß man sich kaum vorstellen kann, welche einschneidenden Veränderungen ihre Verwendung bewirkt hat – bis hin zur Kriegführung. Vor dem Blechdosenzeitalter wurde die Größe von Armeen begrenzt durch die Anzahl der Hühner, Ochsen, Kühe und anderem Nutz- und Schlachtvieh, das sie mit sich führen konnten oder unterwegs zu finden hofften. Im Jahre 1795 versprach die französische Revolutionsregierung demjenigen eine Summe von 12 000 Franc, der eine Möglichkeit fand, Nahrungsmittel für längere Zeit haltbar zu machen, um dieser Begrenzung zu entgehen. 1809 präsentierte ein Süßwarenhersteller aus Paris, François Appert, eine frühe Version der luftdichten Konservendose und steckte die Summe ein. Napoleon benutzte diese luftdichten Dosen als erster, um seine große Armee bei der Invasion Rußlands zu versorgen. Die Invasion endete mit einer Katastrophe, aber die Dosen mit den Nahrungsmitteln hielten sich gut, und diese Technik hat seitdem immer mehr an Popularität gewonnen.

Auch der freundliche Apfel auf dem Küchenbord verteidigt sich in der Nacht, und zwar auf seine Weise. Ihm ist durch irgendeinen äußeren Einfluß eine alt machende Chemikalie injiziert worden, und wenn er nun nichts dagegen unternehmen kann, wird er sich

35

nicht mehr wie noch am Abend zuvor als die feste, einladende Frucht präsentieren können. Statt dessen wird sein Zellgewebe zerfallen, sein Wasser wird auslaufen (ein guter Apfel besteht zu 84 Prozent aus Wasser), er wird zusammenschrumpfen, weich werden und anfangen zu faulen. Um dies zu verhindern, tritt der Apfel also in Aktion.

In seinem Innern befinden sich seltsame, stabilisierend wirkende

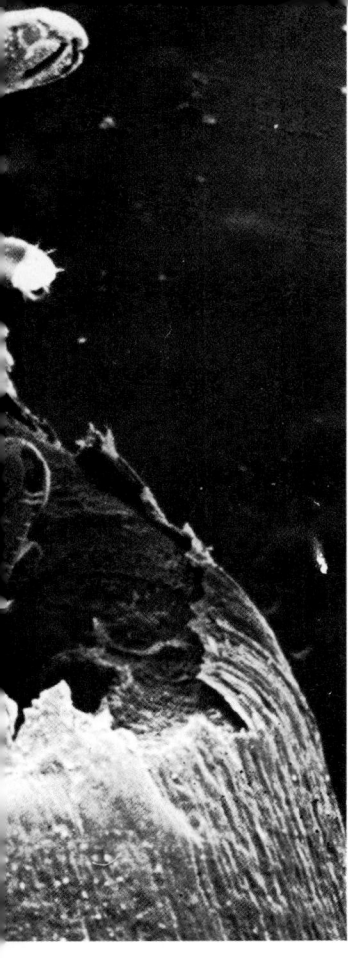

Dieser Getreidekäfer, hier 63fach vergrößert, arbeitet sich gerade aus einem in der Küche gelagerten Reiskorn heraus. Dabei hilft ihm sein bemerkenswert langer Rüssel, an dessen Spitze sich scharfe Schneiden befinden.

Enzyme, die nun aufgerufen werden, gegen den Gewebezerfall vorzugehen. Ebenso wie das Pektin, das zum Gelieren, also zum Verdicken von Marmeladen, verwendet wird, stützen diese Enzyme die im Innern liegenden Zellwände des Apfels; sie kehren den Alterungsprozeß nicht um und bringen die »ewige Jugend«, sie stoppen ihn auch nicht vollkommen, sondern wirken so ähnlich, wie der ideale Verjüngungstrank in einer schweizerischen Klinik

Ein Wald lebender Pilzgewächse, die sich auf einer Zitrone auszubreiten beginnen.

es angeblich tut, sie verlangsamen den mit der Zeit unausweichlichen Zerfallsprozeß und halten die Auswirkungen etwas in Grenzen.

In seinem Außenbereich kann der Apfel sogar noch mehr tun. Ein dickes, wasserdichtes Wachs, das aus den winzigen Poren der Schale dringt, breitet sich auf seiner Oberfläche aus; von ganz nahem betrachtet ein Prozeß, der so sonderbar aussieht wie etwa der Anblick eines Forschers, der aus den Poren seiner eigenen Haut Gummiregenkleidung entstehen läßt, wenn die äußeren Bedingungen zu rauh werden. Für den Apfel bewirkt dieser Überzug ebenfalls eine Begrenzung des Schadens, der durch das Altern hervorgerufen wird; er schützt ihn vor dem Austrocknen und vor dem Auslaufen der kostbaren, begrenzten Wasservorräte in seinem Innern.

Aber welches arglistige Ding hat den Apfel nun eigentlich in diese gefährliche Lage gebracht? Wer hat ihm diese Chemikalie verabreicht, die den ungewollten Alterungsprozeß in Gang gesetzt hat? Die Antwort können wir finden, wenn wir nachsehen, was neben dem Apfel auf dem Küchenbord liegt. Die *anderen* Äpfel in seiner nächsten Nähe sind die Missetäter. Ihnen entströmten Wolken eines unsichtbaren Gases, nämlich Äthylen, das den Alterungsprozeß stark beschleunigt. (In großen Mengen hat es einen süßlichen Geruch, an den sich viele Krankenhauspatienten erinnern werden, denn Äthylen wird auch als Betäubungsmittel benutzt.) Bei jedem Apfel, auf den es niedergeht, löst es die Veränderungen aus, die zum Altern führen.

Es handelt sich um einen unausweichlichen Prozeß, der bereits in der DNS im Erbgut der Äpfel gespeichert ist; somit können sie nichts dagegen tun. Die Äpfel am Baum lassen dieses Äthylen ausströmen, und zwar um sicherzustellen, daß, wenn ein Apfel reif wird, gleichzeitig auch alle anderen reif werden. Der Apfel, den wir gerade genauer betrachten, liegt auf dem Küchenbord unglücklicherweise genau zwischen den anderen Äpfeln und bekommt somit von allen die höchste Äthylendosis ab. Soviel mehr ist es aber auch wieder nicht: Die Bildung einer Wachsschicht und die Stützung des Gewebes im Innern, um die übereilte Verfaulung aufzuhalten, geht auch in den anderen Äpfeln vor sich. Tomaten und Avocados haben ein noch härteres Los, denn sie sind gezwungen, fürchterlich schnell zu atmen, wenn das in der Küche gebildete Äthylen sich ihnen in der Nacht nähert.

Das Äthylen beschleunigt den Reifungsprozeß bei Früchten so sehr, daß es von vielen Nahrungsmittelgesellschaften eingesetzt wird. Fast alle Bananen werden gepflückt, wenn sie noch grün und hart sind, und so in ihre Bestimmungsländer verschifft. Dann werden sie in riesige, luftdicht abgeschlossene Räume gebracht, an deren Außenwänden mit Äthylen gefüllte Hochdrucktanks installiert sind. Wenn die Nachfrage nach Bananen da ist, werden diese Tanks geöffnet, und das Äthylen strömt durch Gummischläuche in die Lagerräume. Es sorgt für das schnelle Reifwerden der Bananen, die nach nur wenigen Stunden bereits gelb sind. Dieser Prozeß vollzieht sich derart schnell, daß genauestens auf die Dosierung des Gases geachtet werden muß, denn wenn zuviel davon ausströmt, werden die Bananen überreif und fangen an zu faulen, dann bilden sich zuckrige Inseln gealterten Gewebes, die sich zur Schale hin bewegen und als braune Flecken sichtbar werden.

An diesem bemerkenswerten Ort, an dem sich all dieses zutrug und der als Küche bekannt ist, wird nun das Frühstück zubereitet.

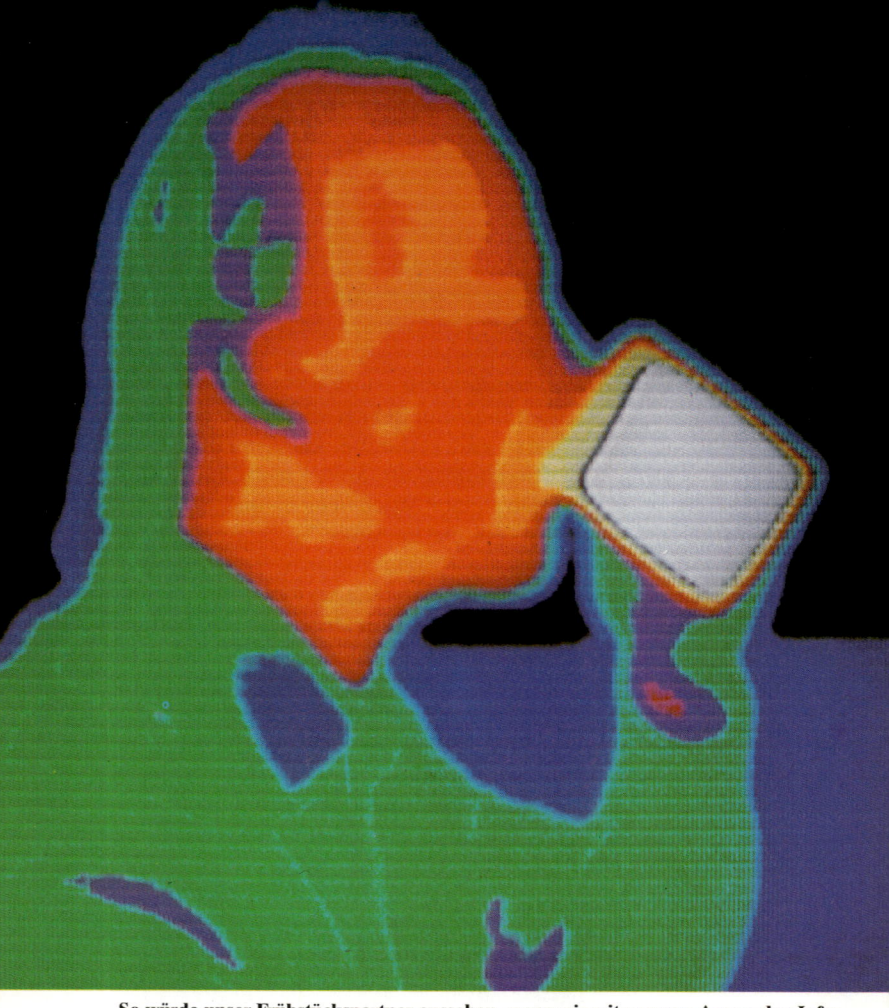

So würde unser Frühstückspartner aussehen, wenn wir mit unseren Augen den Infrarotbereich wahrnehmen könnten. Der Kaffeebecher sieht wegen der Hitze weiß aus; die gelben und roten Flächen auf dem Gesicht zeigen an, daß sich dort die Wärme ausbreitet. Die grünen und blauen Flächen weisen darauf hin, daß die Kleidung und die Haare kühl bleiben.

Thermogramm eines heißen Wasserkessels. Die Außenwand ist, abgesehen von einer schwachen Stelle (gelber Kreis), an der die Metallschicht dünner ist, nicht so heiß wie der Deckel. Der gut isolierte Griff behält eine blauviolette Färbung bei.

40

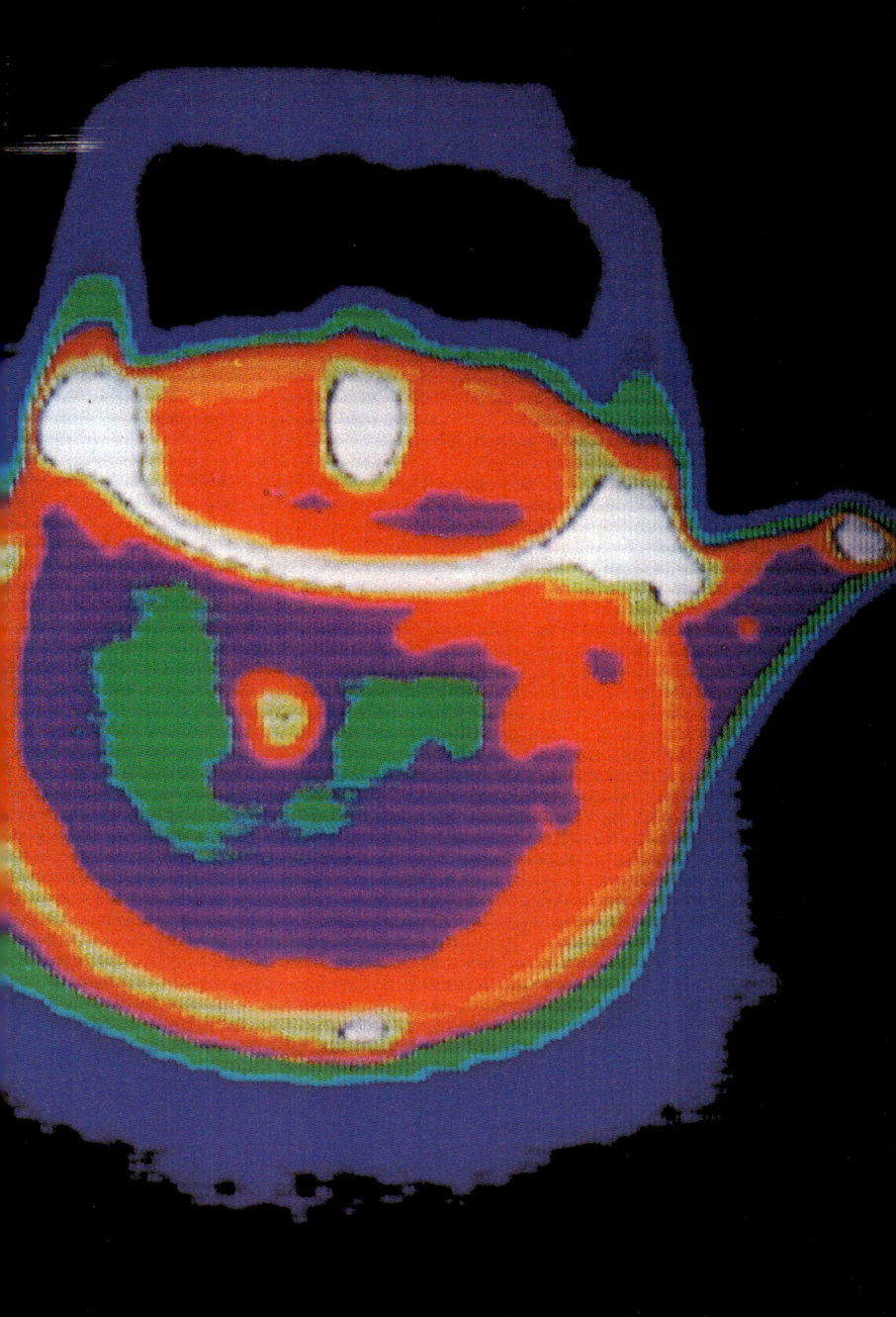

Das Ei muß gebraten und das Brot getoastet werden, doch bevor eine dieser Aufgaben angegangen wird, ist es Zeit für den allerwichtigsten Bestandteil des Frühstücksmahls, nämlich für den Kaffee oder den Tee. Gleich nach dem Wasser sind Tee und Kaffee die Getränke, die in der Welt am meisten konsumiert werden.

Diese koffeinhaltigen Genußmittel selbst sollten uns aber nicht weiter aufhalten. Eine besonders interessante Sache, der wir uns aber zuwenden wollen, ist das, was sich morgens im Wasserkessel abspielt. Denn dort in seinem Innern wird eine Zeitmaschine erschaffen, eine, die nicht nur ein paar lumpige Jahrhunderte zurückgeht, sondern den ganzen Weg bis zum Beginn der Kreidezeit, also insgesamt 135 Millionen Jahre, zurücklegt. In diesem Zeitalter beherrschten die Dinosaurier die Welt.

Im Innern des Kessels, der auf der angestellten Herdplatte steht, finden sich die gleichen Bedingungen vor wie in den damaligen Urmeeren der Erde. Dort drinnen ist es heiß, es bildet sich viel Dampf, und ein ungestümes, brodelndes Unwetter zieht auf. Wir könnten durch diese Ähnlichkeit natürlich nicht getäuscht werden – Kessel sind Kessel und Kreidezeitmeere eben Kreidezeitmeere –, doch für die Lebensformen und die anderen Überbleibsel aus diesem lang zurückliegenden Zeitalter kann die Sache schon ganz anders aussehen. Wenn sie durch irgendwelche Umstände in den Kessel gelangen, dann müßten sie das Gefühl bekommen, daß die Zeit plötzlich rückwärts gelaufen ist und daß sie sich nun wieder in diesem schwülen, unruhigen Meer befinden. Dies kann bewirken, daß sie wieder anfangen, Gestalt anzunehmen.

In den warmen Lagunen und Meeren der Kreidezeit, wo der zwanzig Meter lange Brontosaurus Wasserpflanzen fraß und der achtzig Tonnen schwere Diplodokus herumwatete, lebte auch eine große Anzahl von winzigen, umhertreibenden Meerestieren. Die meiste Zeit über bewegten sich diese Wesen ziemlich ungestört auf und ab, doch wenn sie starben, lagerten sich ihre Überreste auf dem Meeresgrund ab, wo sie dann, wenn das Wasser seicht genug war, von den recht unsanften Dinosauriern zertrampelt wurden; mit Kalk durchsetzter Schlamm bedeckte sie allmählich, bis sie schließlich ganz aus dem Blickfeld verschwanden. Die ganzen Zeitalter über blieben sie dort unten liegen und fielen zu einzelnen

Molekülen auseinander. Das kälter werdende Meereswasser konnte nichts tun, um sie wieder zusammenzufügen.

Sie verblieben am Ende in der geologischen Schicht, in der unsere gegenwärtigen Wasservorräte entlangfließen. Regelmäßig werden einige dieser Überreste herausgespült und mit zum Haus transportiert, wo ebenso regelmäßig das Wasser benutzt und wieder hinausbefördert wird, ohne daß die Ruhe dieser uralten chemischen Gräber gestört wird.

Eine Ausnahme bildet dabei jedoch der kochende Kessel, der bei der Zubereitung des unbedingt notwendigen Getränks fröhlich vor sich hin dampft. Hier handelt es sich nämlich um etwas, das an die uralten Lagunen der Kreidezeit erinnert. Die Hitze und die Strömungen im Kessel führen schließlich nach all der langen Zeit dazu, daß die zermalmten Körperteilchen aus ihren Umhüllungen heraustreten und sich wieder zusammenzufügen beginnen. Sie verbinden sich miteinander, werden immer größer und taumeln im kochenden Kessel umher. Es bildet sich aber kein richtiges Leben, es kommen lediglich seltsam unförmige Körperfragmente von Lebewesen wieder zum Vorschein – nach 135 Millionen Jahren. Einige davon landen zusammen mit dem heißen Wasser in der Tasse; andere bleiben an der Innenseite des Kessels hängen, wo sie etwas bilden, was in unseren Augen nur wie eine einfache runzlige Ablagerung aussieht. Doch für diese Geschöpfe ist es das letzte Zeichen ihres kurzen, mißlungenen Wiederauftauchens in der Welt.

In dem kochenden Kessel regen sich aber noch andere Überbleibsel aus einer weit zurückliegenden Zeit. Die robusten, von Mikroorganismen gebildeten Sporen, die sich seit Jahrmillionen kaum verändert haben, reagieren ebenfalls auf die verlockende Wärme. Ihre Außenhülle löst sich allmählich auf, wird dünner, und das Protoplasma im Innern findet wieder zurück ins Leben. Diese Geschöpfe bilden Proteine, Blasen gleiten direkt unterhalb ihrer Oberfläche entlang, als sie zu atmen beginnen, und sehr oft fangen feine Außenhaare an, sie durch die heftigen Strömungen zu bewegen, damit sie ihre neue Umgebung erforschen können. Doch es wird nur eine kurze Expedition. Mit der zunehmenden Hitze versengen die Haare, und die Außenhülle beginnt zu schmelzen.

Schon bald wird die Kreatur auseinandergerissen, sie löst sich auf und vermischt sich mit dem Wasser, das wir trinken werden.

Und neben den Mikroorganismen und den Meerestierteilchen fängt noch etwas an, sich zu rühren, das vielleicht seltsamste Überbleibsel aus lang vergangenen Tagen. Es handelt sich um Sauerstoff, aber nicht um den Sauerstoff, den wir normalerweise gewohnt sind, sondern um uralten Sauerstoff, der sich für sonderbar lange Zeit im verborgenen gehalten hat, der einstmals den riesigen Farnwäldern entströmt ist und auf diesem Planeten zuletzt gesehen worden ist, als er von den ersten Amphibien eingeatmet wurde. Er endete schließlich – genau wie die Meerestiere – in den Kalkablagerungen auf dem Meeresgrund, wo er chemisch eingeschlossen wurde; und ebenso, wie die Überreste der Meereswesen auf die Hitze reagierten, kam nun auch dieser Sauerstoff wieder zum Vorschein.

Er wirbelt herum, blubbert, steigt auf zum kochenden Schaum auf der Oberfläche und begibt sich in den Dampf hinein, der sich vom Kessel aus im Raum verteilt. Dieser Stoff, eine direkte Verbindung zur Vorzeit, schwebt in der Küche umher, gleitet über die Köpfe unserer beiden Bewohner hinweg, die, ohne diesen Vorgängen irgendwelche Aufmerksamkeit zu schenken, mit ihrem Frühstück beschäftigt sind, und landet unbemerkt auf ihrer Zeitung. Er steigt wieder auf und begibt sich in die Nähe ihrer Nasen, wo durch ein erleichtertes Aufatmen der Kreis von der Urzeit bis zur Gegenwart geschlossen wird.

Das heiße Wasser aus dem Kessel wird in die Tasse gegossen, und nun fehlt zur Vervollkommnung unseres Tees oder Kaffees nur noch ein einfacher Schuß Milch. Aber wie mit fast jeder Sache in der Küche, so ist auch in diesem Fall »einfach« nicht unbedingt das richtige Wort, um zu beschreiben, was wir nun vor uns haben. In unseren Augen handelt es sich bei der Milch um eine weiße Flüssigkeit, die nicht besonders beeindruckend wirkt. Doch von innen her gesehen bietet sie einen ganz anderen Anblick. Wenn man sie so sieht, wie ein extrem verkleinerter Taucher sie wahrnehmen würde, bietet sich dem Betrachter eine hinreißende, lebendige Unterwasserlandschaft.

Was uns bei einem solchen Tauchversuch als erstes auffallen

würde, ist, daß die Milch überhaupt nicht weiß ist. Sie hat nicht einmal eine »milchige« Färbung. Alles, was wir zunächst registrieren, ist eine riesige Menge kristallklaren Wassers (Milch besteht zu 88 Prozent aus Wasser), das sich nach oben, nach unten und nach allen Seiten hin erstreckt. Es ist wirklich verblüffend. Dann werden weitere Einzelheiten deutlich. Im Wasser schwimmen glänzende Ansammlungen winziger schillernder Brocken umher. Dies sind die Mineralien der Milch – Kalzium, Magnesium und andere –, die so stabil gebaut sind, daß sie kaum auseinanderbrechen können. Die noch kleineren glitzernden Brocken – die einem Schwarm winziger Tropenfische gleichen – sind die Vitamine, die bei weitem nicht so gut gebaut sind wie die Mineralien. Jeder Sonnenstrahl, der in diesen Tiefen eindringt, würde sie wie ein Laserstrahl in Stücke zerschlagen, was der Grund dafür ist, daß man Milch nicht allzulange direktem Licht aussetzen sollte.

Ein etwas größeres Objekt wird sichtbar, das aussieht wie eine nach einem Schiffbruch versunkene Kiste; in diesem hohlen, kastenähnlichen Behälter befindet sich Kasein. *Dieser* Stoff ist vollkommen weiß. Und zwar deshalb, weil er genau die richtigen Proportionen hat, um weißes Licht zu reflektieren. Seine Hülle ist halb durchsichtig, so daß man Hunderte von noch kleineren Kisten, die sich im Innern befinden, sehen kann. Dies sind die Milchproteine. Bei den meisten von ihnen handelt es sich um Nährstoffe, die aus dem Blut der Kuh stammen, doch einige dieser inneren Kisten bestehen aus den zusammengedrängten Leichnamen von Bakterien und Protozoen, die im ersten Magen der Kuh (sie hat insgesamt vier) gelebt und bei der Fermentierung des Grases geholfen haben.

Der vollgepackte Kaseinbehälter ist nicht so schwer, daß er sinkt, aber er ist auch nicht so leicht, daß er an die Oberfläche steigt. Er schwebt in einer bestimmten Tiefe, bleibt aber nicht lange allein. Aus der Ferne bewegt sich eine andere schiffbrüchige Kiste heran, sie ist ebenfalls weiß. Es sieht so aus, als ob sich die beiden berühren würden, doch dann, als sie fast zusammenstoßen, beginnen beide Kisten damit, knisternd elektrostatische Funken abzugeben. Je mehr sich die beiden Kisten nähern, desto mehr Funken entstehen. Bald ist die Kluft zwischen ihnen so feurig wie der Lichtbogen beim E-Schweißen. Die herantreibende Kiste kann wegen dieses Aufruhrs nun nicht weiter herankommen und macht sich daher wieder auf den Rückweg. Die Funken werden weniger und verlöschen schließlich ganz. Dies spielt sich in jeder Milch ab, die wir zu uns nehmen.

Nun bewegt sich auf der einen Seite das erste Fettstückchen aus der Tiefe nach oben. Ein scheußlicher, gelber Klumpen ist es, in diesem Maßstab so groß wie ein Lastwagen, aber er ist so sehr mit Fett angefüllt und so viel leichter als das Wasser um ihn herum, daß schäumende Blasen von dem Unruheherd ausgehen, den er beim Aufsteigen verursacht.

In der Rohmilch sind die nach oben schwebenden Fettklumpen noch größer – von unserem Maßstab aus betrachtet, haben sie schon die Größe eines kleinen Bürogebäudes. Ihre massenweise Ankunft an der Oberfläche führt zur Bildung der Sahneschicht auf der Milch. Homogenisierte Milch wie in unserem Fall enthält nur kleinere Fettstückchen – die großen Klumpen werden durch ein Sieb mit winzigen Öffnungen gepreßt, so daß sie zerkleinert auf der anderen Seite wieder herauskommen.

Bei der homogenisierten Milch besteht die Gefahr, daß manche Konsumenten glauben, es würde sich um ein gesünderes, da fettfreies Nahrungsmittel handeln. Aber dies ist natürlich nicht der Fall, denn wenn man die Fettklumpen zerkleinert, so sind sie damit noch lange nicht verschwunden. Selbst die »fettarme« Milch enthält in jedem Tropfen, der in den Kaffee oder Tee gegeben wird, Hunderte von diesen unerfreulich anzusehenden gelben Klumpen. Man muß sich schon »Magermilch« besorgen, wenn man diese Fettbrocken vom Tisch verbannen will.

Soviel zu den unbeseelten Objekten in der Milch. Es gibt aber noch etwas anderes, was sich dort vorantastet: die Bakterien. Wenn sie es geschafft haben, auf unser Gesicht, auf unseren Bademantel, in die Zahncremetube, auf den Küchentisch und in den Kühlschrank zu gelangen, werden sie sicherlich keine großen Schwierigkeiten haben, auch den Weg in die Milch zu finden. Selbst wenn die Milch durch Erhitzen pasteurisiert worden ist, sind sie noch da, wenn auch viel weniger als vorher. Ein Liter Milch der Güteklasse eins enthält somit nur noch wenige Millionen Bakterien; auf unseren Maßstab bezogen, würde dies bedeuten, daß jeder umherschwebende Bakterienschwarm ungefähr einen Kilometer vom nächsten entfernt ist.

Zunächst hält die Milch sie fast ebenso unter Kontrolle, wie das Eiweiß es getan hat. Sie wird lebendig und tritt in Aktion. Jedes freie Eisenteilchen und jedes freie Vitamin wird mit unheimlich anmutender Perfektion sicher eingehüllt, so daß die Bakterien nicht an sie herankommen können. Als zusätzliche Verteidigungsmaßnahme erzeugt die Milch auf unserem Tisch tatsächlich reines Wasserstoffperoxid (in kleinen Mengen), um diejenigen, die nicht verhungern wollen, zu vernichten.

Mehrere Tage lang bleibt eine Pattsituation bestehen: Die paar Millionen Bakterien in dem Liter Qualitätsmilch rotten sich zusammen und versuchen, ständig neue Artgenossen entstehen zu lassen, während die Verteidiger der Milch emsig damit beschäftigt sind, sie auszuhungern oder sie zu verbrennen. Erst nach ungefähr einer Woche gewinnen die Bakterien infolge ihrer konstanten Fortpflanzungsbemühungen allmählich die Oberhand. Zuerst fangen kleine tischtennisballförmige Bakterien an, sich zu vermehren; sie breiten sich überall im Wasser aus, gedeihen und bilden ständig neue Wesen in Kugelgestalt. Dann beginnen stäbchenförmige Bakterien, die mit einer Gallertmasse umhüllt sind, sich in der Milch zu vermehren und auszubreiten; einander festhaltend, bilden sie lange Ketten und verteilen ihre Nachkommen überallhin. Durch die Ausscheidungen von all den unzähligen neuen Bakterien wird das Wasser schließlich sauer. Dieser durchdringende Geschmack ist eines der ersten sicheren Anzeichen dafür, daß die Milch schließlich überwältigt worden ist.

Dann bewirken die Bakterien, daß die Kaseinkisten keinen elektrostatischen Funken mehr erzeugen und sich somit auch nicht mehr abstoßen. Berühren sich nun zwei dieser schwimmenden Kisten, so bleiben sie aneinander kleben. Schon bald haben sich unter Wasser viele Inseln gebildet, die ausschließlich aus diesen Kisten bestehen, und sobald sie eine bestimmte Größe erreicht haben, schweben sie nach oben. Sie steigen auf, rammen unterwegs noch weitere Kisten und halten sie fest, werden zu Rieseninseln, zu regelrechten Kaseinkontinenten, werden größer und größer, bis sie schließlich die Oberfläche erreicht haben, wo man sie dann selbst mit bloßem Auge erkennen kann: kleine, weiße, geronnene Stückchen, die auf der Oberfläche schwimmen.

Am heutigen Morgen liegt diese »Machtübernahme« beruhigenderweise noch in ferner Zukunft. Alles, was nun mit dieser wundersamen, aus Wasser, Mineralien, Vitaminen, Proteinen, Fett und Bakterien bestehenden Flüssigkeit geschieht, ist, daß etwas davon in den Kaffee oder Tee gegossen wird. Und es ist zweifelhaft, ob selbst dieser Vorgang richtig wahrgenommen wird, denn in diesem Augenblick kommt das fertig geröstete Brot aus dem Toaster, die Marmelade steht bereits auf dem Tisch und neben ihr noch etwas in einem kleinen, gefällig aussehenden Becher, das darauf wartet, aufgestrichen zu werden.

Auf den Toast wird die Margarine getan; eine geschmeidige, schmelzende Masse, die dick aufgetragen und furchtlos verstrichen wird, ins Brot hinein verläuft und nach mehr verlangt. Sonst kam immer Butter auf den Toast, doch wegen der vielen Warnungen vor Cholesterin und Herzattacken ist sie aus diesem sensiblen Haushalt verbannt worden. Hier wird nur noch diese leichter bekömmliche, frische, nicht das Herz belastende, Margarine benutzt. Oder besser gesagt, die Konsumenten denken, daß sie bekömmlicher, frischer usw. ist. Eine genauere Betrachtung der Herstellungsweise von Margarine würde uns nämlich einen anderen Eindruck vermitteln.

Margarine wird aus Fett gemacht. Erfunden wurde sie auf Veranlassung des französischen Kaisers Napoleon III. (der mit dem Aluminiumbesteck), der eine Belohnung ausgesetzt hatte, um eine billige Möglichkeit zu finden, den Fettbedarf der Arbeiterklasse, die sich keine Butter leisten konnte, zu decken. Einige Margarinen enthalten Sojaöl und den ausgekochten Tran von Heringen, 20 Prozent Rindertalg oder gar übelriechendes Schweinefett. All diese Fette werden zusammengemixt und geschmolzen, und wenn man etwa denkt, daß geschmolzenes Schweinefett einen unangenehmen Geruch verbreitet, so sollte man erst mal abwarten, bis einem das Mißgeschick widerfährt, in einer Fabrik herumzulaufen, in der es gerade mit kochendem Heringstran und anderen Fetten verrührt wird. Diese Mancherei wirkt derart abstoßend, ist so ekelerregend und folglich auch vollkommen unverkäuflich (dazu kommt noch, daß das Gemisch eine graue Färbung annimmt), daß sie als nächstes sofort in riesige, desodorierende Bottiche geleitet werden muß, um den fürchterlichen Gestank loszuwerden.

Was nun aus diesem Geruchstilger herauskommt, ist etwas, dem man sich zwar, ohne zum Würgen gereizt zu werden, nähern kann, aber es handelt sich immer noch nicht um die verlockende, im Handel erhältliche Substanz, die einem als Margarine bekannt ist. Was man hier vorfindet, ist immer noch grau, ist klebrig und außerdem viel zu klumpig. Die Fette, die kurzzeitig zerkocht worden sind, haben schon bald wieder große, unangenehme Klumpen gebildet. Diese lästigen Klumpen müssen verschwinden.

Die graue Masse wird in den nächsten Behälter geleitet, in dem das metallene Rührwerk bereits eingesetzt worden ist, dann wird der Bottich fest zugeschraubt und unter hohem Druck Wasserstoff hineingesprüht. Die Fette werden in dem Behälter gekocht und komprimiert, reagieren mit dem Nickel des Rührwerks und dem Wasserstoff, und wenn die Qual schließlich ein Ende hat und der Deckel wieder abgenommen wird, sieht man, daß die Klumpen in diesem wilden Durcheinander vollkommen zerquetscht worden, also völlig verschwunden sind.

Und es geht noch weiter. Rindertalg, Schweinefett und Heringstran kosten nicht viel, aber wenn sie in diesem Stadium auf einfache Weise mit etwas, was noch billiger ist als Schweinefett, ordentlich verlängert werden können, dann würden die Kosten für die Margarineherstellung noch weiter sinken. Diese zusätzliche Substanz wartet bereits in einem weiteren Bottich, der genau neben dem Behälter steht, in dem die Entklumpung stattgefunden hat. Es handelt sich um Milch – um eine Art Milch jedenfalls.

Durch die Regierungsvorschriften gibt es in den meisten Ländern zwei Güteklassen für die Milch: Zur Klasse A gehört die frische Milch, die geprüft wurde und somit zum Trinken geeignet ist; dann gibt es noch die Milch der Güteklasse B, die etwas älter ist oder aber mehr Bakterien als vorgeschrieben enthält. Die meisten Konsumenten bekommen sie für gewöhnlich nicht zu Gesicht, aber sie wird zur Herstellung von Kondensmilch, Kuchen und Babynahrung verwendet. Die Milch in der Margarinefabrik, die nun darauf wartet, mit dem Fett vermischt zu werden, ist der zweiten Güteklasse – oder noch einer darunter – zuzuordnen. Sie ist nicht frisch; klarer ausgedrückt, ist sie gerade dabei, sauer zu werden. Obwohl sie bereits einmal pasteurisiert worden ist, müssen die Fabrikarbeiter sie einer weiteren pasteurisierenden Hitzebehandlung unterziehen, um die schlimmsten Sachen herauszubekommen. Danach wird sie durch ein Sieb gegossen, gefiltert und schließlich mit dem wartenden Fett zusammengebracht.

Doch dabei tritt ein Problem auf. Öl bzw. Fett und Wasser vermischen sich nicht (man denke an französisches Salatdressing), und das Schweinefett und der Fischtran, die von der einen Seite eingeleitet werden, sind nun einmal hochgradig fettig, während die saure Milch, die von der anderen Seite her eingeleitet wird, zu 88 Prozent aus Wasser besteht. Um eine ordnungsgemäße Vermischung zu erreichen, müssen noch andere Substanzen in diesen Behälter gegeben werden. Seifenähnliche Emulsionsmittel sind es, die nun in den Bottich gesprüht werden und schäumend jeden Tropfen des sauren Milchwassers umfließen, so daß diese sich nicht mehr miteinander verbinden können. Dann wird noch eine Menge Stärkemehl hineingeschüttet, damit dieses Gemisch noch etwas schmieriger wird und um sicherzustellen, daß sich der ganze Vorgang nicht wieder aufhebt.

Es scheint so, als ob ein Genie vonnöten wäre, um dieses seifige, stärkereiche Gemisch aus grauer, saurer Milch und tierischen Fetten in ein wohlschmeckendes Produkt zu verwandeln. Glücklicherweise arbeiten überraschend viele unbekannte, nicht gewürdigte Genies in diesen Margarinefabriken. Zunächst einmal wird etwas Färbemittel hinzugefügt, um dieses scheußliche Grau zu überdekken. Die gewöhnlichen gelben Farbstoffe reichen jedoch nicht aus, da das Grau so intensiv ist, daß es immer noch durchscheinen würde. Daher werden besonders wirksame Farbstoffe benutzt, Steinkohleteerverbindungen, die vom Schwefel gereinigt worden sind.

Dann wird ein sehr starker Aromastoff hineingegeben, damit dieses Gemisch anders schmeckt als nach diversen Fetten, Tran und alter Milch. Es folgt die Zusetzung von Vitaminen – denn nach all diesen Verarbeitungsschritten ist das Produkt, von der Nahrhaftigkeit her gesehen, so gut wie wertlos geworden. Das Ergebnis all dieser Prozeduren wird gepreßt, gekühlt, in lange Blöcke geschnitten, in kleinere Blöcke geschnitten und dann schließlich in Plastikbecher befördert.

Halt! Da ist noch etwas. Ganz am Anfang wird manchmal noch etwas Sonnenblumenöl hineingemischt. Nicht deshalb, weil es besonders wichtig wäre, denn dieser geringe Anteil bringt überhaupt keine Veränderung, sondern vielmehr deshalb, weil die Designer dann die Möglichkeit haben, anregende, sonnenbeschienene Wiesenlandschaften und ähnlich schöne Bilder auf die Deckel zu drucken.

Selbst die französische Akademie der Wissenschaften, die sich anfangs für die Verbreitung dieser Substanz eingesetzt hatte, bekam schon bald ihre Zweifel. Die Belohnung für die Herstellung der ersten Margarine war 1869 ausbezahlt worden, aber elf Jahre später verordnete die Akademie, daß die Margarine in regierungseigenen Restaurants nicht mehr verwendet werden durfte, da sie, wie die Mitglieder der Akademie meinten, den Gaumen beleidigen würde.

Mit dem Aufstrich des Toastbrots sind die Frühstücksvorbereitungen beendet. Nun ist es Zeit, zu essen, Zeit, zu kauen, zu schlucken und wieder zu kauen. Aber es muß schnell gehen, überhastet sogar, denn der kleine Zeiger der Küchenuhr nähert sich bereits der Acht, und es gibt noch viel zu tun. Die sättigenden und wärmenden Stoffe umhüllen die Eingeweide von innen, doch nun wird es Zeit, ins Schlafzimmer zurückzukehren, den Morgenrock abzuschütteln und sich darum zu kümmern, das Äußere zu umhüllen. Was soll ich nur anziehen, was nur, was? In bestimmten Provinzen Japans während der Edozeit war dies kein Problem: Dunkle Hosen zum Zuschnüren und dunkle Jacken waren vorgeschrieben, Zuwiderhandlungen wurden mit Gefängnis bestraft. Doch in den meisten anderen Gegenden wird es wesentlich komplizierter: Es gibt Sweatshirts und Pullover, Kord- und Flanellhosen, Röcke, Jacken, Ponchos, Kilts, Pelze, Khakiuniformen und dann sogar noch diese kleinen, aber wirkungsvollen Dinger, diese gewebten Teile, die von Riemen und einem betörenden Lächeln zusammengehalten werden.

Es gibt noch eine weitere recht sonderbare Erfindung auf dem

Bekleidungssektor, einen Zweiteiler, bestehend aus einem seltsam geschnittenen, den Oberkörper umgebenden Oberteil und einem Unterteil, das den Unterleib umhüllt und die Beine umschließt; ein Gewand, das speziell für die Jagd in bestimmten Waldgebieten Englands entwickelt worden war und seine endgültige Form erst um das Jahr 1860 herum erhielt, als es, ausgehend von den kriegerischen Fuchsjägern der englischen Aristokratie, von den prestigesuchenden höheren Berufsständen in den Industriestädten der Insel übernommen wurde und dann schließlich auf der ganzen Welt bekannt wurde: der Anzug.

Er hat sich gut behauptet. Heutzutage arbeiten mehr als die Hälfte aller Geschäftsleute in der westlichen Welt in einem dieser ehemaligen Reiterkostüme. Und obwohl es seit der Anfangszeit doch einige Variationen gegeben hat – man kann nun frei darüber entscheiden, ob man eine Weste unter der Jacke oder eben nur die Jacke trägt, die Zahl der Knöpfe am Aufschlag ist nicht mehr fest vorgeschrieben, und auch ein gewagter Schlitz am Ende des Ärmels ist erlaubt –, so ist es vor dem Anziehen eines Anzugs in der ganzen Welt jedoch immer noch notwendig, mit der gleichen Sache anzufangen: mit dem Oberhemd.

Die meisten sind weiß, als zweite Farbe in der Beliebtheitsskala scheint Blau zu folgen, einige sind braun, nur sehr wenige grün oder rot; aber ohne Ausnahme werden sie alle, sobald jemand in sie hineinklettert, sobald sie gedehnt und gestreckt werden, an ihnen gezogen und entlanggestrichen wird, bereits angefallen. Staubpartikel und andere in der Luft umherschwirrende Teilchen sind es, die sich auf dieses am Körper anliegende, schützende Kleidungsstück stürzen, Staub, der zwischen den einzelnen Fasern eingefangen oder in mikroskopisch kleinen Löchern in den Fasern festgehalten wird oder aber einfach sanft auf den Fasern landet und versinkt.

Diese letztgenannte Art des Anhaftens ist am heimtückischsten. Selbst saubere Baumwollhemden triefen regelrecht von verschie-

---

Die Fasern, aus denen ein synthetisches Oberhemd besteht. Das Rohmaterial dazu wird aus Erdöl gewonnen und dann zu dünnen, gleichmäßigen Fäden gepreßt. Das rote Karo in der Mitte ist Klebstoff, der jeweils zwei Fasern zusammenhält.

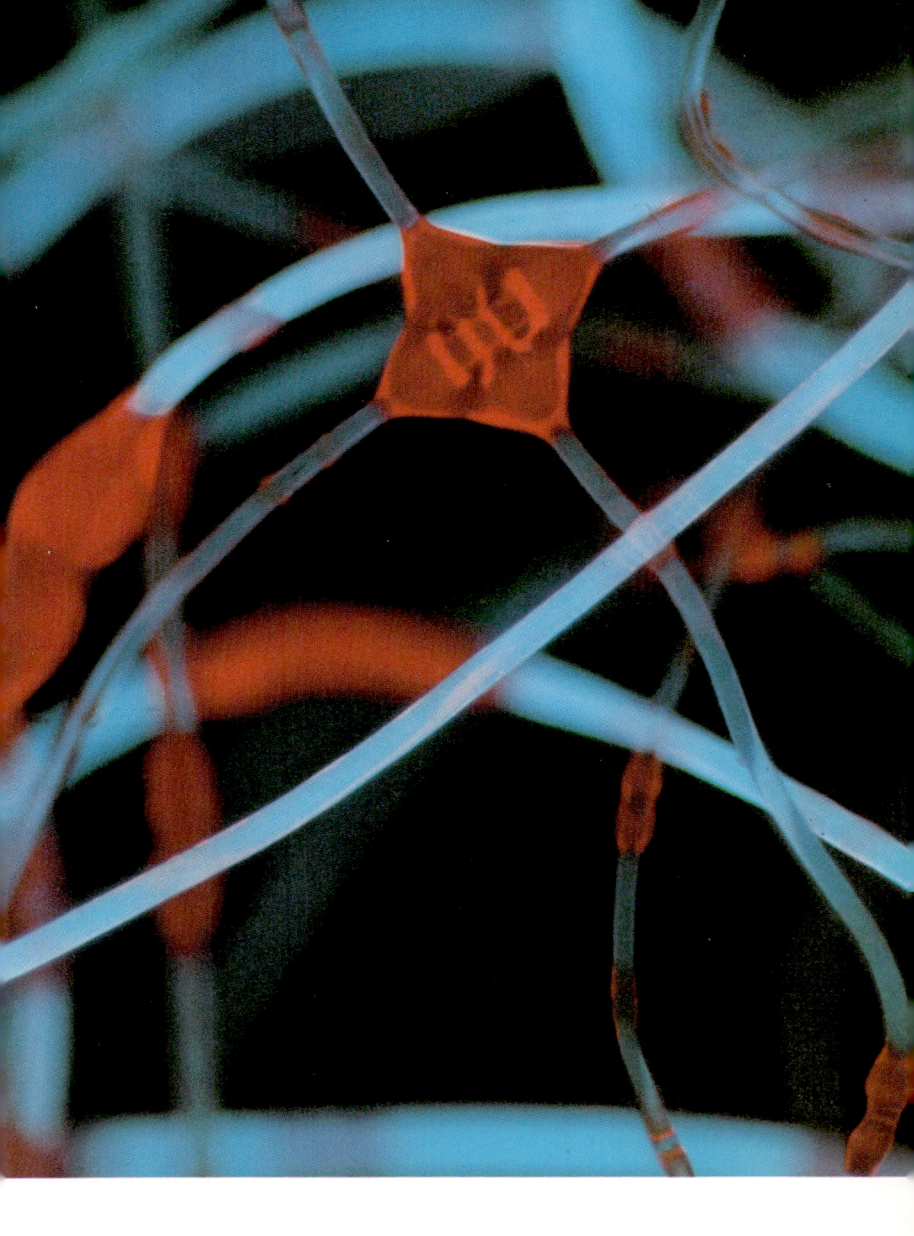

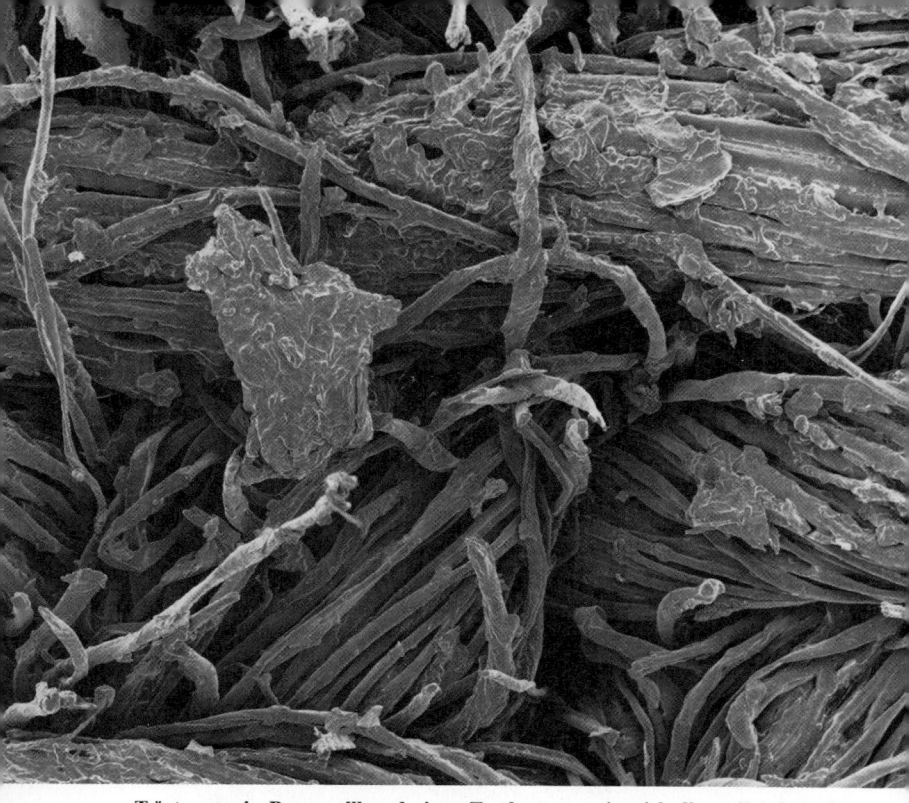

Trägt man ein Baumwollhemd einen Tag lang, so zeigt sich dieses Ergebnis, hier 160fach vergrößert: schmutziger Kragen (links); sauberer Kragen (rechts). Diese spaghettiartigen Schnüre sind es, die einen einzelnen Baumwollfaden bilden.

densten schmierigen Substanzen, die sich als Außenschicht um die einzelnen Fasern gelegt haben und nun begierig den Staub und andere Partikel aufnehmen. Auf jedem Oberhemd – und jeder Bluse! – aus Baumwolle befinden sich aufgelöste Wachse, Kieselerde, Harze und sogar Steine, Pflanzenhormone, die mit dem Cholesterin und dem männlichen Sexualhormon Testosteron verwandt sind. Die synthetischen Oberhemden dagegen sind noch nicht zufrieden mit ihrer eigenen klebrigen Außenschicht, bestehend aus zurückgebliebenen Appreturmitteln, Weichmachern und Klebstoffen auf

54

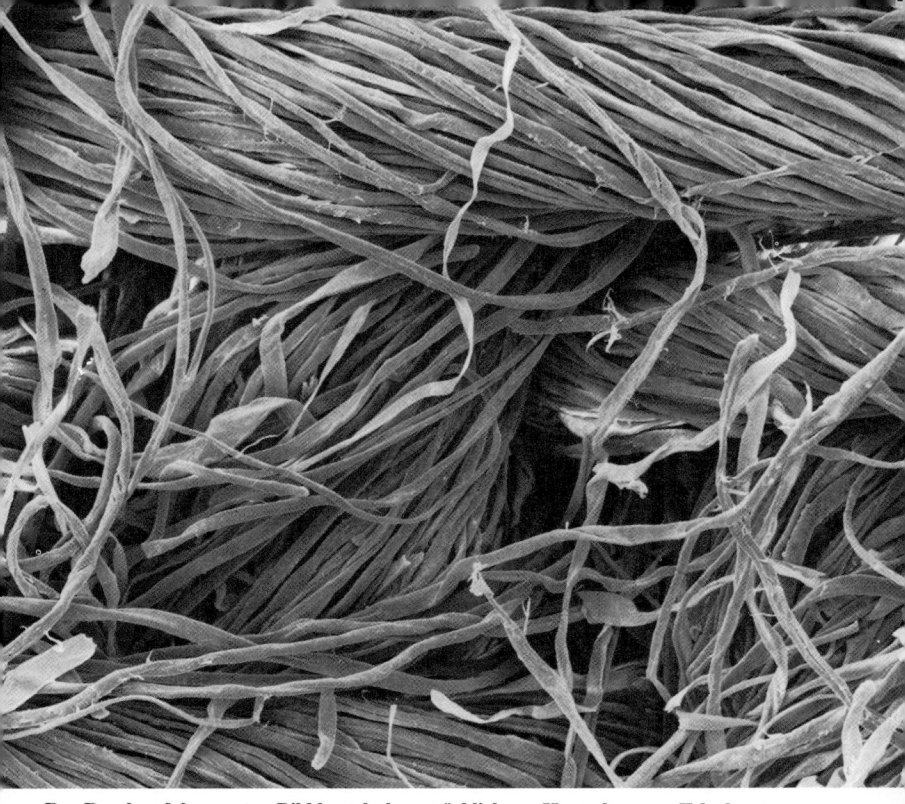

Der Dreck auf dem ersten Bild besteht hauptsächlich aus Hautschuppen, Talgabsonderungen der Haut und in der Luft umherschwirrenden Schmutzteilchen.

Kohlenwasserstoffbasis, sie verfügen noch über eine andere Möglichkeit, den allgegenwärtigen feinen Staub anzuziehen. Sie verfügen über Elektrizität.

Scheuert man eine synthetische Faser gegen eine andere der gleichen Art, so werden durch die Reibung Elektronen freigesetzt. Scheuert man verschiedenartige synthetische Fasern gegeneinander, so werden noch viel mehr Elektronen freigesetzt – die Reibung ist in diesem Fall nämlich noch stärker. Jede Bewegung in einem synthetischen Oberhemd bewirkt eine derartige Freisetzung von

Elektronen, und überall dort, wo dieser Vorgang stattgefunden hat, bildet sich eine elektrostatische Verzerrung des Raums.

Jedes winzige Staubteilchen, das dummerweise in genau diesem Moment vorbeischwebt, wird ohne Vorwarnung in diese Raumverzerrung hineinbeschleunigt. Manchmal stößt dieses Teilchen sogar nirgendwo gegen, sondern wird durch das Kraftfeld einfach stundenlang in der Kluft zwischen zwei Fasern, wo es sich dann zitternd hin und her bewegt, festgehalten. Wenn sich diese Überfälle und Raumverzerrungen einige hundertmillionenmal am Tag wiederholt haben, so kann man eine leichte Schmutzschicht erkennen. Die Hemdoberfläche wird zu einem aufgeklebten Museum all der chemischen Fabriken, Auspuffanlagen, bebauten Feldern und anderen Staubquellen, die sich in einem Umkreis von einigen hundert Kilometern befinden.

Maßgeschneiderte synthetische Hemden sind in diesem Fall recht hilfreich. Das durch die gegeneinanderscheuernden Fasern entstehende elektrostatische Feld wird nämlich bis zu einem gewissen Grad durch das identische, aber entgegengesetzt geladene elektrische Feld, das durch die beständige Reibung des Hemdes auf der Haut entsteht, ausgeglichen. Weite synthetische Pullover lassen den Nachteilen beider Welten freien Lauf: Es bildet sich kein entgegengesetzt geladenes elektrisches Feld, während sich auf der anderen Seite ungehindert starke statische Elektrizität in den Fasern aufbaut, die den ganzen Dreck an sich zieht. (Der Ehrlichkeit halber muß noch gesagt werden, daß man durch das Tragen von hautengen synthetischen Hemden mehr Schweiß produziert, der sich natürlich auf die Fasern niederschlägt, was dazu führt, daß der in der Nähe befindliche Staub infolge der anfangs erwähnten schmierigen Oberfläche der Fasern festgehalten wird.)

Die Kragen von synthetischen Hemden werden schnell mit einer besonders dicken Schmutzschicht bedeckt, da jede Kopfbewegung dort eine Reibung verursacht und somit gleichzeitig ein staubfan-

So werden die einzelnen Fasern (hier 400fach vergrößert) von Nylonstrümpfen zusammengehalten. Sie sind nicht geklebt, sondern miteinander verknotet. Zieht man in eine Richtung, so verformen sich die Knoten und strecken sich ein ganzes Stück lang, bis sie schließlich zerreißen.

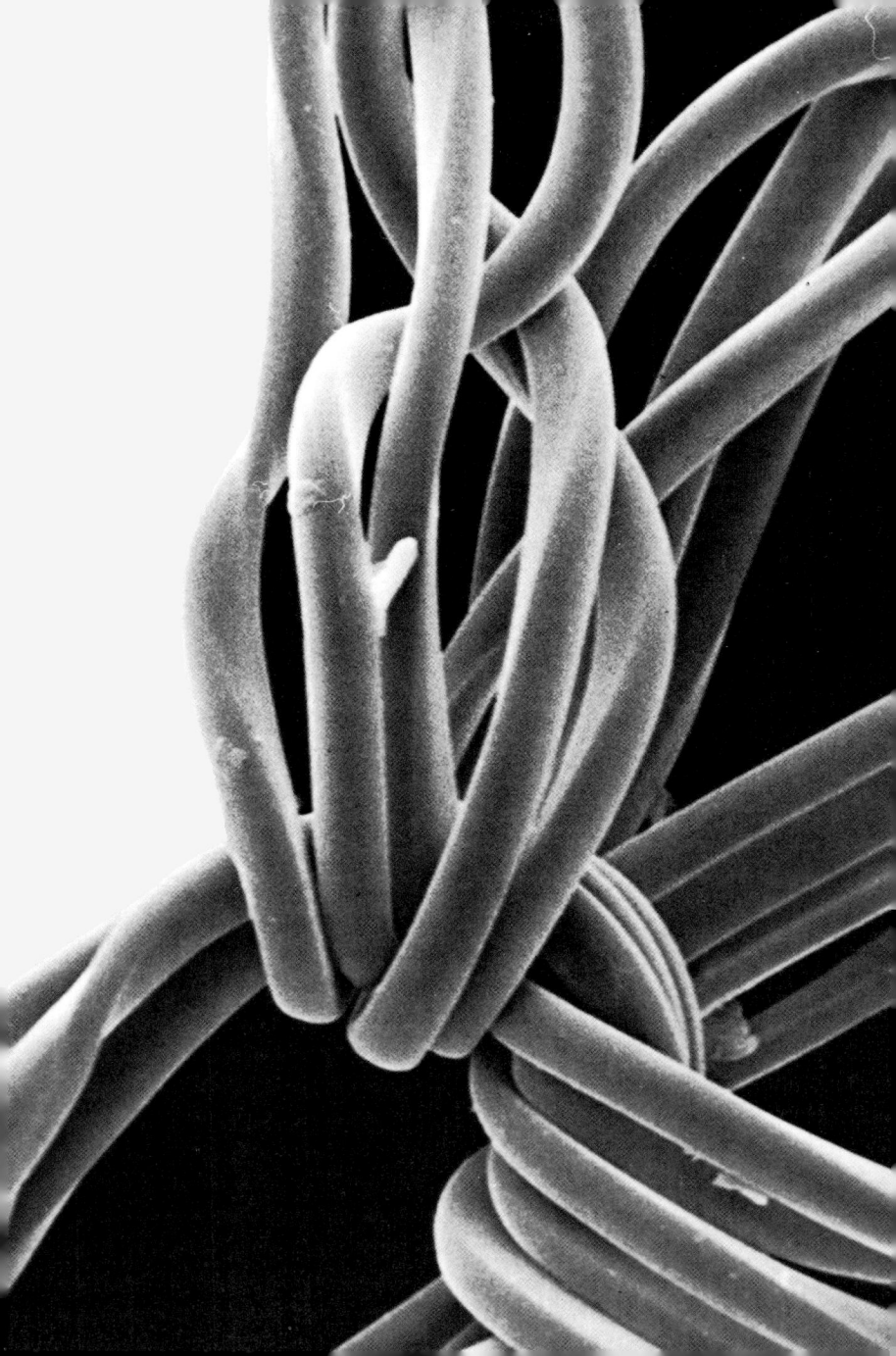

gendes elektrostatisches Feld. Baumwollhemden laden sich bei weitem nicht so stark auf, schaffen es aber dennoch, am Kragen schmutzig genug zu werden: Wie schon bei der genaueren Betrachtung der Geschirrtücher erwähnt, sind alle Baumwollfasern hohl und über weite Strecken mit vertrocknetem Protoplasma gefüllt. Selbst wenn der Schmutz also nicht in den Zwischenräumen oder von der schmierigen Schicht auf der Oberfläche des Gewebes festgehalten werden kann, ist es immer noch gut möglich, daß er durch einfaches Auftreffen auf die Baumwolle an den Stellen, an denen sich kein Protoplasma mehr befindet, hängenbleibt.

Wenn sich dies alles für das anzugtragende Haushaltsmitglied etwas unbequem anhört, so muß darauf hingewiesen werden, daß auf die Nylonstrümpfe, die nun von der anderen Person angezogen werden, noch größere verdeckte Demütigungen warten. Diese Kunststoffasern halten keinen Staub fest – Schmutz kann in Nylon nicht eindringen; an diesen Fasern können sich nicht einmal Bakterien ansammeln wie in der Schmutzschicht auf den Hemden, denn auf den sauberen Nylonstrümpfen verhungern die Mikroorganismen. Aber was geschieht, ist, daß in der Luft entstandene Schwefelsäuretropfen sich auf den Nylonfasern ablagern – und die Schwefelsäure hat bekanntermaßen das Bestreben, alles aufzulösen, was sie berührt.

Diese unsichtbaren Tröpfchen zersetzen die Strümpfe natürlich nicht sofort. Sie sorgen dafür, daß die einzelnen Fasern schnell altern, sie zermürben die Verbindungsstellen des Gewebes und beschleunigen alle anderen Auflösungsprozesse, wodurch die Struktur der Strümpfe derart geschwächt wird – was äußerlich immer noch nicht erkennbar ist –, daß sie im Laufe des Tages beim ersten Kratzer oder manchmal sogar ohne ersichtlichen Grund aufreißen und somit eine beträchtlich lange Laufmasche entsteht.

Aber wie kommt die Schwefelsäure denn nun in unser sauberes Heim hinein?

Die chemischen Fabriken und die Kohlekraftwerke sorgen dafür; aber auch wenn sich in der Nachbarschaft, in der näheren Umgebung oder selbst in einem Umkreis von einigen hundert Kilometern keine befinden, gibt es noch andere Möglichkeiten. Vulkane erzeugen große Mengen Schwefeldioxid, das tagelang in der Atmosphäre umherschweben kann, bis es von einer Wolke eingefangen wird, sich mit der Feuchtigkeit verbindet und sich schließlich als Schwefelsäurenebel niederschlägt.

Doch selbst wenn sich keine Vulkane in der Nähe befinden und keine Wolken am Himmel stehen, die insgeheim die Substanz herauströpfeln lassen, gibt es noch eine weitere Schwefelsäurequelle: der Rasen.

Eine riesige Anzahl von Bakterien lebt unter der Rasenfläche in unserem Garten und ist ständig damit beschäftigt, die Überreste von Pflanzen und Insekten, die andauernd in ihr trübes Reich herabsinken, zu zersetzen. Den Stickstoff und andere gute Sachen in diesen Überresten verleiben sich die Bakterien selbst ein, während sie den Schwefel, der sich ebenfalls darin befindet, nicht zum Leben brauchen. Dieser Stoff nimmt wieder den Weg durch den Boden, kommt zwischen den Grashalmen hindurch an die Oberfläche und schwebt dem Himmel entgegen. Der von anderen Bakterien produzierte aufsteigende Schwefel kommt dazu, verwandelt sich in der Luft zu Schwefelsäure, die dann irgendwann ihren Weg ins Haus findet.

Sie gleitet notfalls, wenn es keine andere Möglichkeit gibt, durch die mikroskopisch kleinen Löcher in den Wänden. Sie dringt in jeden Raum des Hauses, findet mit Sicherheit die Nylonstrümpfe und läßt sich dann auf sie hinunterfallen. In dieser Verdünnung zeigt die Schwefelsäure sogar noch Wirkungen auf Metallen, Lackfarben und Steinen; verwunderlich ist also nicht, daß sie die Strümpfe angreift, sondern daß diese es überhaupt noch schaffen, ungeschoren aus dem Haus zu kommen. Die Hersteller sorgen für einen gewissen Schutz gegen die Säure – alle Nylonstrümpfe bestehen zusätzlich noch aus Füllstoffen, speziellen Lösungsmitteln, Silikonen und anderen säurebeständigen Stoffen –, doch in Anbetracht der Tatsache, daß Nylonstrümpfe ohne die Angriffe der Schwefelsäure eine nahezu unbegrenzte Lebensdauer hätten, werden die Produzenten ihre Bestrebungen in dieser Richtung wahrscheinlich im Rahmen der wirtschaftlichen Rentabilität halten.

Zurück zu unserem männlichen Hausbewohner. Das Oberhemd hat er nun endlich an; jetzt muß nur noch dem Problem, die Hose hochzuziehen, begegnet werden. Der Vorläufer der Hose war der

Rock, dieses vortreffliche Gewand, das immer viel leichter zu handhaben war. Im Rock dagegen, der so umgenäht wurde, daß zwei enge Röhren entstanden, die oben durch ein sattelartiges Stück Stoff zusammengehalten werden, verlangt sicherlich einiges an Ziehen und Zerren, bis er dann endlich richtig sitzt. Obwohl es niemand bemerkt, wird dieses Kleidungsstück im Verlaufe dieser Prozedur an einigen Stellen sogar zerrissen.

Es sind natürlich keine großen Risse, keine der Art, die uns auf der Party dazu veranlassen, eine plötzliche Kehrtwendung zu machen und sich hastig auf das nächststehende Sofa zu setzen, um den Schaden zu verbergen. Diese an jedem frühen Morgen entstehenden Risse sind kleiner. Die Kraftlinien, die beim Anziehen der Hose erzeugt werden, bewegen sich durch das Netzwerk des Gewebes. Wenn die Hose eine lockere Struktur hat, so tanzen die Kraftlinien einfach darin herum und verschwinden wieder, ohne Schaden anzurichten. Aber wenn die Hose aus einem festeren Gewebe besteht und wenn sich das Hochziehen auch nur für einen Moment auf die empfindliche Naht, die beide Hosenbeine zusammenhält, konzentriert, bewirken die Kraftlinien etwas mehr, bevor sie sich wieder auflösen.

Ihre ganze Kraft geht in einen einzigen Faden hinein. Und die Fasern im Schritt sind infolge des industriellen Nähvorgangs besonders schwach. Bei den Fäden handelt es sich nicht, wie es uns vielleicht erscheinen mag, um solide Röhren, sondern um winzige ineinander verflochtene Schnüre, die wie Miniaturdrahtseile aussehen. Bei dieser morgendlichen Anstrengung reißt nun das erste Drahtseil, dann das zweite, und nach ungefähr einer dreißigstel Sekunde hört dieser zerstörerische Vorgang auf, aber die geflochtene Faser ist nun bereits ernsthaft beschädigt. Eine ungeschickte Bewegung – ein plötzlicher Ruck, eine starke Beugung oder einfach nur eine unruhige Zappelei – kann nun im Laufe des Tages dazu führen, daß diese Faser ganz zerrissen wird.

Selbst wenn man es geschafft hat, dies zu vermeiden, muß das gerade hochgezogene Beinkleid noch zugemacht werden. Der aufwendige, materialverschlingende Hosenlatz mit doppelter Knopfreihe, der in pompöseren Zeiten gebräuchlich war, wird heutzutage nicht mehr für besonders zweckmäßig gehalten: Der einfache

Reißverschluß hat nun seinen Platz eingenommen. Obwohl die windende Bemühung, ihn zu schließen, weitere Fadenrisse fördern kann, haben seine Vorzüge großen Anklang gefunden. Der Reißverschluß ist wahrscheinlich die meistverkaufte einfache Maschine der Welt; seit seiner Erfindung im Jahre 1891 sind schätzungsweise mehrere Billionen Stück hergestellt worden.

Nachdem nun alles sicher verschlossen worden ist, betrachten wir einmal, was beim einfachen Vorgang des Laufens vor sich geht. Das Scheuern der Beine gegen das Gewebe befördert – scheinbar nach dem Prinzip des Blasebalgs – unglaublich dichte Hautschuppenwolken durch die Lücken zwischen den Fasern. Jeder Schritt jagt mehr davon hinaus. Der voranschreitende, nun mit der Hose bekleidete Herr wird zu einem beweglichen, hautschuppenverteilenden Hochleistungsgebläse, denn mit jedem Schritt stößt er Tausende davon aus. Inzwischen hat er die Kommode erreicht, wo sich die Krawatte befindet, die seine Bekleidung vervollständigen soll – hinter ihm wirbeln unsichtbare, aus Hautstückchen bestehende Wolkenformationen umher. Diese sind so leicht – sie sinken höchstens mit einer Geschwindigkeit von zwei Zentimetern pro Stunde nach unten –, daß abends bei seiner Rückkehr immer noch viele davon umherschweben werden.

Eine letzte Maßnahme trifft die Frau noch, dann ist der Vorgang des Ankleidens abgeschlossen. Es handelt sich nicht um etwas, das seit unvordenklichen Zeiten wie selbstverständlich überliefert worden ist. Bis vor kurzem benutzten ehrenhafte Frauen kein Make-up. Farbe im Gesicht deutete auf Leidenschaft hin, und von Leidenschaft hatten sie sich fernzuhalten. Kurz nach dem Ersten Weltkrieg wurde der Lippenstift als etwas betrachtet, das nur dazu geeignet war, »die verheerenden Auswirkungen von Zeit und Krankheiten auf den Gesichtern von Kokotten auszubessern«. Diese genannten Frauen waren wahrscheinlich auch die einzigen, die den Lippenstift benutzten, denn er war damals eigentlich nichts anderes als eine schmierige Schminke, bestehend aus zerdrückten, getrockneten Insektenkörpern, um sie einzufärben, Bienenwachs, um ihr die nötige Konsistenz zu geben, und Olivenöl, um sie streichfähig zu halten – wobei dies unglücklicherweise die Tendenz hat, mehrere Stunden nach dem Auftragen ranzig zu werden. Das New Yorker Gesundheitsamt zog 1924 in Betracht, den Lippenstift zu verbieten, jedoch nicht, um die Frauen, die ihn benutzten, zu schützen, sondern wegen der Sorge, daß die Männer, die Frauen küßten, die Lippenstift benutzt hatten, vergiftet werden könnten.

Für die emanzipierte Frau von heute ist dieses Produkt sehr verändert worden; man hat noch einmal alles genau überdacht und den Lippenstift völlig neu geschaffen. Die Insektenkörper wurden als Barbarei von der Liste gestrichen; auch Bienenwachs und Olivenöl wurden als unbrauchbar angesehen und folglich abgelehnt. Was sich heute in den Lippenstifthülsen befindet, ist ein Spitzenprodukt der Kosmetikwissenschaft des 20. Jahrhunderts.

Die Grundsubstanz des modernen Lippenstifts ist Säure. Nichts anderes kann eine Färbung tief genug in die Lippen einbrennen, so daß sie über längere Zeit bestehenbleibt.

Die Säure ist anfangs orange, aber wenn sie in die lebenden Hautzellen eindringt und sich dort eingenistet hat, verwandelt sie sich in ein intensives Rot. Alle anderen Inhaltsstoffe des Lippenstifts dienen eigentlich nur dazu, die Säure bei der Erfüllung ihrer Aufgaben zu unterstützen.

Zunächst einmal muß die Säure sich gut auftragen lassen, sie muß also irgendwie streichfähig sein. Jeder von uns hat vielleicht schon einmal Kinder beobachtet, die mit Backfett gespielt und es sich ins Gesicht geschmiert haben. Derartige gehärtete Fette lassen sich sehr gut verstreichen, weshalb sie auch in fast jedem Lippenstift enthalten sind. Seife läßt sich ebenfalls ohne Probleme gleichmäßig verteilen, also wird auch davon etwas hinzugefügt.

Unglücklicherweise sind sowohl die Seife als auch das Backfett kaum in der Lage, die alles entscheidende Säure, die zum Färben benötigt wird, aufzunehmen. Es gibt nur eine schmierige Substanz, die diese Aufgabe zufriedenstellend bewältigen kann: Rizinusöl. Gutes, billiges Rizinusöl, das beispielsweise in Lacken und Abführmitteln enthalten ist, wird im Handel auch Kastoröl genannt, und es ist mengenmäßig gesehen der Hauptbestandteil jedes Lippenstifts – angefangen bei den edelsten französischen Marken bis hin zu den billigsten Sorten. Die Säure wird von dem Rizinusöl aufgenommen, und zusammen mit der Seife und dem gehärteten Fett verteilt sich das Rizinusöl gleichmäßig auf den Lippen; mit Hilfe dieser Vermittlersubstanz gelangt die Säure also genau dorthin, wo sie hinkommen soll.

Wenn Lippenstift in leicht abgewandelten Margarinebechern oder Rizinusölflaschen verkauft werden könnte, so würde keine Notwendigkeit für den nächsten Inhaltsstoff bestehen. Doch die Marotten der lippenbewußten Verbraucherinnen dulden derartig plumpe Verpackungen nicht; diese spezielle Mixtur muß in einer anderen Form verkauft werden. Sie muß in einen eleganten, stabilen Stift verwandelt werden, und nichts eignet sich dazu besser als auf Erdölbasis hergestelltes Wachs. Ein derartiges Wachs – Paraffin – kann Fett, Seife und mit Säure durchtränktes Rizinusöl aufsaugen, wobei seine mikrokristalline Struktur immer noch eine ausreichende Stabilität bewahrt. Dieses Wachs ist es also, das den »Stift« des Lippenstifts bildet.

Natürlich müssen bei der Vermischung all dieser Substanzen noch einige bestimmte Vorkehrungen getroffen werden. Sollte die Konsumentin von dieser Mixtur jemals eine Nasevoll einatmen (man denke nur an das ganze Rizinusöl), könnte es zu ernsten Absatzschwierigkeiten kommen. Daher wird in dem Produktionsstadium vor dem Erkalten der Fette und Öle – die Techniker bezeichnen das zukünftige Kosmetikum dann noch als »geschmolzene Lippenstiftmasse« – ein Duftstoff hineingegeben. Gleichzeitig werden noch Konservierungsmittel in die Masse gegossen; denn abgesehen von dem strengen Geruch, hat das Öl noch die Eigenschaft (wie wir schon gehört haben), ranzig zu werden, wenn keine Vorsichtsmaßnahmen getroffen werden.

Was jetzt noch fehlt, ist der Glanz. Frauen, die Lippenstift auftragen, erwarten für ihre Mühen einen gewissen Glanz – und ihre Wünsche bleiben nicht unbeachtet. Zusammen mit den Konservierungsmitteln und dem Duftstoff wird noch etwas Glänzendes, Farbiges, fast Schillerndes, das glücklicherweise nicht einmal zu teuer ist, hinzugefügt.

Dieses Etwas sind die Schuppen von Fischen. Man erhält sie leicht als billige Überreste von den Fischfabriken. Die Schuppen werden in einer Ammoniaklösung aufgeweicht und dann mit den ganzen anderen Stoffen vermischt.

Ist das nun alles? Fett, Seife, Rizinusöl, Paraffin, Duftstoff,

Lippen, bei denen all die feinen Konturen erkennbar sind, in die sich der Lippenstift einbrennt.

Konservierungsmittel und Fischschuppen? Nicht ganz. Da fehlt noch etwas: die Farbe. Die orangene Säure wird erst dann rot, wenn sie Kontakt mit der Haut hat, wenn sie sich also in die Lippen brennt. Das heißt, daß dem Lippenstift ein weiterer Farbstoff zugesetzt werden muß, und zwar ein verführerisches und zugleich besänftigendes Rot, so daß der Stift zumindest annähernd die Farbe trägt, die sich dann auf den Lippen zeigt, und nicht dieses entsetzliche Apfelsinensaftorange. Wenn man diesen Sachverhalt also genauer betrachtet, bedeutet dies, daß die rote Farbe, die man in der

64

Lippenstifthülse sieht, nur sehr wenig mit der Färbung zu tun hat, die sich nach dem Auftragen auf den Lippen bildet.

Doch derartig tiefgehende Beobachtungen müssen nun schnell abgewürgt werden – ein Blick auf die Uhr zeigt, daß es schon spät ist. Das Auto wartet, die Arbeit im Büro ruft; es ist also Zeit, fertig zu werden, sich zu beeilen und loszugehen. Das Haus ist kurz davor, allein gelassen zu werden – die Tür schlägt zu, und es ist fest verschlossen.

2. Kapitel
Mittags

Was tut sich nun in dem so plötzlich allein gelassenen, leeren Haus? Eine Welt voller seltsamer Dinge bereitet sich auf den langen Tag vor.

Als die beiden Menschen losstürzten, um zum Auto zu kommen, scharrten sie mit ihren Sohlen durch die oberen Atomschichten des Teppichs und wirbelten dabei eine Unmenge von »Teppichteilchen« hoch in die Luft auf, so daß sie aussahen wie Dr. Schiwago und Lara im Schneegestöber. Einige der Teilchen flogen hoch genug, um auf Oberhemd und Kleid der Weggehenden landen zu können und sie mit äußerst winzigen Partikeln aus Orlon, Polyester und Nylon zu besprenkeln; andere umherschwirrende Atome hielten sich dichter über dem Boden und wirbelten, Minischneestürme bildend, gegen Hosenbeine, hohe Absätze und Strümpfe.

Die Menschen, die dieses Durcheinander angerichtet hatten, wurden dabei mit einer Spannung von 400 Volt aufgeladen, doch in dem Augenblick, in dem sie den metallenen Türgriff berühren, sind sie diese Last wieder los. Der zurückgelassene Teppich besitzt dagegen kein derartiges Ventil, er ist weiterhin elektrisch aufgeladen.

Eine halbe Stunde lang bleiben die eingedrückten elektrostatischen Fußabdrücke deutlich an ihrem Platz und markieren genau den Weg, den die beiden Bewohner gegangen sind. (Mit dem richtigen Beobachtungsinstrument würde eine schwach fluoreszierende grüne Spur zu sehen sein.) Erst allmählich füllen sich die Fußabdrücke wieder und bringen den Teppich in den vorherigen Zustand zurück. Einige der losgetretenen Atome auf der Teppichoberfläche ziehen freie, in der Luft umherschwebende Ionen nach unten; andere, die infolge des Vorfalls als Wolken aufgestiegen

Der Zahn der Zeit. 20fache Vergrößerung der Zeiger einer Armbanduhr.

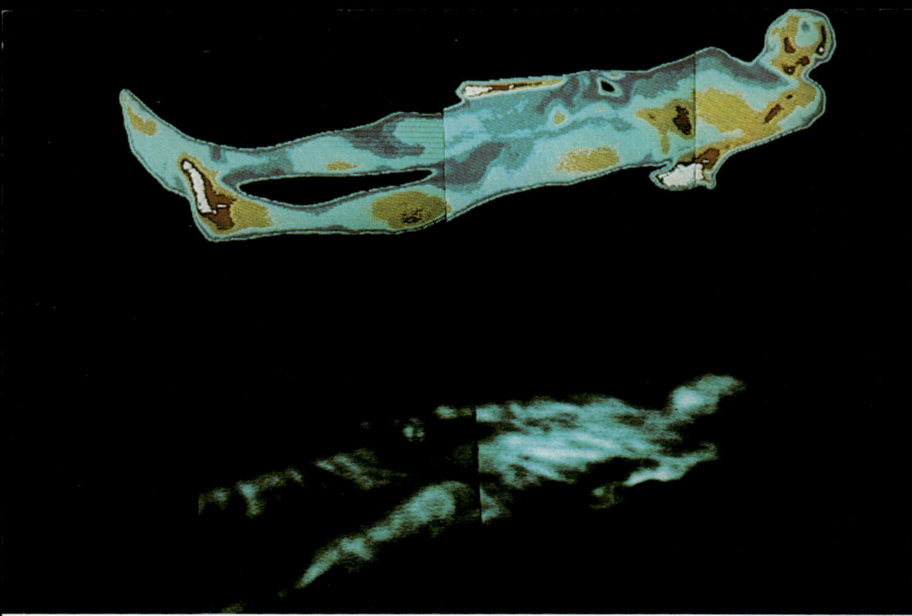

Oben: Das auf dem Bett zurückbleibende Wärmebild, nachdem man aufgestanden ist. Das obere Bild zeigt eine unbekleidete Person auf einem Bett; man beachte die äußerst warmen (weißen) Hände und Füße. Das untere Bild zeigt das leere Bett mit dem verbliebenen Wärmemuster. (Gegenüberliegende Seite): Ein in der Luft umherwirbelnder Pilz, kurz nachdem er sich aus einer Spore heraus entwickelt hat. Der rote Teil ist der Hauptkörper; der daraus hervortretende Faden die Hyphe, die sich bei der Nahrungssuche durch den Mörtel oder durch die Backsteine einer Hauswand bohren kann. Unten: Elektronenmikroskopfotografie eines Klopfkäfers (seine Larven sind die berühmt-berüchtigten Holzwürmer).

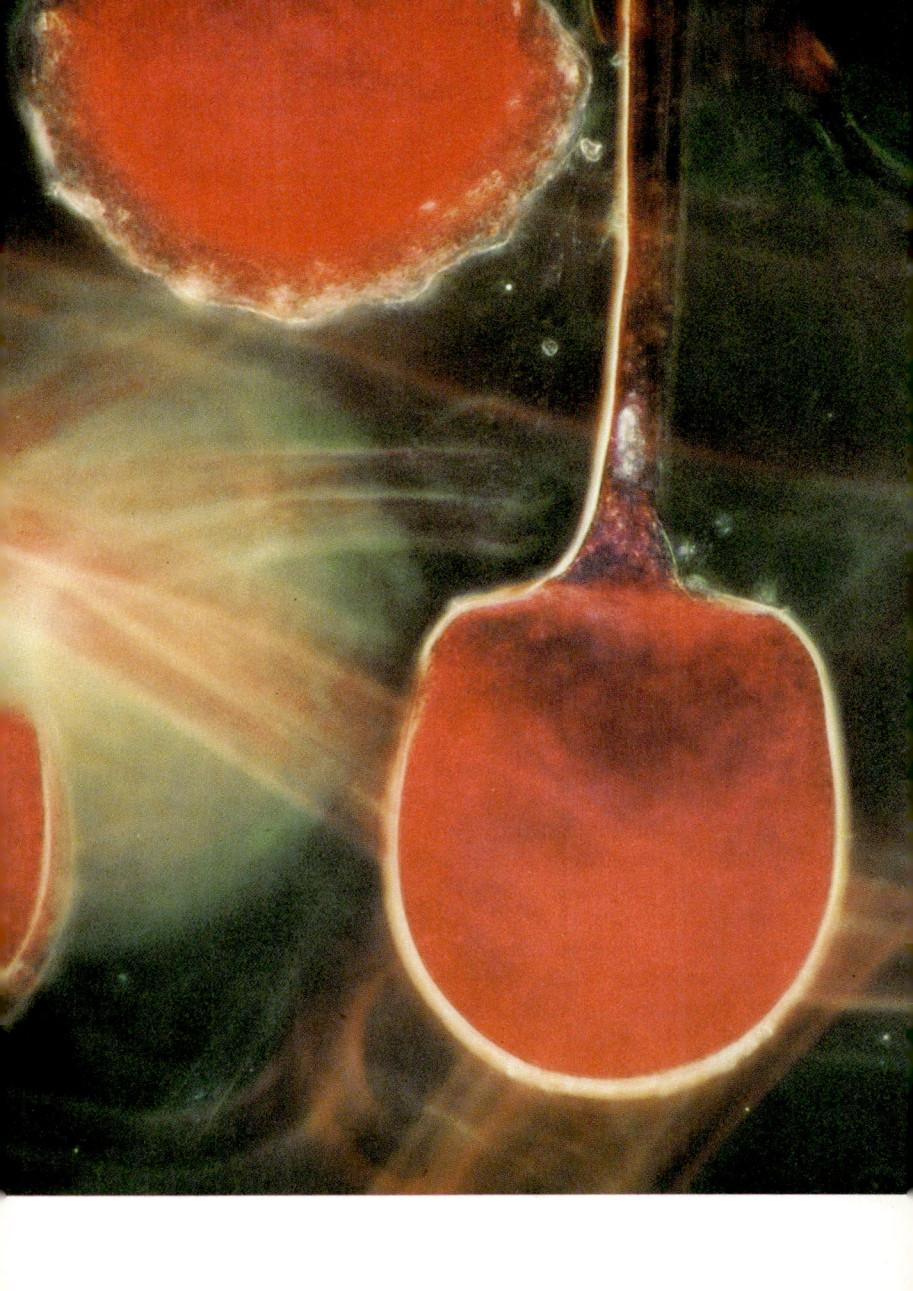

sind, legen sich nach einiger Zeit wieder auf den Boden und werden zu Bestandteilen der obersten Teppichschicht. Nach zwei Stunden sind die Fußspuren wieder ganz aufgefüllt und so gut wie verschwunden.

Auf Wänden läuft selten jemand entlang, doch auch sie werden durch den morgendlichen Tumult vor dem Verlassen des Hauses in Mitleidenschaft gezogen. Mit Wasserdampf fängt es an, mit Wasser, das sich beim Händewaschen, Zähneputzen, Duschen, Waschen des Gesichts, beim Schwitzen, Teekochen, Tellerspülen und Tischabwischen verflüchtigt und in die Luft steigt: An einem durchschnittlich geschäftigen Morgen sind es insgesamt 1½ Pfund davon – was alles erst wieder herunterkommen muß.

Wenn die Luft im Haus leer wäre, so würde das Wasser einfach in die Fußbodenbretter dringen und bewirken, daß sie aufquellen; ein Vorgang, der im Laufe des Tages nicht gerade von besonderer Bedeutung ist und später nur diejenigen zu Bemerkungen veranlaßt, die ein schwaches Nervenkostüm haben und demzufolge das Knarren und Ächzen, das nachts beim Austrocknen der Bretter hervorgerufen wird, für das unmißverständliche Zeichen einer gespenstischen Heimsuchung halten. Aber die Luft ist nun einmal nicht leer. Sie enthält umherschwirrende Hautschuppen, glänzende Kadmiumklümpchen, Textilteilchen, Meersalz, Gliedmaßen von mikroskopisch kleinen Insekten und außerdem – von den sich ständig bewegenden Luftmolekülen in jedem Raum zusammen mit den anderen Teilchen am Schweben gehalten und durch den Sog der zuschlagenden Tür hereingebracht – Pilzsporen.

Sporen sind hart gewordene Behälter, die alle notwendigen DNS-Informationen besitzen, um irgendwann neue Pilze hervorzubringen, in der Luft herumschwirrende Eier sozusagen. Wenn sie gegen trockene Wände stoßen, prallen sie einfach ab und schweben weiter, aber wenn sie gegen nasse oder feuchte Wände stoßen, bleiben sie haften. Aus dem aufgebrochenen Behälter kommt ein einzelner Pilzkörper hervor, dann wächst ein umhertastender Arm aus diesem Körper heraus, ein lederartiger, sich klar abzeichnender Arm, aus dem schließlich ein anderer Arm herauswächst und noch einer und dann viele, viele mehr. Dies sind die Pilzfäden, die Hyphen. Der Grund dafür, daß derart viele davon entstehen – was

70

zu einem Gebilde an unseren Zimmerwänden führt, das aussieht wie ein winziger, mutierter Krake –, ist, daß der neue Pilz sie braucht, um sich ernähren zu können. Für einige Arten dienen die Schwefelkörnchen im Beton als Nahrung, für andere die Metalle in der Lackfarbe oder der Kleister in der Tapete, und eine besonders weit verbreitete Art, die man zu manchen Zeiten in fast jedem Haus der nördlichen, gemäßigten Klimazone finden kann, sucht sogar nach den antibiotischen Giftstoffen, die das Holz, auf dem sie gelandet sind, produziert, und verspeist sie genüßlich. Überall im Haus heften sich diese gerade zum Vorschein gekommenen Pilzwesen an die Wände und bohren sich mit Hilfe ihrer schlauchartigen Arme in sie hinein.

Natürlich kann nicht alles, was die Arme aufsaugen, von dem Hauptkörper verarbeitet werden. Viele Substanzen sind zu giftig, und jeder Pilz, der den Fehler begeht, sie doch aufzunehmen, würde seinen Halt verlieren, sich von seinem Futterplatz lösen und vergiftet auf den Fußboden fallen. Die Pilze umgehen diese Gefahr, indem sie die Stoffe, die sie nicht gebrauchen können, ausscheiden, und zwar in Form von Aerosolen. Zu jedem Zeitpunkt des Tages befinden sich gerade auf den Zimmerwänden haftengebliebene Pilze in unserem Haus, die Kohlendioxid, Blausäure, Äthanolschwaden, verschiedene Alkohole und vieles andere mehr ausscheiden und in die Luft abgeben. Die Konzentrationen sind im allgemeinen zu niedrig, so daß sie höchstens mit Spezialgeräten nachgewiesen werden können, aber es gibt auch Ausnahmen. Einige Ausdünstungen riechen angenehm wie die von den mit den wildwachsenden Trüffeln verwandten Wandpilzen, die einen besonders köstlichen Geruch verbreiten. Doch einige von diesen Ausnahmen wirken weit weniger erfreulich auf uns; dazu gehören etwa die Ausdünstungen all der Pilze, die einen muffigen oder gummiartigen Geruch erzeugen. Wenn es dazu kommt, daß man sie so deutlich wahrnehmen kann, so ist man wahrscheinlich auch in der Lage, sie zu sehen, riesige Kolonien, die für uns in der Form einer unerfreulichen Schimmelschicht sichtbar werden.

Abgesehen von den Pilzen und den Fußabdrücken, könnte man vielleicht meinen, daß das Haus sich einfach ruhig verhält und keinerlei Schwierigkeiten verursacht, bis man wieder zurückkommt.

Aber sich ruhig verhalten ist genau das einzige, was das Haus *nicht* tut.

Einer der Gründe dafür kommt von draußen. Das Sonnenlicht prallt gegen die Glasscheiben der Fenster, und obwohl Glas für die meisten Sonnenstrahlen undurchlässig ist, obwohl es sich bei Glas eigentlich um eine Flüssigkeit handelt, die ständig schmilzt, und obwohl sie nur sehr wenige Sonnenstrahlen hindurchrutschen läßt, so reichen diese wenigen, die sich summieren, doch aus, um einiges zu bewirken. Sie erhitzten jeden Tisch, auf den sie auftreffen, lösen Formaldehyd aus dem Lacküberzug heraus, und wenn sie bis auf den Fußboden gelangen, setzen sie auch diesen in Bewegung. Die kleinen Hohlräume in den Teppichfasern heizen sich auf und fangen an, sich im Zeitlupentempo zu bewegen, schlängeln sich medusenartig im Licht. Nicht an allen Stellen winden und krümmen sich die Fasern, denn überall dort, wo das Licht von dem Mobiliar blokkiert wird, entstehen Infrarotschatten, die den Teppich dort kühl halten, doch es reicht immer noch aus, um Luftströmungen in Gang zu setzen. Die Luft steigt auf, gleitet an den Wänden entlang und prallt an der Decke ab. Einige der ordentlich aufgeschichteten Milbenkothaufen in den Teppichen sind leicht genug, so daß sie mit hochgezogen werden, doch die meisten werden einfach nur langsam angehoben und von einer Stelle des Fußbodens zur anderen befördert.

Wo das Sonnenlicht auf die Wände auftrifft, bringt es die in der Farbe befindlichen Metallpartikel – die eigentlichen Farbgeber – dazu, wie außer Kontrolle geratene Flipperautomaten zu vibrieren. Aber da die Farbe, die scheinbar unsere Zimmerwände bedeckt, im Grunde genommen mit einer optischen Täuschung arbeitet – zwischen den farbgebenden Metallpartikeln befinden sich große Lücken, die wir mit unseren Augen jedoch nicht wahrnehmen können –, gelangen die meisten Sonnenstrahlen auf das Material darunter, also auf Backstein, Holz, Beton oder einen anderen Baustoff. Das Sonnenlicht dehnt das Material aus, zieht es vertikal in die Länge, reißt an jedem Nagel und an jeder Schraube in der Wand, und da das darüber befindliche Dach ebenfalls von den Sonnenstrahlen nach oben gezerrt wird, kommt es schließlich dazu, daß sich das ganze Haus auszudehnen beginnt. Wenn man dann abends zurückkehrt, ist es um einige Kubikzentimeter gewachsen – eine recht ordentliche Vergrößerung, die das Haus beibehält, bis die Nacht anbricht und alles, was tagsüber hinzugewonnen wurde, wieder verlorengeht.

Selbst in den Zimmern, in die kein direktes Sonnenlicht hineinfällt, gehen seltsame Dinge vor sich. In der Schlafzimmerkommode übereinandergestapelte Pullover lassen Moleküle durchsickern – ein Prozeß, den man sich am besten als ein langsames Tröpfeln vorstellt –, während die Kleiderbügel im Schrank unter der Last, die sie zu tragen haben, absacken und ein ultraniedrigfrequentes, aber nachweisbares Stöhnen von sich geben. Auf der Frisierkommode bildet sich ein Belag, und zwar in den winzigen Wassertröpfchen, die sich auf einem silbernen Armreif befinden; von einem goldenen Ohrring wiederum lösen sich brodelnd einige Atome und steigen zur Decke auf, während sich in den Perlen einer Kette (wenn die Perlen echt sind, bestehen sie aus dem fest gewordenen Schleim von Weichtieren, wenn sie künstlich sind, aus verketteten Kohlenstoffverbindungen) winzige sphärische Risse bilden. Etwas Kohlenmonoxid, das beim morgendlichen Kochen erzeugt worden ist (jede Gasflamme gibt Kohlenmonoxid ab), verbindet sich mit dem Wasserfilm auf dem Silber und auf dem Aluminiumrahmen des Fensters, um dann verdünnte Kohlensäure zu bilden, einen Stoff, der mit dem Bikarbonat in Tabletten gegen Verdauungsstörungen verwandt ist.

Radiumteilchen in dem Lehm, dem Stein oder dem Holz der Schlafzimmerwand lassen eine radioaktive Gaswolke aus Radon entstehen, die in den Raum hereinweht und, für uns nicht sichtbare Antimaterie-Blitze bildend, nach wenigen Stunden zerfällt, während sehr wahrscheinlich noch Asbestfasern in diesem Tumult umherwirbeln, die in regelmäßigen Abständen von der Deckenisolierung herabfallen und durch jede Schwingung des Hauses beschleunigt werden, beispielsweise durch die polyphonen Akkorde, die ein weit entferntes Erdbeben im Gefüge des Hauses hervorruft. (Jede Stunde ereignen sich irgendwo auf der Welt mehrere hundert Erdbeben, die stark genug sind, um unser Haus zu erschüttern.)

Aber noch intensiver ist das Wackeln und Beben des 200 000 (oder mehr) Pfund schweren Hauses, das durch einen vorbeifah-

renden Lastwagen hervorgerufen wird. Bei diesen ganzen Erschütterungen ist der Zischlaut, der entsteht, wenn die Luft im Haus durch die Löcher in den Wänden entweicht, sicherlich sehr leise, aber es gibt selbst in den dicksten Backsteinmauern viele Billionen mikroskopisch zitternde Kapillaren; durch diese Öffnungen gelangt die Luft nach draußen und wird etwa alle 90 Minuten durch neue Schübe, die durch andere Löcher hereinkommen, ersetzt.

Das Schütteln, Atmen und Beben des verlassenen Hauses und die Vorgänge in seinem Innern können sich stundenlang fortsetzen. Aber lassen wir die Bewohnerin des Hauses am frühen Nachmittag, also etwas früher, von der Arbeit zurückkehren, so werden all diese Wunder des lebenden Hauses von ihr ignoriert. Da ist nur eine Sache, die sie jetzt im Sinn hat, und sie wird nichts bemerken oder beachten, solange sie diese nicht ausgeführt hat: Sie will aus ihren Klamotten heraus.

Die Kleidung, die man im Büro trägt, ist oft unbequem; sie haftet am Körper, hält einen irgendwie fest, fühlt sich unangenehm an und ist einfach hinderlich. Im Grunde sind es gräßliche Stoffstücke, die wir tragen müssen, weil andere Leute es von uns erwarten. Aber so unbequem es für uns auch ist, für die Römer war es noch viel schlimmer; sie mußten sich tagsüber mit den großen, drapierten Togen abfinden, miserablen Gewändern, die nach den Aussagen von Livius und Tertullian sehr schwer anzulegen waren, und hatte man dies erst einmal geschafft, so war es fast unmöglich, sie anzubehalten; außerdem waren sie viel zu schwer, um sie den ganzen Tag lang auf einem einfachen menschlichen Körper herumzuschleppen. Claudius und später auch Domitian gaben die Verordnung heraus, daß die Toga getragen werden mußte. Die Römer, die stolzen Erben einer von Unabhängigkeit geprägten Vergangenheit, versuchten, sich dagegen zu wehren, wollten die Toga abschütteln und sie durch die Tunika, die Palla oder das Pallium ersetzen; alles andere, nur nicht die unerträgliche Toga.

Asbest. Es handelt sich um ein Mineral, das lange Fasern aufweist. Es eignet sich außerordentlich gut zum Isolieren, kann jedoch gefährlich werden, wenn sich Staubteilchen von ihm lösen.

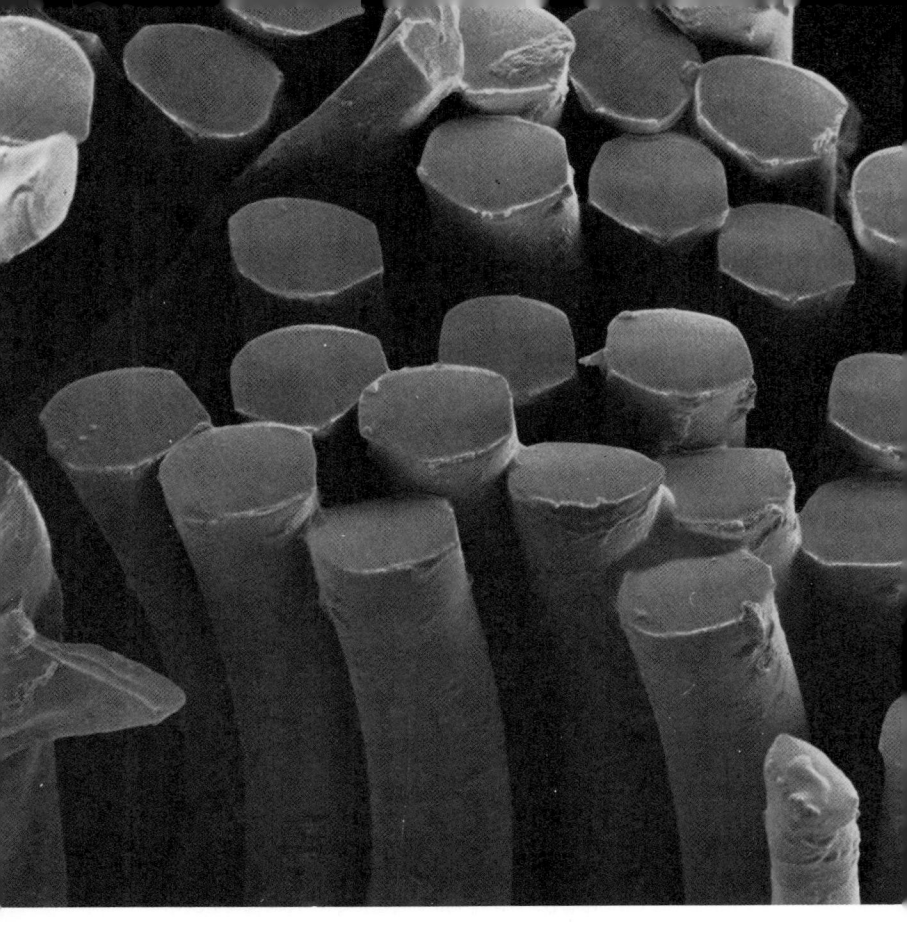

Unsere Alternativen für die Bürokleidung sind heute nicht die Tunika oder die Palla, sondern eher die Blue jeans, ein angenehmes Kleidungsstück, das wir irgendwie mit Ruhe, Überlegenheit und Lässigkeit in Verbindung bringen, worüber aber nur wenige von uns weiter nachdenken, wenn wir sie erleichtert anziehen. Daher wäre es interessant, einmal genauer zu betrachten, wie es dazu kam, daß gerade *diese* Hose praktisch stellvertretend für bequeme Freizeitkleidung steht. Und natürlich taucht auch die Frage auf, warum sie gerade blau gefärbt ist.

Der gestutzte Wald eines aus Baumwolle und Polyester bestehenden Gewebes. Die glatten Stengel, die den größten Teil des Bildes ausfüllen, sind Polyesterfasern; diejenigen in der Mitte haben infolge des Drucks von ihren Nachbarn eine sechseckige Form angenommen.

Es handelt sich um eine lange Kette von Ereignissen, die dazu führten, aber wenn auch nur ein Teil davon nicht geschehen wäre, würde sich die Blue jeans nicht in diesem Haus befinden. Die Geschichte des Färbemittels steht aber auch für ähnlich verwickelte Geschichten, die man für mehrere hunderte andere Chemikalien im Haus zusammentragen könnte.

Am Anfang war der Färberwaid. Das ist ein ungefähr ein Meter hoch werdendes, buschiges Kraut, das in den Wäldern Nordeuropas wächst. Pflückt man seine Blätter ab und wirft sie mit auf einen

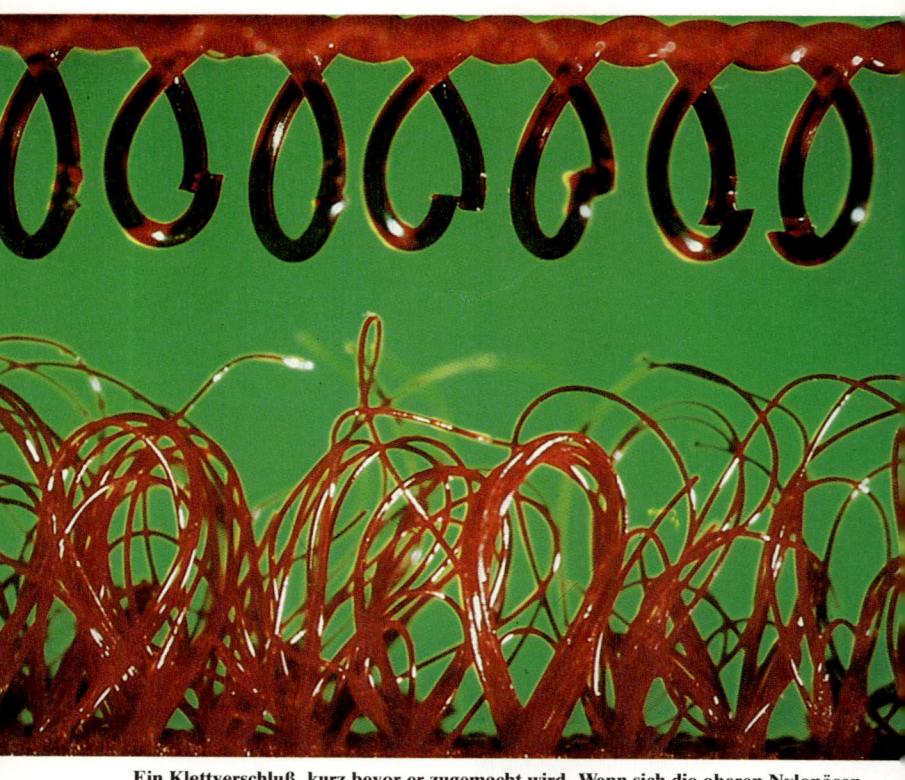

Ein Klettverschluß, kurz bevor er zugemacht wird. Wenn sich die oberen Nylonösen erst einmal in die verworrene Oberfläche darunter hineingegraben haben, können sie nicht mehr losgerissen werden – außer durch einen heftigen Ruck, der stark genug ist, die Ösen wieder aus dem verschlungenen Wirrwarr zu zerren, wobei dieses charakteristische *Rrritsch* entsteht.

Komposthaufen, so fangen sie an, einen gelben Saft hervorzubringen. Verreibt man diese gelbe Substanz nun auf der Kleidung oder auf der Haut, dann verändert sie, nachdem sie für kurze Zeit der Luft ausgesetzt ist, ihre Farbe; sie fängt an, blau zu werden. Man hat Indigo hergestellt – das weitverbreitetste blaue Färbemittel, das über 2500 Jahre lang benutzt worden ist.

Die Druiden verwendeten das Blau des Färberwaids, und sie waren nicht die einzigen. Es kroch in die römische Unterwäsche und in die Strümpfe der Barbaren; dann, im Mittelalter, begab es sich in Beinlinge, Wämser, Kleider, Leibröcke, Schleiertücher und in viele andere Kleidungsstücke, die eine abwechslungsreiche blaue Färbung gebrauchen konnten. Die blauen Armeeuniformen, die noch immer von so vielen Staaten benutzt werden, tauchten auf, und zwar deshalb, weil nur dieses Färbemittel in großen Mengen billig hergestellt werden konnte. Wenn unsere Lieblingsfarbe Blau ist, kann es also sein, daß diese Vorliebe auf kulturelle Voraussetzungen oder Gewohnheiten zurückgeht, die im Zeitalter des Färberwaids ihren Anfang genommen haben.

Die Geschichte des blauen Farbstoffs ist seitdem im wesentlichen die Geschichte von erwachsenen Menschen gewesen, die sich aufführen wie ungehörige Kinder. Im Jahre 1200 fingen englische Weber an, mit Waid zu färben (vorher konnten es nur die Färber). Die eigentlichen Färber schlugen zurück: Sie fingen an zu weben; daraufhin schlugen die Weber ebenfalls zurück, denn sie weigerten sich nun, den webenden Färbern Stoffe zu verkaufen. Der Handel kam völlig zum Erliegen, und das Blau im Lande verschwand allmählich, bis der König dafür sorgte, daß die Dinge wieder so wurden, wie sie vorher gewesen waren.

Ein paar Jahrhunderte später tauchte ein größeres Problem auf. Angesichts des schwindelerregenden Absatzes des aus Färberwaid gewonnenen Blaus in Europa erkannten Händler aus anderen Gebieten, daß sie sehr gut dastehen würden, wenn sie etwas hätten, das diesem blauen Färbemittel überlegen wäre. Holländische Kaufleute, die oftmals in den Fernen Osten fuhren, wußten, wo sie dieses Etwas finden konnten. In den feuchten subtropischen Gebieten Indiens wächst eine Pflanze, die den gleichen indigoblauen Farbstoff wie der Waid in Europa hervorbringt. Und da es sich um eine subtropische Pflanze handelt, wächst sie schneller und ist folglich billiger als dieser kümmerliche europäische Färberwaid. Schon bald gelangten große Mengen von diesem preiswerten Indigo nach Europa, besonders aber nach Großbritannien; und ebenso bald waren die lauten Aufschreie der britischen Produzenten zu hören, die eine Steuer für dieses ausländische Blau forderten, damit es vom

Inlandsmarkt ferngehalten würde. Sie wollten die Steuer natürlich nicht deshalb, weil ihre Waidproduktion und ihre Profite nun kurz vor dem Zusammenbruch standen, sondern weil ihrer Meinung nach eine Gefährdung der Gesundheit bestand: Die tropische Substanz wurde genauestens analysiert, und man stellte fest, daß sie (einem Londoner Dokument aus dem Jahre 1577 zufolge) »schädlich, in hohem Maße verzehrend, perniziös, tückisch, angreifend und ätzend« sei. Die königliche Kriegsmarine tat ihr Bestes, um zu helfen, indem sie verordnete, daß ihre Soldaten nur Uniformen tragen durften, die mit dem guten, alten, aus Waid gewonnenen britischen Indigo gefärbt waren; aber auch das nutzte nichts mehr. Die britischen Hersteller, die sich anfangs so sehr beschwert hatten, legten bald darauf in Indien und auf den Karibikinseln Plantagen an, um diese anderen, subtropischen, indigoerzeugenden Pflanzen selbst zu ernten. Luther predigte, daß der Niedergang des Waidhandels auf den sündhaften Lebensstil der Menschen zurückzuführen sei – von relativen Kosten wußte er nicht viel. Anfang des 17. Jahrhunderts ging der letzte, zurückgelassene Färberwaidhersteller pleite.

Die tropischen Plantagen beherrschten nun jahrhundertelang den Markt, bis dann wieder einmal ein Konkurrent aus dem Ausland anfing, alles durcheinanderzubringen. 1880 entdeckte ein deutscher Chemiker eine Methode, Indigoblau mit Hilfe einiger Chemikalien in einem Reagenzglas herzustellen. Im Grunde genommen ist es ein einfaches Verfahren, doch um es zu entdecken, mußte ein langer, arbeitsreicher Weg beschritten werden: Adolf von Baeyer begann als lebhafter Dreizehnjähriger den Versuch, künstliches Indigo herzustellen, und schaffte es schließlich als nicht mehr ganz so munterer Fünfzigjähriger, ein Verfahren zu finden, das praktisch anwendbar war. (Glücklicherweise wurde er noch über achtzig Jahre alt, so daß er den für seine Arbeiten verliehenen Nobelpreis noch in Empfang nehmen konnte.)

Schon bald konnte eine deutsche Fabrik ebensoviel Indigo erzeugen wie eine tausend Quadratkilometer große britische Plantage in den Subtropen. Die Plantagenbesitzer schrien lauthals nach einer Steuer für dieses »verderbliche« synthetische Indigo, das nun über die Grenze kam. Die königliche Kriegsmarine tat ihr Bestes, um zu helfen, indem sie verordnete, daß ihre Soldaten nur Uniformen tragen durften, die mit dem guten, alten, subtropischen Plantagenindigo gefärbt waren; aber auch das nützte nichts mehr. Die britischen Plantagenbesitzer, die sich anfangs so sehr beschwert hatten, bauten Fabriken, um dieses andere, synthetische Indigo selbst herzustellen. 1912 ging die letzte, zurückgelassene Plantage pleite.

Zunächst hatte das synthetische Indigoblau ausgezeichnete Verkaufszahlen – der einträgliche Uniformverschleiß in den Schlachten des Ersten und des Zweiten Weltkriegs half dabei enorm –, doch Anfang der fünfziger Jahre tauchte ein sehr großes Problem auf: Der größte Indigoverbraucher der Welt war der neue kommunistische Staat China, wo die Arbeitskleidung jeder Person obligatorisch blau gefärbt sein mußte. Aber 1953 erklärte Mao, daß nur noch im Inland hergestellte Färbemittel benutzt werden durften, was zur Folge hatte, daß über Nacht 30 Prozent des Weltmarktes für Indigo einfach verschwanden. Gegen den bevorstehenden Zusammenbruch konnte nicht einmal mehr die königliche Kriegsmarine etwas unternehmen.

Und was die ganze Sache noch schlimmer machte, war, daß nun auch noch neuartige synthetische Färbemittel, die auf billige Weise die verschiedensten leuchtenden Farben hervorbrachten, erhältlich waren. Diese Stoffe hatte man jahrzehntelang vom Markt fernhalten müssen, da die schweizerische Firma Ciba – die über die Exklusivrechte verfügte, die Grundsubstanzen herzustellen – und der englische multinationale Konzern ICI (Imperial Chemical Industries) – der über die Exklusivrechte verfügte, die Endprodukte herzustellen – sich in Verhandlungen vollkommen festgefahren hatten. So konnte Ciba aufgrund der bestehenden Rechte den Konzern ICI davon abhalten, diese Farbstoffe herzustellen, und ICI konnte aufgrund der anderen bestehenden Rechte Ciba davon abhalten, die Farbstoffe zu verkaufen. Erst Mitte der fünfziger Jahre, als die Indigohersteller es am wenigsten gebrauchen konnten, schafften es die beiden Konzerne, sich zu einigen: Es wurde eine gemeinsame Lizenz vereinbart, die es beiden Firmen ermöglichte, die neuen Farbstoffe zu produzieren und zu verkaufen. (Der Boom farbenprächtiger Baumwollkleidung in den sechziger Jahren war ein Ergebnis dieser Gemeinschaftslizenz.) Wenn jetzt aber nicht sehr bald eine Möglichkeit gefunden würde, große Mengen des alten Indigos abzusetzen, würden sehr viele der Indigofabriken nicht mehr konkurrenzfähig sein können.

In dieser kritischen Phase machte ein ungerühmtes Genie, ein traurigerweise namenlos gebliebener Chemieingenieur, den Vorschlag, Hosen *blau* zu färben.

Aber es brachte nichts ein. Wer wollte denn schon mit leuchtendblauen Hosen herumlaufen? Niemand kaufte sie. Hosen mit Indigo zu färben war eine schlechte Idee – so meinten die mit dem Absatz beschäftigten Leute übereinstimmend. Die Genialität des Ingenieurs blieb somit ohne Beachtung. Anfang der sechziger Jahre gab es außerhalb von China nur noch vier Indigofabriken, und auch diese hätten bald geschlossen werden müssen, wenn nicht das Wunder geschah, einen neuen Absatzmarkt zu finden.

Genau in dieser kritischen Zeit machte ein anderer Chemiker, der in einer dieser Fabriken arbeitete, eine interessante Entdeckung: Ganz mit Indigo gefärbte Baumwolle war zu blau; die Hosen aus diesem Stoff wurden nicht akzeptiert, also auch nicht gekauft. Aber wenn nur die *Hälfte* der Fasern blau war, wenn die Kettfäden mit Indigo eingefärbt und die Schußfäden weiß gelassen wurden, dann entstand etwas, was beträchtlich weniger auffiel. In Kalifornien fand man eine kleine Textilfirma, die genau diese Methode anwandte. Die Firma hieß Levi-Strauss, und ihr Produkt war die Levi-Jeans.

Es folgt eine weitere interessante Beobachtung. Der plötzliche reißende Absatz der Levis führte nicht dazu, daß neue Indigofabriken gebaut wurden. Die vier alten Fabriken, die von dem allgemeinen Zusammenbruch in den fünfziger Jahren noch verschont geblieben waren – jeweils eine in Deutschland, England, Frankreich und Japan –, hatten eine vollständige steuerliche Abschreibung vornehmen können, und diejenigen Betriebe, die über gewitzte Buchhalter verfügten, hatten sogar mehrmals eine vollständige steuerliche Abschreibung vornehmen können. Ihre Produkte waren demzufolge so billig, daß keine neue Fabrik mit ihnen konkurrieren konnte. Jede seit dem Jeansboom der sechziger Jahre hergestellte Jeans ist mit dem Indigo gefärbt worden, das aus einer dieser vier alten Fabriken stammte. Amerikanische Hippies und nun englische Anwälte in ihrer Freizeit, die Radikalen in Paris und nun die Moskauer Jugendlichen der Oberschicht – sie alle tragen oder trugen Beinkleider, die in diesen Farbstoff eingetaucht worden waren, der chemisch gesehen identisch ist mit dem Färbemittel, das die alten, ehrwürdigen Druiden aus den Blättern des geheiligten Waids gewonnen und für ihre geheimnisvollen Zwecke verwendet hatten.

Erst nachdem unsere Hausbewohnerin diese bequemen Jeans angezogen hat, kann sie sich ruhig und friedlich in den Garten setzen, den freien Nachmittag genießen und sich ausruhen, bis ihr Ehemann nach Hause kommt. Doch was unter ihren Füßen vor sich geht, kann nicht gerade als ruhig und friedlich bezeichnet werden.

Unter dem Rasen, auf dem sich die Frau nun ausruht, befinden sich unzählige kleine Löcher. In jeder dieser Poren lebt eine Vielzahl winziger Wesen. Hervorragende Lebensbedingungen finden sie dort, denn es ist sehr feucht, von oben fallen ständig Nahrungsteilchen herab, und die angenehme Temperatur bleibt infolge der dicken Erdschicht darüber konstant.

Zwei Dinge tun diese Geschöpfe. Zunächst einmal bringen sie sich gegenseitig um: Die kleinsten in den Poren lebenden Bakterien werden von den etwas größeren Protozoen gefressen; diese werden wiederum von den noch etwas größeren Nematoden, den Fadenwürmern – scheußlich aussehende, schlauchförmige, mikroskopisch kleine Wesen ohne Augen –, gefressen, und so geht es weiter, bis sich schließlich eine Nahrungskette von sechs oder sieben Lebewesen gebildet hat. Diese mörderische Kette wäre nicht von besonderem Interesse für uns, doch die Geschöpfe in den Löchern unter unserem Rasen sind gezwungen, ihre Atmungsrate zu erhöhen, damit sie ihre ständigen Überfälle durchführen können. Andernfalls hätten sie schon bald nicht mehr genug Kraft. Indem sie nun schneller atmen, zersetzen sie gleichzeitig bestimmte Schwefel- und Stickstoffverbindungen, die der Sauerstoff in unserer Luft unglücklicherweise gewohnt ist, an sich zu ziehen; durch ihr heftiges Keuchen und Japsen setzen sie Gase frei, die nach

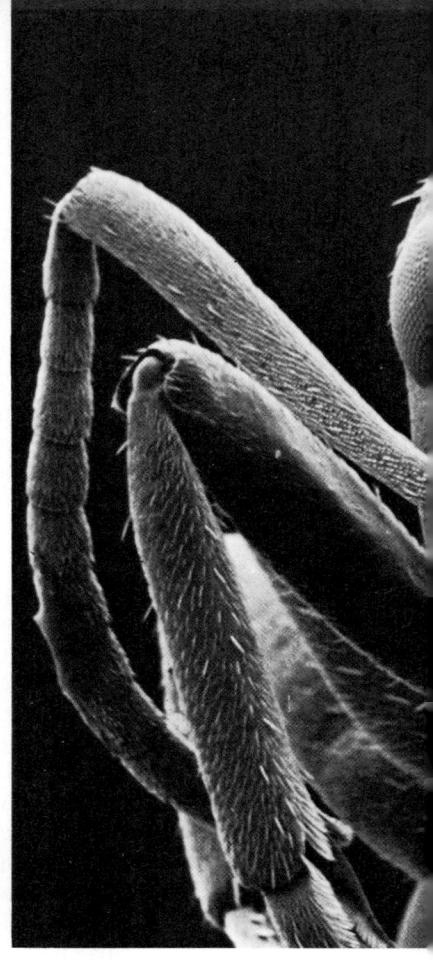

Eine Ameise aus der Sicht eines Kleinstlebewesens. Ihre Fühler, die mit Kugelgelenken in der Mitte ihres Gesichts befestigt sind, nehmen Einzelheiten wahr, die ihre Facettenaugen nicht sehen können.

oben dringen, und sorgen somit indirekt, aber unentbehrlich für uns dafür, daß wir armen Oberflächenbewohner nicht ersticken.

Neben diesem nützlichen schnellen Atmen sind die Geschöpfe in den Erdschichten unter unserem Rasen noch damit beschäftigt, Tröpfchen einer bestimmten Substanz zu produzieren, die sie dann zur Verteidigung gegen andere ausspritzen können. Da diese Tröpfchen auch auf unerwünschte Mikroben an der Oberfläche

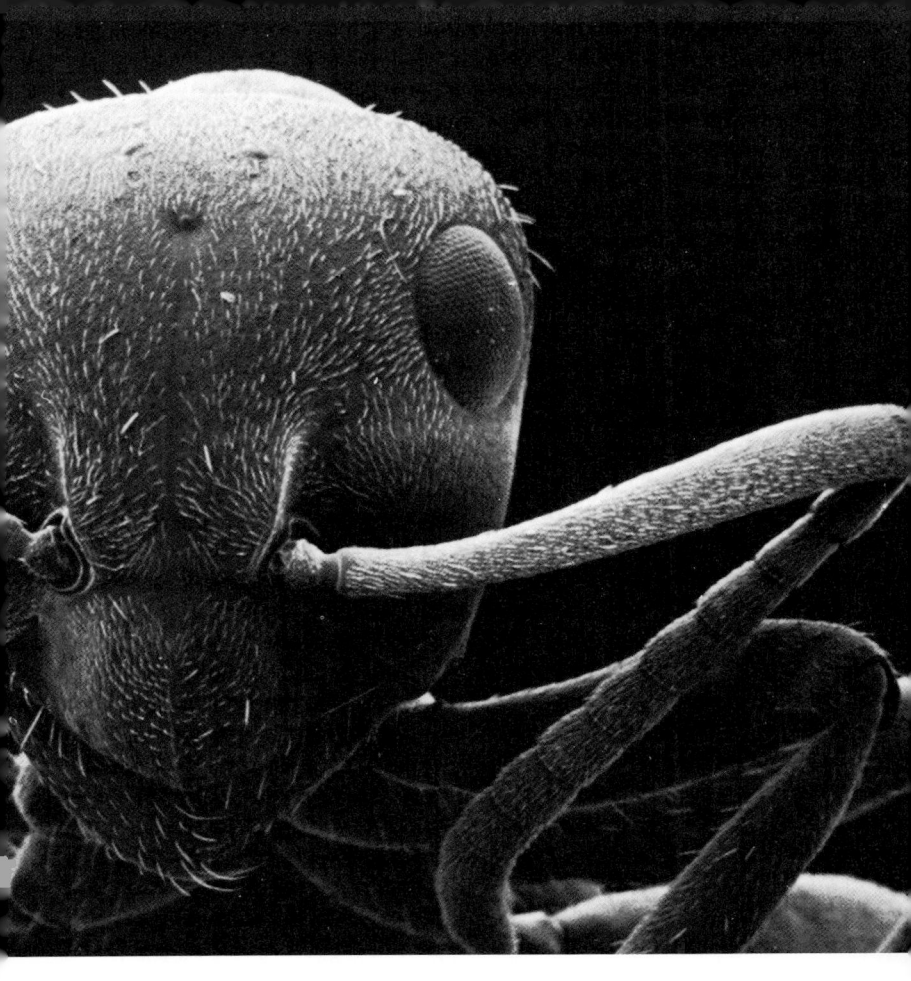

tödlich wirken, ist dies auch die Hauptquelle für *unseren* Bedarf an Antibiotika. Der angenehme Geruch nach frischer Erde, den die im Garten sitzende Frau genießt, stammt von den Gasen, die ständig von den Streptomyzeten abgegeben werden. Diese zu den Strahlenpilzen gehörende Bakterienart produziert Streptomyzin und Tetracyclin – Antibiotika, die in jedem Krankenhaus zu finden sind.

Diese Schlachten, die sich die Bodenbewohner liefern, sollten uns also einen wichtigen, wenn auch eigennützigen Grund liefern, möglichst viel unbebautes Land zu bewahren. Die meisten Antibiotika, die wir heutzutage kennen, stammen von nur wenigen Arten dieser Bodenbewohner. Die Bakterien und Strahlenpilze sind winzig und die von ihnen produzierten Tröpfchen noch winziger, was bedeutet, daß es nicht gerade leicht ist, ausreichende Mengen dieser Substanzen für Untersuchungszwecke zu sammeln. Wahrscheinlich sind 98 Prozent der Unterarten, die in den Erdporen unseres Gartens leben, noch nicht genau erforscht worden. Man zweifelt nicht daran, daß viele von ihnen Antibiotika erzeugen, die genau so stark sind wie die uns bekannten; wahrscheinlich haben einige sogar eine noch stärkere Wirkung. Da viele Arten nur in einem kleinen, begrenzten Gebiet leben, bedeutet dies, daß jedes Grundstück, das bebaut wird, daß jedes Stück Acker- oder Waldland, das zur Bebauung freigegeben wird, es wahrscheinlicher macht, daß diese lebensrettenden Antibiotika niemals gefunden werden.

Während die Geschöpfe im Erdboden tief unter dem Gartenstuhl arbeiten, finden auf der Oberfläche rund um die Füße der Frau herum, die so friedlich dasitzt, Aktivitäten statt, die ebenfalls sehr seltsam anmuten. Da sind die rastlosen Ameisen, die in ihrer harten Panzerung eingesperrt sind und verzweifelt versuchen, mit Hilfe ihres Geruchssinns einer Fährte zu folgen, die sie zu ihrem Ameisenhaufen zurückbringen wird; da sind die winzigen Käfer, die, oben auf den Grashalmen sitzend, gelassen auf die Welt herabschauen, jedoch von ihrem Thron herunterpurzeln, wenn eine Ameise ankommt, und dann gezwungen sind, schwindelerregende, dreifache Saltos zu machen, um wieder nach oben zu gelangen; da sind andere Insekten, die sich auf dem Boden winden, an den Folgen einer Phenolvergiftung leidend, die sie bekommen hatten, als sie versuchten, ein Blatt eines Baumes anzufressen; und was dort noch herumkraucht, das sind die Schleimpilze.

Es ist nicht der Fehler der Schleimpilze, daß sie von der Wissenschaft mit einem Namen bedacht worden sind, der nicht gerade an die höheren Dinge des Lebens erinnert. Hinter dieser recht unattraktiven Bezeichnung verbirgt sich ein ungewöhnliches Wesen.

Insgesamt gibt es ungefähr fünfhundert Arten; und wir werden nun eine davon genauer betrachten, nämlich *Dictyostelium mucoroides,* ein zellulärer Schleimpilz, der sehr häufig auf dem Rasen zu finden ist.

Die meiste Zeit über existiert dieser Schleimpilz überhaupt nicht. Wenn man mit geeigneten Hilfsmitteln ein Stück des Rasens genau untersucht, wird man lediglich eine große Anzahl mikroskopisch kleiner Amöben – Protoplasma enthaltende Wesen, die ständig ihre Körperform verändern – entdecken, die zwischen den Graswurzeln umherkriechen und -fliehen. Im Normalfall würden die Amöben den ganzen Tag lang auf diese Weise herumkriechen, doch wenn man so ungehobelt ist, seinen Hacken auf den Boden zu drücken, dort, wo sie sich ständig hin und her bewegen, und dabei ihre Nahrungsvorräte vernichtet, so wird jede einzelne der Amöben ein besonderes Verhalten an den Tag legen. Sie werden ihre jeweiligen Aktivitäten einfach unterbrechen, werden innehalten, als ob sie den Ruf ihres Gebieters vernommen hätten, und werden sich, wenn sie das mysteriöse Signal richtig empfangen haben, auf eine einzelne Stelle des Rasens hin ausrichten; sie machen sich bereit und fangen dann an voranzukriechen. Die Bildung des Schleimpilzes beginnt.

Nicht eine Amöbe, auch nicht ein paar Dutzend oder einige hundert, sondern einige tausend Millionen, also mehr Amöben, als es Menschen auf diesem Erdball gibt, gehen ganz plötzlich und scheinbar ohne Grund auf Wanderschaft. Einige von ihnen verlieren unterwegs ihr Protoplasma – es läuft durch selbstzugefügte Risse in ihrer Körperhülle aus – und sterben somit, bevor sie dort angekommen sind, wo sie hinwollten. Aber die anderen Amöben links und rechts neben ihnen eilen weiter, ohne sie auch nur im geringsten zu beachten. Voller Eifer kriechen sie so schnell wie möglich voran, was von oben aussieht wie ein Zug von in Ekstase geratenen religiösen Pilgern, und kein Unglück, das einen ihrer Artgenossen ereilt, kann sie beirren und von ihrem Weg abhalten. Nur dem starken Schatten, den der Gartenstuhl über ihnen wirft, weichen sie möglicherweise aus, um in der Helligkeit zu bleiben, aber ansonsten kann ihr Sturm zum zentralen Punkt durch nichts aufgehalten werden.

Eine Stunde lang kann diese Wanderung dauern, bis die Amöben schließlich zusammenkommen und aufeinandertreffend eine Massenkarambolage bewirken, aus der dann eine winzige Pyramide entsteht. Diese lebendige Pyramide ist der Schlüssel zum Verständnis dieser seltsamen Vorgänge. Was die Amöben tun, ist, eine Struktur zu bauen, die es einigen ihrer Artgenossen ermöglicht, das Rasenstück zu verlassen, auf dem sie bisher gelebt haben. Sie tun es deshalb, weil sie durch die Vernichtung ihrer Nahrungsvorräte oder andere bedrohliche Umstände möglicherweise alle sterben müßten, wenn nichts unternommen wird; und nur durch diese fanatische, stürmische Prozession erhalten zumindest einige von ihnen die Gelegenheit, zu entkommen und somit das genetische Erbe weiterzugeben.

Aber was geschieht nun als nächstes? Nach einer kurzen Ruhepause beginnt sich die Pyramide aus lebenden Amöben in einen Turm umzuwandeln. Da ein Turm dünner ist als eine Pyramide, bedeutet dies, daß einige der Amöben nun noch höher hinaufsteigen müssen, bis sie ein Minarett, ein Türmchen bilden, das jedoch bei einer Höhe von vielleicht $\frac{1}{10}$ Millimeter umstürzen würde, wenn es nicht irgendwie verstärkt wird. Daher sondern die in der Mitte befindlichen Amöben eine stützende, klebrige Substanz ab, ein flüssiges Holz, das sich in wenigen Minuten zu dem Stoff verhärtet, den auch die Eiche zur Verstärkung benutzt. Diese Amöben, lebendige Bausteine des Turms, sterben bei dem Prozeß, doch das Bauwerk ist nun sicher.

Sobald der Turm fertiggestellt ist, klettert eine bestimmte, sehr geringe Anzahl von Amöben, die im Innern des Bauwerks noch am Leben geblieben sind, über die anderen hinweg bis auf die Spitze hinauf. Dort oben angekommen, bilden sie innerhalb weniger Minuten eine feste, ovale Hülle um ihre Körper, eine aerodynamische Kapsel, in der sich genug Wasser und Nahrung befindet, um eine lange Reise durchzuhalten. Schließlich, wenn sie alle Vorbereitungen getroffen haben und nun bereit sind, werden sie von der Spitze des Turms fortgeweht.

Ein Pollenkorn, zu einer Kugel aufgebläht, damit es besser in der Luft umherschweben kann. Im Sommer werden Billionen davon hervorgebracht, die dann mit jedem Atemzug in unsere Nase geraten.

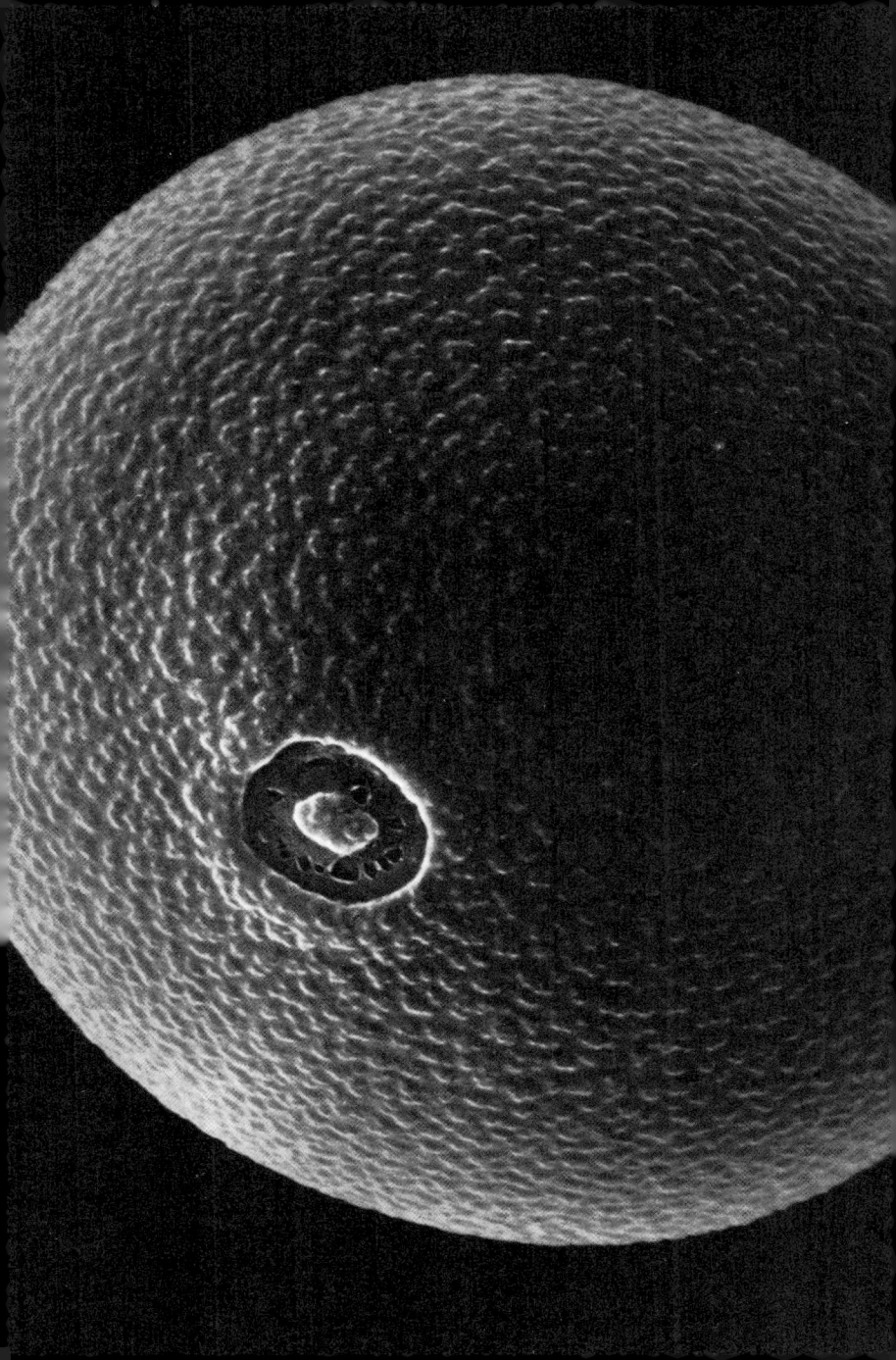

All die zurückgelassenen, noch lebenden Amöben im Turm trocknen daraufhin schnell aus und sterben; ihre ganze Energie haben sie dafür hingegeben, es diesen wenigen, glücklichen Artgenossen zu ermöglichen, sich fortwehen zu lassen, die einzige Hoffnung, die sie hatten, ihr genetisches Material weiterzutragen.

Diese Reisenden haben nun einen weiten Weg vor sich, eine Luftreise, die mehrere Stunden, vielleicht aber auch mehrere Monate dauern wird, angetrieben vom Wind, der sie höchstwahrscheinlich zunächst einmal, wenn sie an Höhe gewinnen, um die nichtsahnende, auf dem Gartenstuhl sitzende Frau herumwirbeln läßt und dann fortträgt in irgendwelche weit entfernte Gegenden.

Einige unvollkommen versiegelte Kapseln werden in der Luft aufgerissen, und die nun ungeschützten Amöben im Innern kommen wegen mangelnder Feuchtigkeit um; andere schaffen es schließlich, irgendwo zu landen, und öffnen sich wie geplant, müssen dann jedoch feststellen, daß sie an einem äußerst unwirtlichen Platz heruntergegangen sind, beispielsweise in eine Kaffeetasse hinein oder aber in die ausgetrocknete Welt eines Häuserdachs. Aber es reicht schon aus, wenn nur eine einzige Kapsel auf einem Fleck landet, wo sich Amöben vermehren können, auf einem Fleck, wo die Amöbe Bakterien aufnehmen und sich schnell teilen kann, um eine neue Amöben-Population aufzubauen; dann haben sich die Anstrengungen der ursprünglichen, nun umgekommenen Amöben gelohnt. Es handelt sich wirklich um die sehr außergewöhnliche Geschichte einer Flucht: Eine ganze Population opfert sich, um ein Raumfahrzeug zu bauen, das lediglich eine Handvoll ihrer Artgenossen die Flucht ermöglicht – und dies geschieht jedesmal, wenn man in einem Gartenstuhl sitzt und seine Füße auf den Rasen stellt.

In dieser Szenerie – das Haus windet sich und atmet unsichtbar im Hintergrund, der Rasen am Boden wimmelt ebenso unsichtbar vor Leben – kann es gut sein, daß die Frau einem nachmittäglichen Hungergefühl nachgibt und ins Haus zurückkehrt, um einen kleinen Imbiß zu holen. Einige hätten Appetit auf bestimmte Kekse, andere würden irgendwelche mit Karamel gefüllte Schokoladenriegel vorziehen, doch unsere Hausbewohnerin interessiert sich für eine wohlbekannte Plastiktüte, die etwas enthält, was man in Deutschland und in Amerika unter dem Namen »Chips« kennt, die in Großbritannien jedoch verwirrenderweise als »Crisps« bezeichnet werden. Wie sie nun auch genannt werden, sie gehören zu den beliebtesten Snacks überhaupt, und eine nähere Untersuchung, warum das so ist, offenbart einiges über den Aufbau vieler dieser im Supermarkt erhältlichen Waren, die wir vernaschen.

Zunächst einmal muß die Kartoffelchipstüte geöffnet werden – was gar nicht so einfach ist. Man muß an der Plastiktüte ziehen, zerren und reißen – manchmal sogar sehr grob –, bis sie endlich aufgeht. Dabei entsteht ein Rascheln, Knistern und Krachen; das Gesicht verzieht sich, die Nackenmuskeln spannen sich an, und wilde Verwünschungen werden gegen das widerspenstige Plastik losgelassen – wenn auch nur leise.

Dieser sich regelmäßig abspielende Plastiktütenkampf ist jedoch nicht auf ein Versehen der Hersteller zurückzuführen und auch nicht auf die übertriebene Pflichterfüllung eines fanatischen Fabrikarbeiters, der für das Versiegeln und die Qualitätskontrolle zuständig ist. Dieser immer wieder entstehende Kampf ist sorgfältig geplant. Kartoffelchips sind ein Beispiel für »destruktionsanregende Nahrungsmittel«. Der verbissene Angriff auf die Plastiktüte, das Zerren und Reißen, das man ausführen muß, ist genau das, was die Hersteller bewirken wollen. Das Entscheidende an knusprigen Nahrungsmitteln ist, daß sie lauter sind als die anderen – und solche destruktionsanregenden Verpackungen bauen angeblich eine günstige Stimmung auf.

Nahrungsmittelrheologen – Spezialisten in der Kunst und Wissenschaft der Nahrungsmittelknusprigkeit – haben dieses Fachgebiet sorgfältig erforscht und haben mehrere notwendige Anforderungen für wirklich knusprige Nahrungsmittel herausgearbeitet. Diese Lebensmittel müssen natürlich laut sein, aber das allein reicht noch nicht aus. Leute, die heiße Suppe essen, oder Feinschmecker, die gedünstete, mit zerlassener Butter zubereitete Artischockenblätter genießen, sind bekannt dafür, daß sie eine Menge Lärm verursachen, doch niemand würde behaupten, daß das Objekt ihrer Neigungen knusprig wäre. Knusprige Nahrungsmittel müssen in den oberen Bereichen laut sein; sie müssen hoch-

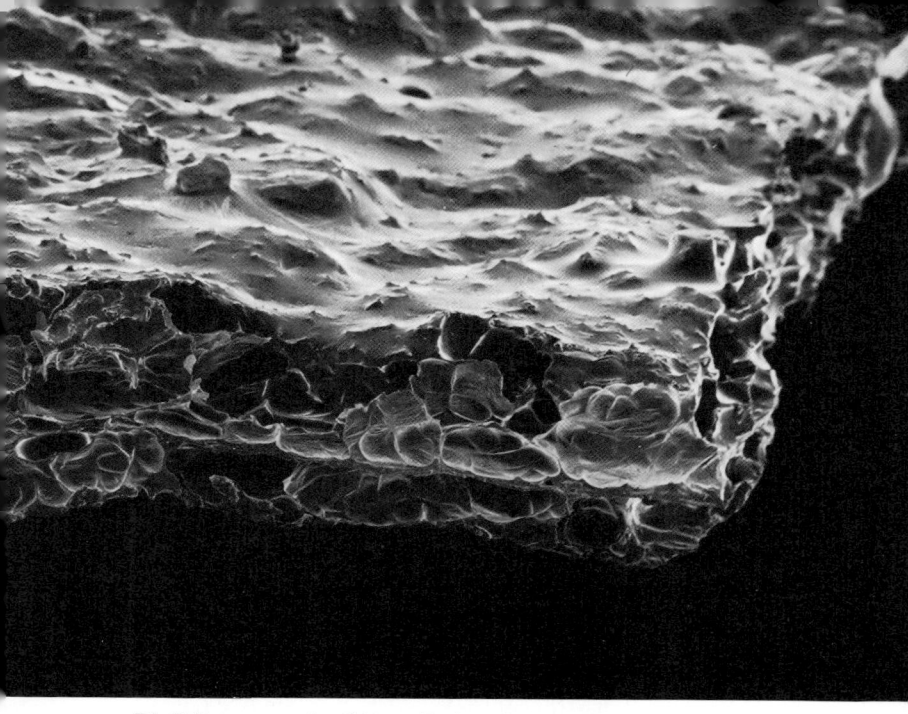

Die Briten nennen sie »Crisps«, die Amerikaner und Deutschen »Chips«: Die Elektronenmikroskopfotografie zeigt die höhlenartigen Zellen (unten), die durch den beim Zubeißen entstehenden Druck explodieren und so das hochfrequente Knirschen erzeugen, das für die Konsumenten so wichtig ist, wie die Nahrungsmittelpsychologen herausgefunden haben. Die Furchen in dem Kartoffelchip bewirken, daß sich die Bruchstelle möglichst weit ausbreitet.

frequente Töne hervorbringen. Lebensmittel, die niederfrequente Geräusche erzeugen, sind krachig oder mürbe, aber nicht knusprig.

Die Maßnahmen, die sich die Kartoffelchips-Hersteller ausgedacht haben, um ihren Produkten erfolgreich Gehör zu verschaffen, sind mannigfaltig. Der erste Kunstgriff ist vielleicht auch der eindrucksvollste. Die Chips, die wir kaufen, sind viel zu groß; sie passen nicht in unseren Mund. (Versuchen Sie es doch einmal.) Eine simple Sache, die jedoch sehr heimtückisch ist. Ein knuspriger Kartoffelchip muß von den Vorderzähnen erst etwas kleiner gemacht werden, um dann endlich ganz in den Mund zu passen. Will man ihn doch in seiner ganzen Größe in sich hineinstopfen, so ist man gezwungen, den Mund riesig weit aufzureißen.

Es ist wirklich schade, daß wir diese absichtsvolle Formgebung nicht erkennen, denn es handelt sich um eine wahrhaft geniale Schöpfung. Wenn unsere Hausbewohnerin, die nun ihre Kartoffelchips ißt, dieses hochfrequente Knistern und Knirschen hören will, muß sie mit offenem Mund kauen. Dann können die Schallwellen nämlich ungehindert aus ihrem Mund herauskommen, an ihrem Gesicht entlanggleiten und zu ihren Ohren gelangen.

Ist der Mund jedoch geschlossen, und wird der gewählte Snack von den Backenzähnen zerkleinert, so können keine hochfrequenten Geräusche dieser Zerstörung das Ohr erreichen. Die Töne, die beim Kauen mit geschlossenem Mund erzeugt werden, können das Ohr nur erreichen, indem sie den direkten Weg über den Kieferknochen und das Schädeldach nehmen und dann von innen her auf das Gehörorgan auftreffen. Aber auf dieser Reise bleibt jedes Knusper- und Knirschgeräusch auf der Strecke. Einige der hochfrequenten Töne werden gleich zu Beginn der Reise von weichen Geweben im Mund verschluckt – besonders von der Zunge und dem Zahnfleisch werden sie absorbiert. Der Rest geht in den Schädelknochen verloren, denn der Kopf des Menschen vibriert nur bei 160 Schwingungen pro Sekunde, was einem verhältnismäßig tiefen Ton entspricht, ungefähr dem E, das eine ⅝ Oktave unter dem eingestrichenen C liegt. Nur Töne in diesem Baßbereich können auf diesem Wege bis zum Ohr gelangen, und diese tiefen Töne rufen nun einmal nicht diese befriedigende Empfindung hervor wie die hochfrequenten Knirschgeräusche. Das ist der Grund, weshalb die Produzenten derart große Kartoffelchips herstellen.

Es reicht jedoch noch nicht aus, sicherzustellen, daß die Schallwellen ungehindert zum Ohr gelangen, denn wenn der Kartoffelchip im Mund sofort zu Brei werden kann, könnte dieses verlockende Knistern gar nicht erst entstehen. Der Chip muß also in dem Augenblick, in dem man *anfängt,* ihn zu zerbeißen, diese Geräusche von sich geben. Nur wenige Nahrungsmittel erweisen uns diesen Gefallen. Sie geben dumpfe Töne von sich, glucksen, zischen und knacken leise oder zerbröckeln, aber selten knistert ein Nahrungsmittel. Um einen ausreichend geräuschvollen Kartoffelchip zu entwerfen, den die Leute gerne kaufen, mußten sich die Nahrungsmittelrheologen bei ihren Forschungen den wenigen Angehörigen des Pflanzenreiches zuwenden, die auf natürliche Weise knusprig oder krachig sind: Mohrrüben, Äpfel oder der Gartenlattich zum Beispiel. Sie erzeugen ein lautes Krach- oder Knirschgeräusch, da sie aus mit Wasser gefüllten Zellen bestehen, die aufplatzen, wenn wir sie zerbeißen. Wird ein Apfel oder eine Mohrrübe verzehrt, so schießen an der Bißstelle winzige Wasserfontänen heraus, die eine Geschwindigkeit von über 150 Stundenkilometern erreichen können. Wie laut diese explodierenden Gemüse- oder Obstzellen sind, hängt davon ab, wie stark die Zellwände sind, das heißt, wieviel sie aushalten können, bevor sie auseinanderplatzen.

Dies sind die Beobachtungen, die von den Lebensmitteltechnikern bei der Entwicklung des modernen Kartoffelchips einbezogen worden sind. Wasser kam als Füllstoff nicht in Frage, da es die Lebensmittel, die vor dem Genuß möglicherweise mehrere Monate lang im Regal lagen, zu sehr durchweichen würde. Aber die Grundidee von den kleinen, explosiven Zellen behielt man bei. Anstelle von Wasser, wie es bei den Pflanzen der Fall ist, werden die Zellen in der Fabrik nun voller Luft gepumpt. Jeder Kartoffelchip, den wir kaufen, besteht zu 80 Prozent aus Luft. Dies führt zu einer interessanten Berechnung. Luft kann man umsonst bekommen – man braucht nur die Fabriktore zu öffnen, und schon kommt sie herein –, aber wenn sie sich in winzigen Zellen befindet, deren feste Wände aus getrockneter Kartoffelsubstanz bestehen, so kann sie für den Preis von Chips verkauft werden. Das ist der Grund, weshalb große Firmen so sehr darauf aus sind, in die Kartoffelchipsproduktion einzusteigen, und weshalb sie dann so viel für die Werbung ausgeben, um ihre Marktanteile zu vergrößern. Es ist eben ein sehr einträgliches Geschäft.

Betrachten wir nun den weiteren Verzehrvorgang. Bei geöffnetem Mund zermalmen die Schneidezähne diese wundervollen, nichts kostenden Luftzellen. Nicht das Auseinanderbrechen der Wände bringt das Geräusch hervor – sie zerbersten lautlos –, sondern die verbleibenden Zellwände, die wieder in ihre vorherige Form zurückfedern, erzeugen die Schallwellen, die wir dann hören können. (Ein zusätzliches, wenn auch geringfügiges ergötzliches Pfeifen wird noch von losgebrochenen Stückchen beigesteuert, die mit hoher Geschwindigkeit in den nun leeren Zellen umherschwirren.) Das Zurückfedern erzeugt Schallwellen, die sich anfangs ungefähr eine Oktave über dem eingestrichenen C befinden, und wenn die übriggebliebene Zellwand dann richtig in Bewegung kommt, zittert und bebt, werden höherfrequente, harmonische Schwingungen in der Form von sich kegelförmig ausbreitenden Druckwellen von der Bißstelle aus verbreitet.

Wie erhält man Zellwände, die unbeugsam genug sind, um diese hohen Töne hervorzubringen? Man muß sie verstärken. Die Stärkekörnchen in den Kartoffeln sind identisch mit der Stärke, die für die Versteifung von Hemdkragen verwendet wird. Deshalb werden die Chips, die wir essen, auf Kartoffelbasis hergestellt. Man benutzt die aus den Kartoffeln extrahierte Stärke. Die weiße Wandfarbe, die in spanischen Dörfern und in den Romanen von Mark Twain eine so große Rolle spielt, ist von der chemischen Zusammensetzung her fast identisch mit der Stärke, die unseren Chips den nötigen Halt gibt.

Doch die Stärke allein reicht noch nicht aus. Der Kalkanstrich bröckelt leicht, und ein Kartoffelchip, der nur aus der Substanz, die man in spanischen Dörfern auf den Häuserwänden finden kann, besteht, würde ebenfalls leicht zerbröckeln. Um mit dem Problem fertig zu werden, sind die Hersteller gezwungen, ihren Chips noch etws anderes hinzuzufügen, nämlich eine Substanz, die wahrscheinlich noch schwerer ist als die Kartoffel selbst, aus der die Chips angeblich gemacht sind.

Dieser Zusatz ist Fett. Alle Chips werden in riesige, mit Fett gefüllte Behälter befördert, wo sie sich dann vollsaugen. Oftmals handelt es sich dabei um altes Fett, das bei anderen Herstellungsprozessen von Nahrungsmitteln übriggeblieben ist. Erst dann ist es den Kartoffelchips erlaubt, die Fabrik zu verlassen. Das Fett erstarrt, es wird fest, und so hat man die unerläßliche Steifheit erhalten. In manchen Bereichen erreicht sie sogar fast die Festigkeit von Beton. Der fertige Chip, den man zu sich nimmt, besteht gewichtsmäßig gesehen zu 40 bis 60 Prozent aus erstarrtem Fett, aber durch die Zusetzung von ausreichend starken Geschmacksstoffen und durch ein geschicktes Vorgehen bei der Werbung besteht kein Grund mehr zur Befürchtung, daß die Verkaufszahlen zurückgehen könnten.

Letztlich handelt es sich also um ein aus Stärke und Fett bestehendes Schrapnell, das kegelförmige Luftdruckwellen hervorbringt, wenn unsere entschlossene Chipsgenießerin ihre Snacks zerbeißt. Einige der Schwingungen im Zentrum des Kegels rasen schnell voran und verschwinden auf der anderen Seite des Gartens in den Büschen und Bäumen, ein lautloses Krachen, hervorgerufen durch die Zerstörung von eintausend Zellen. Aber einige Schallschwingungen in dem Kegel nehmen einen anderen Weg, sie wirbeln zurück um den Kopf herum und erreichen das so wichtige Ohr, ohne in ihrer Intensität beeinträchtigt zu werden. Die Rückkopplung, die ein guter, knuspriger Kartoffelchip bewirken soll, ist also gesichert. Alles, was dazu nötig war, sind von Stärke und erstarrtem Fett umgebene Luftblasen gewesen – und der geometrisch meisterhafte Entwurf eines akustischen Nahrungsmittels.

Welche anderen künstlichen Nahrungsmittel hören sich gut an? Schätzungsweise die Hälfte von allen, die es gibt. Rice Krispies, knusprige Getreideflocken, Kaugummi, Krokantschokolade, wabenartig durchlöcherte Schokoladenriegel, Käsecracker, mit Schokolade überzogene knusprige Kekse: Die Liste ist sehr lang. Die Hersteller von Rice Krispies forderten in ihrer Werbung sogar dazu auf, daß die Konsumenten »ihren Kopf senken und ihr Ohr genau über die gerade stattfindende, gut hörbare Wechselwirkung von Milch und Krispies halten sollten«, damit sie die außerordentliche Knusprigkeit dieses Produkts auch wirklich richtig würdigen könnten. Nur die sinnlicheren, weichen Arten der künstlichen Nahrungsmittel, die hauptsächlich den Tastsinn ansprechen, sind frei von dem Zwang, laute Geräusche zu erzeugen. Es handelt sich um die cremigen, schmierigen Nahrungsmittel wie überzuckerte Joghurts, Creme- und Quarkspeisen, Marshmallows oder andere locker aufgebaute Süßigkeiten und weiche Schokoladenriegel.

Diese Einteilung in zwei Bereiche ist recht gut, doch wo bleiben da die armen Hersteller von *flüssigen* künstlichen Nahrungsmitteln? Im Falle des zweiten, mehr sinnlichen Bereiches gibt es keine Probleme, denn diese weichen Produkte sind ihrem Wesen nach bereits naß. Aber wie soll man flüssige Nahrungsmittel herstellen, die genau die gleiche Wirkung hervorrufen wie die knusprigen Produkte? Knusprig bedeutet den Mund offenhalten, damit die Geräusche herauskommen können; doch die flüssigen Nahrungsmittel, wie gut sie auch entwickelt und durchdacht sein mögen, tröpfeln, spritzen oder fließen garantiert aus dem Mund jeder Testperson, die man dazu angehalten hat, ihn offenzulassen, um den entstehenden Geräuschen zu lauschen.

Eine Lösung dieses Problems wäre ein kleiner Behälter, der am Kinn festgemacht wird – etwa zu vergleichen mit dem Futtersack eines Pferdes –, um die herauslaufende Flüssigkeit aufzufangen. Aber dieser Vorschlag zeugt von begrenztem Denkvermögen. Viel besser ist es, den Versuch, knusprig oder weich zu imitieren, fallenzulassen; diese Bemühungen, ein Getränk herzustellen, das entweder einen akustischen oder einen den Tastsinn ansprechenden Genuß verschafft, sollten wir einfach vergessen. Statt dessen sollten wir uns zur anderen Seite des Spektrums hinüberbewegen und uns auf die masochistischen Konsumenten konzentrieren, auf diejenigen Verbraucher, die keine verpackten Genüsse, sondern lieber verpackte Schmerzen kaufen wollen.

Genau das erhält man, wenn man ein kohlensäurehaltiges Getränk kauft wie unsere Hausbewohnerin, und so hat sie außer den Kartoffelchips auch noch ein Glas Cola mit in den Garten gebracht. Die Kohlensäure in diesen Getränken entsteht durch das Lösen von Kohlendioxid in Wasser. Ihre Wirkung rührt daher, wie medizinische Texte uns erklären, daß die Kohlensäure ein »ausgezeichnetes Stimulans für den Trigeminusnerv« (die Gefühlsleitung für Gesicht und Zunge) ist; sie greift diesen Nerv an, ebenso bestimmte Strukturen im weichen Gewebe der Zunge und »löst Schmerzen und ein prickelndes Gefühl aus«. Dieser leichte Schmerz erhöht den Speichelfluß (was man auf einfache Weise nachprüfen kann, indem man sich leicht auf die Zunge beißt, wodurch man einen ähnlichen Schmerz und die gleiche Wirkung hervorruft), und dieser Speichelfluß zusammen mit dem ergötzlichen Prickeln ist wahrscheinlich das, was die Erfrischung ausmacht – zumindest für so viele Leute, daß allein in Ländern wie der Bundesrepublik Deutschland und Großbritannien jährlich über 20 Milliarden Liter kohlensäurehaltige Getränke verkauft werden können. Eine recht beachtliche Menge für dieses wohlschmeckende Kribbelwasser.

Dieser Trick wurde 1770 ausgedacht, und zwar von dem englischen Chemiker Joseph Priestley, der zu dieser Zeit auch noch Geistlicher war. Dies stellte sich als sehr nützlich heraus, denn Kirchen und Brauereien lagen damals nahe beieinander – beide wurden benötigt, um die verschiedenen Bedürfnisse der Gemeindemitglieder zu befriedigen –, und Priestley war fasziniert von den seltsamen Blasen, die in großen Mengen entstanden, wenn mit Hilfe des Gärungsprozesses Bier hergestellt wurde. Die Brauer kümmerten sich nicht weiter um diese Blasen, doch Priestley untersuchte sie und kam schließlich auf die Idee, sie durch Druck in mit Wasser gefüllte Flaschen hineinzudrängen. Dann probierte diese tapfere Seele das soeben erfundene Getränk. Die Blasen waren natürlich das, was wir Kohlensäure nennen, und bei der Flüssigkeit, die Priestley probierte, handelte es sich um das erste Sodawasser. Glücklicherweise gehörte er zu den Leuten, die diese Mißhandlung der Zunge zu schätzen wissen; er empfand die Reizung des Trigeminusnervs und das Prickelgefühl als angenehm, und so begann schon bald der öffentliche Verkauf dieses neuen »medizinischen Erfrischungsgetränks«.

Die Cola, vor der man heutzutage oftmals sitzt, ist im Grunde genommen noch immer das von Priestley mit Kohlensäure versetzte Wasser. Lediglich ein oder zwei kleinere Veränderungen sind im Laufe der Zeit vorgenommen worden. Als im Jahre 1888 ein Apotheker in Atlanta (Georgia) eine Variation von Priestleys Wasser in Flaschen füllte, sie »Coca-Cola« nannte und verkaufte, war er so stolz auf die medizinische Herkunft, daß er sie als Mundwasser anpries, das den damaligen Anzeigen zufolge »weiße Zähne, eine Reinigung des Mundraums und eine heilsame Wirkung auf wundes oder blutendes Zahnfleisch« garantierte. Das Mittel war also nützlich, doch dies besaß anscheinend nur eine begrenzte Anziehungskraft. So wurde die Idee mit dem Mundwasser nach kurzer Zeit wieder fallengelassen, und statt dessen hielt man die Verbraucher dazu an, dieses aus Wasser, Kohlensäure und Zucker bestehende Gemisch zu trinken. Außerdem wurden noch wohl-

98

dosierte Mengen an Kokain hinzugefügt. Dies mag uns recht skandalös vorkommen, zumal es noch als ein Getränk für die ganze Familie angeboten wurde, doch müssen wir dabei berücksichtigen, daß es zu dieser Zeit in den USA noch keine Lebensmittelgesetze gab. Damals war es keine Seltenheit, daß Erfrischungsgetränke für Kinder Branntwein enthielten, Morphium konnte man an vielen Stellen ohne Rezept bekommen, und gegen Ende des Jahrhunderts wurde von einer Aspirinfirma ein brandneues Pulver gegen Unwohlsein völlig offen über den Ladentisch verkauft: Heroin. Bei dieser pharmakologischen Fülle fiel ein kleines, zerdrücktes Kokablatt nicht weiter auf. Im Jahre 1903 wurde es aber doch aus dem Verkehr gezogen, was man anfangs auf den Flaschenetiketten mit dem Hinweis »ohne Kokain« vermerkte.

Selbst ohne diesen Sonderzusatz wurde die Cola-Herstellung am Anfang dieses Jahrhunderts derart gewinnbringend – Kohlensäure kostet fast ebensowenig wie Luft, und die nötigen Wassermengen sind noch billiger als das meist schon etwas ältere Fett, das für die Produktion von Kartoffelchips verwendet wird –, daß einige Firmenangehörige ihren Kopf anstrengten, um nach Möglichkeiten für die Vergrößerung der Marktanteile zu suchen.

Ein Durchbruch gelang 1916, zu einer Zeit, in der die Europäer von den Trivialitäten des Ersten Weltkriegs gequält wurden, während die Coca-Cola-Produzenten zu einer Tagung nach Terre Haute (Indiana) zusammenkamen und aus irgendeinem Grunde eine neu entworfene, ungewöhnliche Flaschenform guthießen (es handelte sich um die gleiche Form, die wir heute noch überall vorfinden). Der Grund dafür war der, daß diese Flaschenform wegen ihres merkwürdigen Aussehens schnell gesetzlich geschützt und als legales Mittel eingesetzt werden konnte, um die Konkurrenten bankrott zu machen. In einer internen Firmengeschichte eines Konkurrenzunternehmens wird der Erfolg dieses Vorgehens bestätigt: »Es handelte sich um magere Jahre«.

Die Frau im Garten ist zufrieden. Mit der Cola in der Hand, einer offenen Kartoffelchipstüte auf dem Schoß und der Sinnesumgebung, die wir für unsere Augenblicke der Entspannung so gerne schaffen, ist alles in bester Ordnung. Die Ohren werden mit dem Knirschen und Knistern der Chips versorgt, der Mund mit den explodierenden Blasen; selbst die Nase wird mit einbezogen, da einige umhersausende Blasen des Getränks aufwärtssteigen und kamikazeartig gegen ihre Wände prallen, während sich einige wohlschmeckende Fettmoleküle aus den zerbrochenen Zellwänden der Chips zu verdampfenden künstlichen Aromastoffen gesellen und sich zusammen mit ihnen nach oben verflüchtigen, was der Nase ein weiteres angenehmes Gefühl verschafft. Nur ein einziges Geräusch kann diese zufriedene Vorstadtidylle zerstören: das Geräusch von fahrenden Autoreifen, das darauf hinweist, daß nun der andere Hausbewohner zurückkehrt.

Diese Highspeed-Fotografie zeigt einen Milchtropfen, der gerade auf eine Oberfläche auftrifft: Die nach außen spritzende, symmetrische Krone nimmt nur wenige Millisekunden lang Gestalt an, verschwindet dann wieder, und der magische Tropfen wird zu der uns wohlbekannten verschütteten Milch.

3. Kapitel
Nachmittags

Der zurückkehrende Fahrer schleudert mit seinem Auto leicht. *Alle* Autos schleudern leicht, denn jeder Autoreifen schmilzt, wenn man auf ihm entlangfährt. Das Gummi läuft aus und bildet geschmolzene Lachen, die nicht einmal $\frac{1}{40}$ Millimeter dick sind und auf denen die Autos dann entlangrutschen. Gleich nachdem das Rad sie zurückläßt, verdampfen sie, und auf diese Weise gelangen in einer Stadt von der Größe Londons oder New Yorks täglich über 50 Tonnen Gummi in die Luft. Außerdem schüttelt sich das Auto, von den so durchgerüttelten Zündkerzen geht ständig eine Strahlung aus, die wellenweise in die Bäume des Gartens fliegt (wo ein geeigneter, dort angebrachter Sensor aufleuchten und somit das Ankommen der Strahlung anzeigen würde), sich auf den Messingtürgriff der Haustür stürzt, auf die Armbanduhr eines Fußgängers, der zwei Straßen weiter entlanggeht, und auch auf alle anderen Metallteile, die sich in Reichweite befinden. Diese elektromagnetischen Wellen, die sich mit einer Geschwindigkeit von über einer Milliarde Kilometer pro Stunde vorwärtsbewegen, erreichen lediglich $1\frac{1}{3}$ Sekunden nach der Freisetzung sogar die Umlaufbahn des Mondes.

Aber das alles ist noch gar nichts im Vergleich zu dem, was geschieht, wenn der Mann in das Haus geht, um seine Ehefrau zu begrüßen.

Normalerweise kommen, wenn wir sprechen, blasenförmige Schallwellen aus unserem Schlund hervor, die durch unseren geöffneten Mund auf bestimmte Weise konzentriert werden und sich dann schließlich in der Form von immer größer werdenden Blasen

Die sich ausbreitende Blase einer Schallwelle, die sich mit einer Geschwindigkeit von über tausend Kilometern durch die Luft drückt, kurz bevor sie ein empfangsbereites Ohr erreicht. Der Schall bewegt sich in einem warmen Raum etwas schneller voran als in einem kalten.

im ganzen Raum ausbreiten. Diese Blasen werden mit einer relativ gleichbleibenden Geschwindigkeit erzeugt, so daß eine imposante Prozession von aufeinanderfolgenden Blasen entsteht. Wenn Männer sprechen, ist es meistens so, daß die Blasen recht weit voneinander entfernt sind, sie liegen etwa einen Meter auseinander; hören wir diese Töne, so nehmen wir eine verhältnismäßig tiefe Stimme wahr. Wenn dagegen Frauen sprechen, so liegen die Blasen in den meisten Fällen näher beieinander – der Abstand zwischen diesen realen, voranschwebenden Sprechblasen ist um einige Zentimeter geringer –, und daher hören wir eine höhere, also eine weibliche Stimme.

So sieht es in der Theorie aus, doch sie gilt nur für feststehende Schallquellen. Unsere Stereolautsprecher sind die besten Beispiele dafür. Die Menschen dagegen mit ihrer Fähigkeit, zu springen, zu laufen, sich herumzudrehen oder rückwärts zu gehen, machen die ganze Sache noch interessanter. Denn wenn ein Mann vorwärtsgeht, sich in das Wohnzimmer begibt und dabei einige begrüßende Worte an seine Ehefrau richtet, fängt die klare Trennung zwischen den Geschlechtern an zu verschwimmen. Denn während er seine erste sich ausbreitende Geräuschblase ordnungsgemäß ausstößt, wird die nachfolgende nicht an der richtigen Stelle freigesetzt, sondern einen Meter weiter vorne, was natürlich zur Folge hat, daß sich der Abstand zwischen diesen Blasen verringert.

Das Ergebnis ist der Effekt, den man beispielsweise bemerken kann, wenn sich einem ein Polizeiwagen nähert, der sich gerade im Einsatz befindet: Die Frequenz seiner Sirene scheint höher und höher zu werden; in diesem Fall ist es also der voranrasende Polizeiwagen, der die Abstände zwischen den aufeinanderfolgenden Schallwellen verringert. Dieses Phänomen wird als *Dopplereffekt* bezeichnet, fairerweise benannt nach dem österreichischen Physiker Christian Johann Doppler, der als erster beschrieb, wie diese Tonhöhenzunahme zu erklären ist. Wenn jemand in einem Auto mit frisiertem Motor auf uns zugepprescht kommt, dabei den Kopf aus dem Fenster lehnt und eine leidenschaftliche italienische Opernarie schmettert, so würden wir eine Stimme wahrnehmen, die sich, auch wenn es sich eigentlich um einen tiefen Bariton handelt, anhört wie das Gequieke von Donald Duck. Das langsame Voranschreiten unseres zurückgekehrten Hausbewohners bewirkt nun nicht eine derart große Tonhöhenzunahme der Stimme, doch seine Worte der Zuneigung erklingen immerhin etwas höher als gewöhnlich.

Diese »geschlechtsverändernde« Schallblasenverzerrung funktioniert nicht nur einseitig. Ebenso wie die Tonhöhe der Sirene in dem Augenblick, in dem das rasende Polizeiauto an uns vorbeigefahren ist, plötzlich abfällt, hört sich die Stimme der im Wohnzimmer befindlichen Frau an wie ein erhabener Baß oder zumindest etwas tiefer als sonst, wenn sie sich beim Antworten gerade von dem Mann entfernt, um zum Beispiel den Fernseher leiser zu stellen. Ihr Rückzug zieht die von ihr erzeugten Schallblasen weiter voneinander weg als gewöhnlich, und dieser größere Abstand ist es, den wir als niedrigere Frequenz wahrnehmen. Die Tonhöhe ihrer Stimme ist abgefallen, was jedem von uns passiert, wenn wir in eine Richtung sprechen und uns gleichzeitig in die entgegengesetzte bewegen.

Interessant ist, daß dieser Effekt von der sprechenden Person nicht bemerkt wird – wir nehmen unsere Stimme immer gleichmäßig als ganz normal wahr –, während die Individuen am empfangenden Ende diese Tonhöhenverschiebung mit wechselseitigem Erstaunen feststellen. (Der Polizeibeamte hat in keinster Weise den Eindruck, daß sich seine Sirene auf der Frequenzskala auf und ab bewegt.) Bei der normalen Gehgeschwindigkeit im Haus sind diese Tonlagenverschiebungen für uns kaum hörbar, aber wenn sie exakt aufgezeichnet und von einem entsprechenden Gerät vergrößert werden, offenbart sich eine außergewöhnliche Welt: Der stämmige Mann begrüßt seine Gemahlin mit einer piepsigen Fistelstimme, während seine Sprechblasen gegeneinanderprallen; die schlanke Frau läßt als Antwort ein tiefes, bedrohlich erscheinendes Knurren über ihre Schulter hinweg erklingen, während sie davongeht und ihre Sprechblasen den Abstand voneinander vergrößern. Wenn die Frau nun plötzlich von diesem Athleten mit der sanftmütigen Stimme, der sie von der Wohnzimmertür aus begrüßt, bezaubert wäre und sie das Verlangen verspürt, nach vorne zu eilen, um ihn zu umarmen – man stelle sich statt des Wohnzimmers in der tiefsten Vorstadt vielleicht einen palmenbestandenen Strand in den

Tropen vor –, so würde ihre Stimme aus der Tiefe aufsteigen, die normale Tonhöhe erreichen und dann die Skala weiter hinaufklettern, bis ein fledermausartiges Quieken zu hören ist. Kommt das verliebte Paar aufeinander zu, ist einen Moment lang nur noch ein gemeinsames Quieken zu hören. Jedoch in dem Augenblick, in dem die beiden zusammengekommen sind, hört die relative Bewegung auf, ihre Geschwindigkeit ist gleich Null, und ihre Sprechblasen richten sich wieder aus, bekommen ihren normalen Abstand zurück, was zur Folge hat, daß unser sich umarmendes Paar nicht mehr trillert wie zwei losgelassene Verliebte mit Sopranstimme. Die beiden befinden sich wieder in der gewöhnlichen Welt der getrennten Geschlechterrollen, in der hohe und tiefe Stimmen genau auseinandergehalten werden können.

Diese Frequenzverschiebungen sind so deutlich, daß sie am Ende des Ersten Weltkriegs benutzt wurden, um Flugzeuge, die einen Bombenangriff ausführen wollten, frühzeitig aufzuspüren. In den dreißiger Jahren schien es eine Zeitlang so, als ob die Briten auf dieser Grundlage ihr Hauptfrühwarnsystem für die Luftverteidigung aufbauen wollten. In bestimmten Abständen entlang der Südküste wurden bereits einige auf Deutschland gerichtete Geräte, die wie riesige Hörrohre aussahen, installiert, doch die Entwicklung des Radars führte dazu, daß diese Geräte wieder abgebaut und irgendwo gelagert wurden.

Doppler wies 1842 als erster darauf hin, daß sich die anscheinend unveränderlichen Schallwellen derart verhalten. Er verfügte nicht über die technische Ausrüstung, um diesen Effekt durch Messungen nachzuweisen – die dafür notwendigen Geräte waren damals noch nicht genau genug –, weshalb er einige berühmte Trompeter des Wiener Symphonieorchesters anheuerte, die auf einem fahrenden offenen Güterwagen einen konstanten Ton spielen sollten. Doppler nahm an, daß der Trompetenton für einen ortsfesten Zuhörer um ein bestimmtes Intervall abfallen würde, was auch exakt festgestellt wurde, und zwar von seinem »Empfangsgerät« der vorelektronischen Zeit: ein weiterer Musiker mit perfektem musikalischem Gehör, der ebenfalls angeheuert worden war und am Rande der Bahnlinie auf einem Stuhl saß.

Ein ähnlicher Effekt, der eher bei Lichtwellen als bei Schallwel-

Der Dopplereffekt im Kosmos. Auf diesem Bild sind weit von uns entfernte Galaxien zu sehen. Jede davon besteht aus Millionen von Sternen. Das Licht der Galaxien, das man von der Erde aus sehen kann, ist vor Millionen von Jahren ausgesandt worden und hat sich infolge der Bewegung zu den tieferen Frequenzen hin verschoben, genau im Einklang mit dem Dopplerverhältnis, das bei nichtstationären Schallquellen zu beobachten ist.

len zu beobachten ist, wurde benutzt, um die Geschwindigkeit, mit der sich weit entfernte Galaxien von uns fortbewegen, zu ermitteln. Verfolgt man diese Sternenbewegungen zurück, so kommt man darauf, daß sich vor 18 Milliarden Jahren sämtliche Galaxien an der gleichen Stelle befunden haben müssen. So haben die Astrophysiker also mit Hilfe des Dopplereffekts, der bei uns zu Hause bei jeder Äußerung im Bewegungszustand wirksam wird, den Schluß gezogen, daß zu dieser sehr weit zurückliegenden Zeit ein Urknall, der *Big Bang,* stattgefunden haben muß, der das Universum geschaffen und die heutigen Galaxien einschließlich unserer eigenen auf die Reise geschickt hat.

Nach diesem kurzen Zwischenspiel meldet sich wieder der Ernst des Lebens. Der Mann muß sich in die Küche zurückziehen, wo in der Gestalt eines ungekochten Schmorgerichts die Pflicht ruft und die Erwartungen der in einer Stunde eintreffenden Gäste erfüllt werden wollen. Als er sich also in die Küche begibt, entschließt sich die Frau dazu, fernzusehen.

Was zeigt der Bildschirm denn eigentlich? Schmutz aus Schweden natürlich! Nicht was Sie jetzt denken mögen, sondern ganz normaler Schmutz – Erde, was man eben draußen auf dem Boden so liegen sieht! Er ist mit anderen aus Westafrika stammenden Schmutzteilchen vermischt und als klebrige Masse auf die Innenseite unseres Fernsehschirms aufgespritzt worden. Wenn er von Elektronensignalen aus dem Innern der Bildröhre getroffen wird, leuchtet er auf, und da es verschiedene Sorten von diesen schwedischen Schmutzteilchen gibt – man bekommt davon keine zufällige Schaufel voll auf die Innenseite des Bildschirms, der Schmutz wird erst sorgfältig ausgesiebt –, kommen durch das Aufleuchten auch verschiedene Farben zum Vorschein. Das Fernsehbild, das wir sehen, besteht also tatsächlich aus Schmutz.

Diese Körnchen sind als Leuchtstoffe oder auch Phosphore bekannt, eine interessante Ableitung von dem griechischen Wort »phosphoros«, was soviel wie »Licht bringend« heißt. Ursprünglich war Phosphoros der Name des Morgensterns, der etwas früher als die Sonne über dem östlichen Horizont erscheint. Dieser Name wurde von den Griechen jedoch nicht mehr benutzt, als sie erkannten, daß der Morgenstern mit dem Abendstern identisch ist; außerdem bemerkten sie, daß es sich überhaupt nicht um einen Stern, sondern um einen Planeten handelt. Sie bedachten dieses auf zweifache Weise erscheinende Objekt nun mit dem Namen ihrer Liebesgöttin: Aphrodite; bei den Römern wurde dieser Planet schließlich zur Venus, wie er auch heute noch genannt wird. Der Name Phosphor galt nun nicht mehr für einen Himmelskörper, sondern wurde nur noch für einige seltsame Chemikalien benutzt, die sich, wie schon erwähnt, auch auf dem ständig beobachteten Bildschirm des Fernsehers befinden.

Der erste von diesen Leuchtstoffen, die zur Gruppe der Metalle der seltenen Erden gezählt werden, wurde 1794 außerhalb der abgelegenen schwedischen Ortschaft Ytterby entdeckt. Sofort machten sich einige Forscher auf, um noch andere Arten davon zu finden. Einige gingen zu zweit auf die Suche, andere in größeren Gruppen. Ein russischer Wissenschaftler zog allein los und entdeckte nach acht anstrengenden Jahren entlang eines abgelegenen Flusses tatsächlich ein anderes Metall der seltenen Erden. Aber dieser arme Mann hätte ruhig zu Hause am warmen Ofen bleiben können, denn nur wenig später fand man in einer leichter zu erreichenden Gegend den gleichen Leuchtstoff.

Allmählich erkannten die Wissenschaftler, daß die »seltenen Erden« einen schlechten Namen erhalten hatten. Sie waren nämlich überhaupt nicht selten. Das Yttrium beispielsweise, das zuerst entdeckte Element dieser Art, das heutzutage als roter Leuchtstoff in unserem Farbfernseher eingesetzt wird, ist reichlicher vorhanden als Blei. Eigentlich handelt es sich auch nicht um »Erden«, denn Spuren des gleichen Yttriums, das sich in unserem Farbfernseher befindet, sind auf dem Mond und in der Sonne nachgewiesen worden.

Unsere Lieblingsfernsehdarsteller sind also gezwungen, ihre Bewegungen und Aktivitäten irgendwo in dieser aus exotischem Schmutz bestehenden Schicht auszuführen, und was ihre angebliche Anwesenheit noch unglaubwürdiger macht, ist die Tatsache, daß in jedem Augenblick nur Teile ihres Körpers auf den Bildschirm projiziert werden. Das Aufleuchten der Phosphorpünktchen im Einklang mit den gesendeten Signalen geht nur in kleinen, separaten Abschnitten vor sich. Die restliche Fläche des Bildschirms ist tiefschwarz, was wir jedoch nicht bemerken, weil sich dieser helle Abschnitt rasend schnell über den Bildschirm bewegt. Das Überstreichen der gesamten Fläche nimmt jeweils nur etwa $\frac{1}{25}$ Sekunde in Anspruch, jeder Quadratzentimeter leuchtet noch nach. In extremer Zeitlupe betrachtet, würden von unseren Lieblingsdarstellern nur schrecklich entstellte, über den ganzen Bildschirm verteilte Fragmente zu sehen sein, als ob sie Opfer eines fürchterlichen Unfalls geworden sind: Dort drüben in der Ecke wird der linke Arm von J. R. kurzzeitig sichtbar, der dann schnell wieder verschwunden ist, und da taucht Sue Ellens zuckendes Gesicht auf, leblos und allein; jede Person beziehungsweise jedes Einzelteil ist isoliert und leuchtet einen bedrohlich wirkenden Moment lang in der Leere auf.

Für den männlichen Hausbewohner in der Küche, der sich tatkräftig eine Schürze umgebunden und ein französisches Kochbuch vor sich aufgeschlagen hat, stehen die Dinge nicht so gut. Wo sind die Mohrrüben?! Sie müßten schon längst in dem Schmortopf liegen, der Teufel ist los, wenn sie dort nicht sind, aber es nützt nichts, sie befinden sich immer noch, in ihrem Plastikbeutel eingefroren, in der Tiefkühltruhe. Das ist eine Katastrophe! In Anbetracht des gnadenlos drängenden Zeitplans gibt es jetzt nur eine Erfindung, die den Küchenchef aus dieser mißlichen Lage befreien kann, einen Rückhalt, einen barmherzigen, unfehlbaren Helfer in der Not, und das ist der heute nachmittag eigentlich verschmähte Metallkasten, der dort drüben in der Ecke steht, ein Fernseher mit nichts drin: der Mikrowellenherd.

Die Mohrrüben werden auf einen Teller gelegt, die Tür zum Herd wird schnell zugemacht, der Einschaltknopf gedrückt, und nur sechzig Sekunden später ist die Transformation vollzogen: Was als orangefarbene Eiszapfen hineinkam, die man höchstens für Erdolchungsszenen in Technicolor oder zum Durchstoßen von Backsteinmauern hätte verwenden können, kommt nun als Mohrrüben heraus, die weich und friedlich sind und dem Schmorgericht zur Verfeinerung beigegeben werden können. Eine rätselhafte Verwandlung!

Die Tür offenbart uns, was dabei vor sich geht. Sie ist mit einem Metallgitter bedeckt, dessen Zwischenräume, durch die man in das Gerät hineinsehen kann, nicht größer als ein Zentimeter sind. Die entstehenden Mikrowellen sind zu groß, so daß sie nicht herauskommen und uns oder irgendwelche anderen Objekte in der Umgebung in ihre Mikroarbeit einbeziehen können. Es handelt sich nicht um sichtbare Wellen, sondern um so etwas wie Radarwellen, die nur ein klein wenig länger sind. Sie können zwar nicht aus dem

110

Mikrowellenherd herauskommen, aber sie können leicht von der glänzenden Metallauflage an der Innenwand zurückstrahlen und vermehren sich auf diese Weise so, daß ein oder zwei Sekunden nach dem Einschalten des Geräts viele Millionen davon umherschwirren. Alles, was sie treffen, wird in Mitleidenschaft gezogen, doch da die im kommerziellen Bereich eingesetzten Mikrowellen noch recht sanft sind, würde es mehrere hundert Jahre dauern, bis an irgendeinem festen Gegenstand eine Wirkung davon zu beobachten wäre. Nur wenn sich in dem Herd außer Festkörpern noch etwas anderes befindet, können die Mikrowellen zur Tat schreiten. Aus diesem Grunde bleibt der Teller, auf dem die Mohrrübe liegt, kalt – er besteht aus Keramik, ist also ein Festkörper –, und aus dem gleichen Grunde wird auch die feste Masse der Mohrrübe von den Mikrowellen nicht direkt beeinträchtigt. Aber im Innern der Mohrrübe befindet sich eine Menge Wasser (einiges davon ist gefroren, vieles aber noch flüssig, denn sonderbarerweise enthält die Mohrrübe eine Art eigenes Frostschutzmittel), was genau das richtige für die Mikrowelle ist, um mit mehr Erfolg ans Werk zu gehen.

Denn Wasser reagiert auf Mikrowellen. Man kann sich Wasser als Klumpen vorstellen, die jeweils aus einem Sauerstoffatom bestehen, an dem zwei sich bewegende Wasserstoffatome herabhängen, vergleichbar mit den Schlappohren eines tapsigen Hundes. Diese herabhängenden Wasserstoffohren kommen nun noch mehr als gewöhnlich in Bewegung, wenn sie von den Mikrowellen getroffen werden; dieses verstärkte Hinundherschwingen und das darauf folgende wechselseitige Gegeneinanderstoßen der benachbarten Moleküle erzeugt Reibung. Auf die gleiche Weise, wie das Aneinanderscheuern der Hände warme Handflächen entstehen läßt, bringt diese Reibung das Wasser zum Erwärmen und schon sehr bald zum Kochen. Der soeben beschriebene Vorgang geht in jeder einzelnen Zelle vor sich, und da die Mohrrübe (oder die Kartoffel, die Erbse oder ein anderes eingefrorenes Gemüse) aus Millionen derartiger Zellen zusammengesetzt ist, besteht sie schon bald aus Millionen zellengroßer Terrinen, die kochendes Wasser enthalten. Sie tauen den Frost auf (außerdem wecken sie unzählige Bakteriensporen auf, die sich wegen der Kälte im Winterschlaf be-

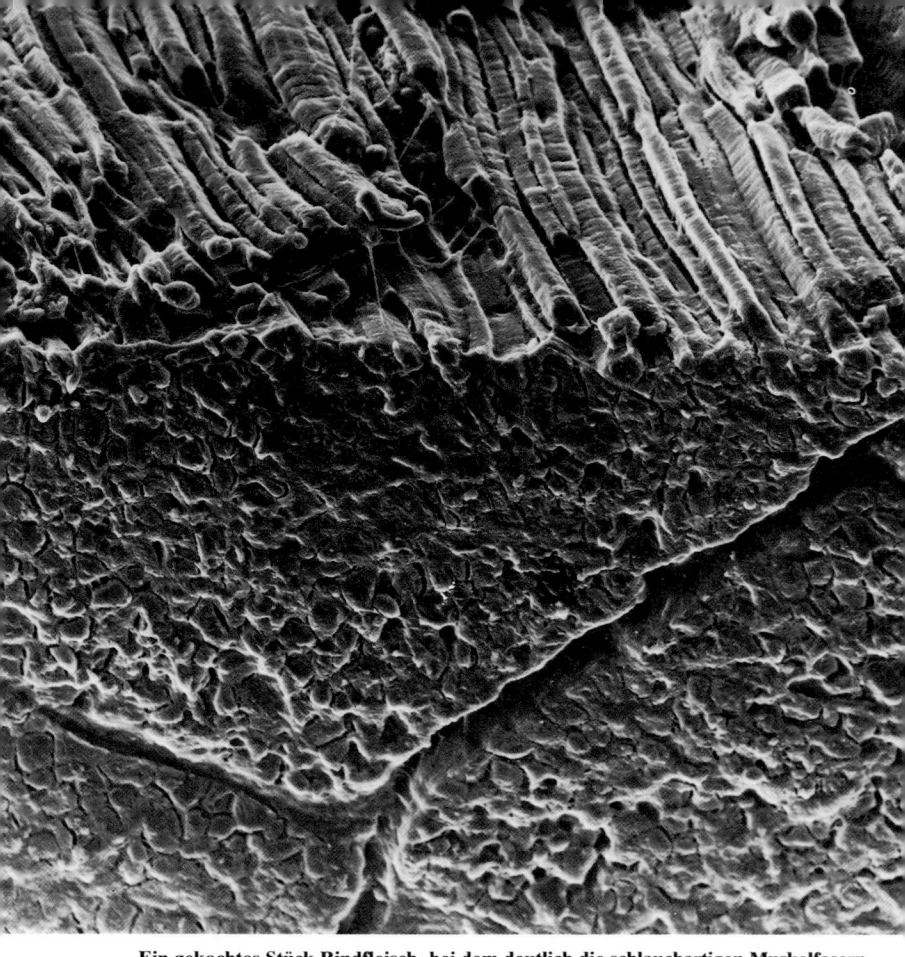

Ein gekochtes Stück Rindfleisch, bei dem deutlich die schlauchartigen Muskelfasern zu sehen sind, die beim lebenden Tier zittern und sich verkürzen würden, wenn das Gehirn den Impuls zum Bewegen übermittelt.

funden haben) und lassen somit die gewünschte weiche Mohrrübe entstehen, die das Abendessen retten und den guten Ruf des Hausherrn als exzellenter Koch bewahren kann. Die Mikrowelle kocht die Nahrung von innen her nach außen.

Wir könnten im Grunde das gleiche Schicksal erleiden wie die armen Mohrrüben, da unser Planet im allgemeinen und unsere Häuser im besonderen Teile eines riesigen Mikrowellenherds sind, der die ganze Galaxis umfaßt. Doch glücklicherweise treffen die Mikrowellen, die uns ständig durchdringen – sie kommen wahrscheinlich aus dem Grenzbereich des Universums –, auf ihrer Reise zur Erde nicht auf irgendwelche mit Aluminium verkleideten Wände, so daß sie nicht reflektiert werden und keine für uns gefährliche Intensität aufbauen können. Sie bewirken lediglich, daß die Wassermoleküle auf den Händen des Küchenchefs und die Schweißperlen, die sich infolge von Streß auf seiner Stirn gebildet haben, leicht, aber für uns selbst nicht sichtbar zittern, da sich die lose herabhängenden Wasserstoffatome als Antwort auf den außerirdischen Ruf schneller bewegen.

Bei dem Mikrowellenempfänger, mit dem man in den späten dreißiger Jahren die erste extragalaktische Strahlenquelle dieser Art entdeckte, handelte es sich um einen gigantischen Apparat, der so groß wie ein Mehrfamilienhaus war. Einen tragbaren Mikrowellenempfänger zu bauen war sehr verlockend, da es auch die Möglichkeit schaffen würde, ein tragbares Radargerät einzusetzen. Einer der ersten hergestellten Apparate dieser Art wurde am Anfang des Zweiten Weltkriegs von Großbritannien in die USA geschafft und dort in einem Berg von Zeitungen unter dem Hotelbett versteckt gehalten (vielleicht der beste Platz für einen derartigen unbezahlbaren Gegenstand), während der britische Offizier einige Tage lang mit wachsender Verzweiflung versuchte, den richtigen amerikanischen Verbindungsoffizier, der ihm das Gerät abnehmen wollte, ausfindig zu machen. Seitdem ist der Kaufpreis stark gefallen, und der tragbare Mikrowellenherd in der Küche ist das Ergebnis davon.

Die Mohrrüben werden nun dem Fleisch zugegeben, das bereits in dem Schmortopf vor sich hin brodelt. Dieses Fleisch wird selten aus der Tiefkühltruhe geholt; wahrscheinlicher ist, daß der Mann es am Nachmittag auf seinem Nachhauseweg frisch gekauft hat, eine rohe Opfergabe an die Küchengötter, ein großes Stück Tiermuskel, das auf wundersame Weise noch auf den sanftmütigen Aktentaschenträger wirken und ihn ebenfalls zum Besitzer von derartigen rohen Tiermuskeln machen wird. Aber war dieses symbolhafte Muskelfleisch eigentlich wirklich frisch?

Auf jeden Fall sah es im Supermarkt so aus; es war rot, glänzte und machte eben einen guten Eindruck. Doch das war nur die äußere Erscheinung, die ja, wie jeder sicherlich weiß, oftmals sehr täuschen kann. Das Fleisch ist nämlich nur deshalb rot, weil in die Plastikhülle, die es umgibt, sorgfältig viele winzige Risse eingearbeitet worden sind, damit die Sauerstoffatome auf das Hämoglobin an der Fleischoberfläche treffen können. Verbinden sich Sauerstoff und Hämoglobin, so erhält das Fleisch ebenso wie unser Blut eine rote Färbung. Es ist genau das gleiche, was ständig in einem lebenden Organismus vor sich geht. Wenn jemand eine Ladung Zigarettenqualm über diese im Supermarkt ausgestellten Waren geblasen hat, so würde sich das Fleisch in seiner Verpackung schnell grau färben, da das im Qualm enthaltene Kohlenmonoxid das Hämoglobin zerstört – der gleiche Vorgang ist im Körper eines Rauchers zu beobachten.

Wenn man die ablenkende rote Färbung nicht beachtet, ist die Wahrheit besser zu erkennen. Das erstklassige Stück Fleisch, das man kauft, ist nämlich zehn Tage alt. Dies heißt jedoch nicht, daß unser Supermarkt von Schurken und Spitzbuben geführt wird, die bei der Behörde angezeigt werden sollten. Es ist ganz einfach so, daß wir das Fleisch wegen seines Anblicks, den es uns dann bietet, vorher überhaupt nicht kaufen würden. Frischeres Fleisch leidet dann noch immer an der Totenstarre; erst nach zehn Tagen Lagerung ist der angespannte Todeskrampf der Tiermuskeln vorüber.

Wenn ein Tier geschlachtet wird, so stirbt es nicht mit einem Schlag. Nachdem die Hirnwellen aussetzen, verbraucht der sich fortsetzende Blutfluß den Sauerstoff im Körper, was dazu führt, daß die Leberstärke, das Glykogen, in den Muskeln zerstört wird. Dadurch bildet sich Milchsäure, die gleiche Substanz, die unser Küchenchef in seine Beine bekommt, wenn er infolge eines schicksalhaften Aktivitätsausbruchs – zum Beispiel wenn er zum Bus rennen muß oder gegen den Crack des Klubs Squash spielt – den ganzen Sauerstoff in seinem Körper verbraucht. Wenn ein Jogger keuchend sagt, daß sich seine Beine wie tot anfühlen, so kommt er der Wahrheit näher, als er vielleicht denken mag.

Die Milchsäure in unserem frisch geschlachteten Tier wirkt so belastend, daß sich die einzelnen Muskelfasern, die normalerweise aneinander entlanggleiten, nicht mehr so leicht bewegen können. Kleine Sperrmechanismen treten aus vielen Muskelsträngen hervor, strecken sich blind suchend den benachbarten Strängen entgegen und rasten dann, wenn sie diese gefunden haben, fest ein. Bei einem müden Jogger erzeugen diese winzigen Sperrmechnismen ein schlappes Gefühl in den Beinen; bei unserem endgültig ermüdeten Tier halten die eingeschnappten Muskelverriegelungen fester und fester zusammen, bis das eintritt, was die Arbeiter, die aus den alten römischen Amphitheatern die abgeschlachteten Tiere herausschleppten, »zu Tode erstarrt« genannt haben. In den Geschichten von Raymond Chandler wird das Wort »stiff« (steif, starr) in der gleichen angemessenen Weise benutzt. Erst nach einem zehn- bis vierzehntägigen Abhängen lösen sich die Riegel wieder, was zur Folge hat, daß sich die Muskeln entspannen und wieder weich werden. Dieser Vorgang wird Verwesung genannt. Jedes Stück rotes Fleisch, das wir essen, ist durch den Zustand der Leichenstarre hindurchgegangen und um diese notwendigen zusätzlichen Tage gealtert, damit wir es genießen können.

Da sich dieser Bestandteil des Abendessens nun im Schmortopf befindet, können wir uns jetzt all den anderen Dingen zuwenden. Die zu bewältigenden Aufgaben sind anfangs einfach – Weißbrot schneiden, die Mehltüte aus dem Schrank holen –, werden dann aber in zunehmendem Maße verteufelt kompliziert. Die Kochbücher helfen meist nicht weiter, da sie anscheinend nur für Experten geschrieben sind. Den Freiwilligen in der Küche bleibt nichts anderes übrig, als mit Überzeugung ans Werk zu gehen, zu raten, was als nächstes zu tun ist, und wild zu improvisieren. Das Ergebnis nach einigen Minuten sind bekleckerte Kochtopfgriffe, verbrannte Finger, kleine vertrocknete Mehlklumpen und zerbrochene Eier, die mit ungreifbaren Schalensplittern durchsetzt sind; und nach einer halben Stunde sind dort *große* vertrocknete Mehlklumpen, *viele* zerbrochene, mit ungreifbaren Splittern durchsetzte Eier zu sehen und außerdem aus den übergekochten Töpfen gekommene braune Streifen, die den Herd hinuntergelaufen und nun eingetrocknet sind.

Doch wenn wir den Mann in der Küche, der sich wirklich die

größte Mühe gibt, eine weitere halbe Stunde lang herumwirtschaften lassen, entsteht ein Wunder: Inmitten der Unordnung auf dem Herde und auf dem Küchentisch befindet sich ein fertiges Mahl in zwei Gängen, das nun von seinem völlig außer Atem gekommenen Schöpfer und Urheber bewundert wird. Das Werk ist vollendet. Was könnte jetzt noch danebengehen?

Es ist wahrscheinlich ganz gut so, daß der Koch nicht weiß, was nun geschieht. In sein Meisterwerk fallen nämlich zahlreiche Dinge hinein. Dazu gehören die vielen Sachen, die man üblicherweise in einem Haus erwarten kann: die winzigen Parfümkügelchen, die ausgehöhlten Leichname der Staubmilben, Asbestfasern und andere Stoffe, die im Staub enthalten sind. Ein Gast mag es vielleicht darauf anlegen, diese Dinge in seinem Essen nachzuweisen, was mit Hilfe eines Mikroskops auch tatsächlich möglich wäre, doch ihre Anwesenheit ist nicht allzu bedeutsam. Parfüm, Milbenmumien, Asbest und ähnliche Dinge wachsen nicht. Sie sind leblos und inaktiv. Von viel größerer Bedeutung sind dagegen die lebendigen Dinge, die ins Essen fallen. Davon wirbeln recht viele in unserer nächsten Umgebung.

Am einfachsten ist es, mit dem Geschöpf anzufangen, das wie ein winziges U-Boot aussieht, länglich und stromlinienförmig mit einer Umhüllung, die nicht aus Metall, sondern aus zähem Schleim besteht, und das ungefähr 15 000 sich windende Haare besitzt, die aus seinem Körper herausragen. Der Name dieses Wesens stammt von dem amerikanischen Veterinär, der es als erster genau untersucht und beschrieben hat, von Daniel E. Salmon, und da man bei der Benennung für gewöhnlich den Nachnamen und nicht den Vornamen verwendet, wird es nicht Daniella, sondern Salmonella genannt.

Da diese Geschöpfe so winzig klein sind, ist man leicht geneigt, zu glauben, daß es sie eigentlich gar nicht gibt, daß es sich lediglich um eine Konstruktion der Wissenschaft handelt. Das stimmt aber nicht. Wenn wir über gute Augen verfügen, sollten wir in der Lage sein, in einem Lichtstrahl, der durch einen verdunkelten Raum geht, unzählige Staubteilchen zu erkennen. Es kann sein, daß diese nur 20 Mikron ($^{20}/_{1000}$ Millimeter) lang sind. Die Salmonellen sind ungefähr zehnmal kleiner, was also bedeutet, daß wir, wenn wir mit einer nur etwas besseren Sehkraft ausgestattet wären, diese haarigen, sich windenden Geschöpfe überall um uns herum sehen würden. Sie leben nicht in einem weit entfernten phantastischen Reich, sondern gerade jenseits des gewöhnlich Sichtbaren.

Die zahlreichen Salmonellen, die nun in dem abkühlenden Schmorgericht herumplanschen und die Gegend erforschen, waren vorher wahrscheinlich auf irgendeiner offenen Oberfläche in der Küche herumgekrochen. Ursprünglich stammen sie von irgendeinem Nahrungsmittel, das in den letzten Tagen verbraucht worden war – die eingefrorenen Hähnchen aus dem Supermarkt sind besonders bekannt dafür, daß sie oftmals mit ihnen infiziert sind –, und wenn sie einmal freigesetzt worden sind, fühlen sie sich an jedem feuchten Platz wohl. Das Geschirrtuch ist also wieder einmal ein idealer Ort, ebenso die Abtropffläche der Spüle und der nicht richtig ausgedrückte Schwamm. Der Türgriff am Kühlschrank, der dadurch ständig feucht gehalten wird, daß die Hände ihn beim Öffnen fest umfassen, ist ein weiterer angenehmer Aufenthaltsort für die Salmonellen.

Natürlich befinden sich in unserer Küche noch unzählige andere Bakterienarten. In einer vor kurzem in Südostengland durchgeführten Untersuchung von mehreren hundert sauberen Häusern, die von Leuten der Mittelschicht bewohnt werden, kam man zu den folgenden Prozentsätzen von Haushalten, in denen man potentiell gefährliche Bakterien der Arten, die sich normalerweise im Darm befinden, nachgewiesen hatte: auf dem Spültuch 97,8 Prozent der Haushalte; auf Handtüchern 98,9 Prozent; an den Wasserhähnen über der Spüle 94,2 Prozent; die Spüle selbst 97 Prozent; die Abtropffläche 99,5 Prozent; Waschmaschine 89,5 Prozent; Kühlschrank 90,7 Prozent; Scheuerlappen 100 Prozent. Selbst in Haushalten, in denen Desinfektionsmittel verwendet wurden, waren die Zahlen ebenso schlecht, da die meisten Leute die seltsame Angewohnheit hatten, diese Mittel ins Spülbecken zu schütten – eine teure Art und Weise, den Abfluß zu benutzen – oder aber die Desinfektionsmittel *nach* der Zubereitung des Essens einzusetzen, wenn der Schaden also bereits angerichtet war, anstatt dies vorher zu tun. Salmonella ist nur eine von vielen im Haushalt vorkommenden Bakterienarten, aber da sie so bedeutsam ist, beschränken

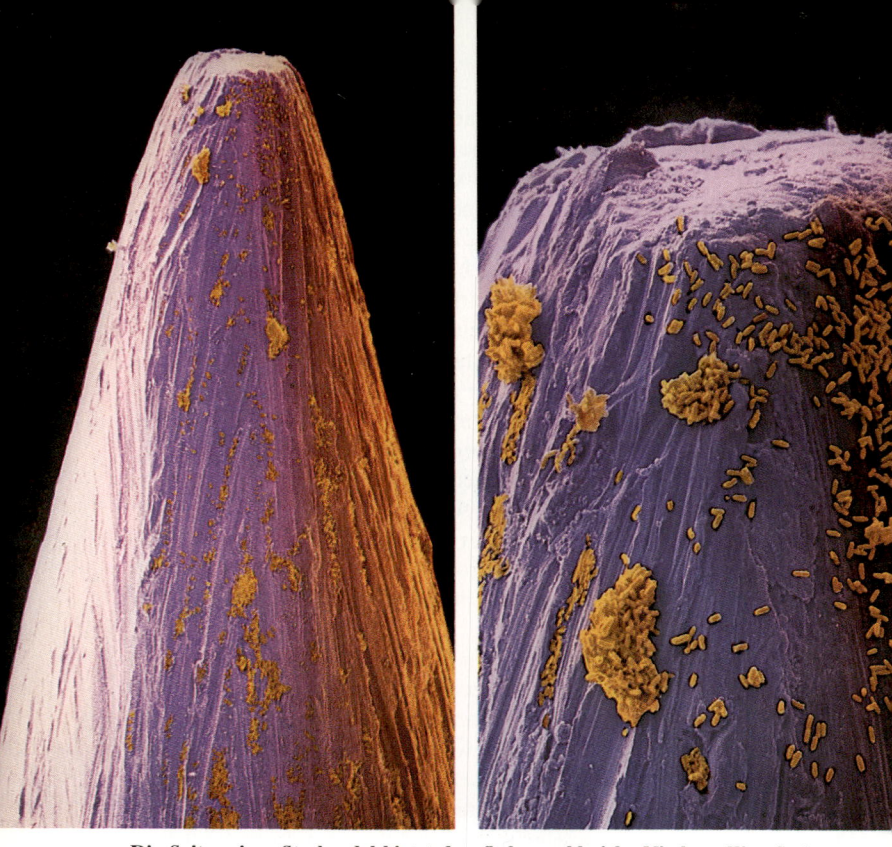

Die Spitze einer Stecknadel bietet dem Leben zahlreiche Nischen. Eine Serie von Nahaufnahmen, die eine saubere Nadel zeigt, auf der sich Ansammlungen einer häufig im Haus vorkommenden Bakterienart befinden.

wir uns auf den Hinweis, daß es viele andere gibt, und untersuchen diese spezielle Art etwas genauer.

An all diesen genannten Aufenthaltsorten in der Küche befinden sich zufällig dorthin verfrachtete Salmonellenkolonien, die mehrere Tage lang ruhig dahocken. Jede einzelne Bakterie nimmt den dünnen Wasserfilm um sich herum in sich auf und benutzt ihre wedelnden Körperhaare wie ein Krake, um sich die in nächster Nähe befindlichen winzigen Essensreste einzuverleiben. Ist keine Feuch-

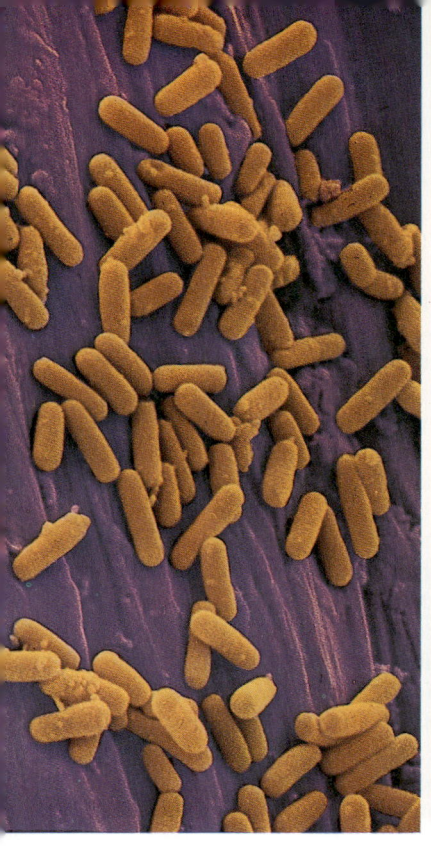

tigkeit da, so verdursten die Salmonellen in unserer Küche nach einer Woche, und ihre Körper beginnen, sich zu zersetzen, aber wenn vor dieser Zeit ein Finger ihren Aufenthaltsort berührt, bleibt an ihm sehr wahrscheinlich etwas haften, das für uns ein kaum sichtbarer Punkt, für diese Geschöpfe jedoch eine große, aus mehreren hundert Mitgliedern bestehende Familie ist.

Die Salmonellen gleichen einigen der ersten Lebensformen, die sich auf unserem Planeten entwickelt haben. Sie konnten so lange überleben, weil es wegen ihrer winzigen Größe unzählige Bereiche gibt, in denen sie sich einrichten können. Unser Haus hält für sie ebenso viele Nischen bereit wie ein neuer Planet für Menschen – von dem unermeßlichen Amazonasgebiet eines nassen Waschbeckens bis hin zu der schweigenden Tundra einer trockenen Tischoberfläche. (Später werden wir noch sehen, welche reizvollen Bereiche der menschliche Körper bietet.) Manchmal ist man versucht, diesen Geschöpfen ein absichtsvolles Verhalten zuzuschreiben, doch das ist irreführend. Es handelt sich lediglich um einzelne, mikroskopisch kleine Zellen – um bewegliche Chemiefabriken sozusagen. Sie besitzen keinen Kopf, kein Gehirn, keine Nerven, keine Instinkte und kein Über-Ich: Es handelt sich eben einfach um Leben.

Sobald sich die Salmonellen auf dem Finger befinden, versuchen sie, sich anzupassen; sie machen es sich bequem. Durch diese plötzliche Versetzung auf ein lebendiges, bewegliches Objekt geraten sie nicht aus dem Gleichgewicht (abgesehen natürlich von denjenigen, die im Verlaufe des Standortwechsels plattgedrückt werden), da sie viel zu klein sind, um sich zu orientieren und zu erfassen, was ein Türgriff am Kühlschrank und was nun ein Finger ist. In ihren ersten Momenten auf dem Finger bemerken sie jedoch, daß die Lebensverhältnisse besser geworden sind. Für die Salmonellen ist der Finger eine rauhe, sumpfige Fläche. Dort gibt es Hügelketten, die plötzlich in Höhlen enden. Dies ist die Außenschicht der Hautzellen. Außerdem gibt es auf dieser Oberfläche viele angenehme Teiche, die eine schmierige Flüssigkeit enthalten – dies sind die Schweißabsonderungen und andere Arten der Hautfeuchtigkeit, die von den Salmonellen begierig aufgesogen werden. Diese Absonderungen sind sehr nahrhaft: Der Schweiß auf unserem Finger enthält Kalium, Natrium, Zink, Glukose, Vitamin C, Riboflavin und über ein Dutzend Aminosäuren. In dieser Landschaft vermehren sich die Salmonellen – entweder teilen sie sich, oder sie tauschen durch Löcher in ihren Körpern DNS enthaltendes Protoplasma aus.

Aber diese Szenerie der Fortpflanzung und der Nahrungsaufnahme hat auch ihre Schattenseiten. Die Fingerspitzen, die beim Herumwirtschaften in der Küche unabsichtlich die Salmonellen mit sich nehmen, sind ein derart vorzügliches Terrain, daß sich dort bereits viele andere winzige einzellige Organismen befinden, die dort irgendwann einmal gelandet sind. Sie sehen die Neuankömmlinge, die Salmonellen, als Bedrohung an – die nahrhaften Absonderungen entstehen nur in begrenzten Mengen –, und so setzen sie sich so schnell wie möglich in Bewegung, um die neuen Bakterien zu vernichten.

Dieses mikrobische Begrüßungskomitee sieht nicht unbedingt furchterregend aus. Seine Mitglieder sind blind, viele sind am Verhungern, und ihre Höchstgeschwindigkeit ist nicht mehr als ein langsames Kriechen über die Hautsümpfe hinweg. Doch wenn sie sich schließlich in der Reichweite der neu angekommenen Salmonellen befinden, zeigen sie, was sie können. Viele spritzen in einem scharfen Strahl todbringende Antibiotika aus. Einige besonders motivierte Mikroben halten eine bestimmte Distanz zu den Salmonellen ein und fangen damit an, die ganze Nahrung in der Umgebung aufzunehmen in dem Versuch, ihre Gegner mit der Zeit auszuhungern. Die überraschten Salmonellen werden zunächst niedergemetzelt, besinnen sich dann aber bald. Einige gehen in Stellung und verspritzen ihre eigenen Antibiotika-Arten auf die Angreifer. (Diese Verteidigungssubstanzen töten nicht nur einzelne Mikroorganismen, sondern wirken auch recht hart auf die miteinander verbundenen Zellen, aus denen der menschliche Darm besteht, und bringen somit die Unannehmlichkeiten der Salmonellenvergiftung hervor, wenn man einige von diesen Bakterien verschluckt hat.) Andere Salmonellen versuchen, den Angreifern in ihrer Nähe die Nahrung wegzunehmen, so daß sich diese hungrig davonmachen; wieder andere, die Salmonellen im Zentrum der Kolonie, fahren mit ihren Fortpflanzungsbemühungen fort und sorgen damit für ständige Verstärkung der bedrohten Partei.

Diese Schlachten auf der Hautoberfläche des Fingers spielen sich bei fast jedem von uns ab, wenn wir eine Stunde in der Küche verbringen, um das Essen zuzubereiten. Das Reiben der Fingerspitzen auf der Stirn in einem nachdenklichen Augenblick sorgt dafür, daß einige der Salmonellen dorthin verfrachtet werden, was eine neue Schlacht zur Folge hat; das ungeduldige Trommeln mit den Fingern auf den Tisch, während man auf das Signal des Mikrowellenherds wartet, vernichtet große Teile von Kolonien und bringt die taktischen Anordnungen völlig durcheinander, da die Überlebenden tief in die Moore und Sümpfe auf der Fingeroberfläche hineingedrückt werden. Jede Bewegung, die man ausführt, bringt für manche Katastrophen hervor, für andere das Nirwana. Ein geistesabwesendes Kratzen des Arms, während man versucht, mit dem Rezept im Kochbuch klarzukommen, befördert einige Bakterien in das besonders feuchte und verlockende Gebiet in der Nähe der Ellbogeninnenseite; eine daraufhin folgende Berührung eines Fingers mit der Zunge, um dann die Seite im Kochbuch umzublättern, nachdem man alles verstanden hat, ruft ein Gemetzel hervor, da die Kolonien nun der starken Alkalinität des Speichels ausgesetzt sind. Es können sich sogar wunderliche Umkehrungen ereignen. Wenn man den Kühlschrank öffnet, um noch ein Stück Butter herauszuholen, befördert man einige der Salmonellen wahrscheinlich wieder dorthin zurück, von wo aus sie gestartet waren; und die überheblichen Angreifer, die sich vorher auf der Haut befunden hatten und nun zusammen mit ihnen dorthin verfrachtet werden, stehen auf dem Türgriff des Kühlschranks nun plötzlich einer riesigen Überzahl von Salmonellen gegenüber.

Unter diesen ganzen, zum Teil unbewußt ablaufenden Bewegungen gibt es auch einige, die dafür sorgen, daß die Salmonellen in die frisch zubereitete Mahlzeit gelangen. Dies mag das schnelle Hineindrücken eines hervorstehenden Mohrrübenstücks sein oder ein kurzer Stups auf die Stampfkartoffeln. Die in dem immer noch recht heißen Schmorgericht haftengebliebenen Salmonellen werden dort verbrutzelt und schnell zu ihrem Schöpfer zurückbefördert. Aber in den schnell abkühlenden Stampfkartoffeln, die eine große Menge Stärke, Wasser und wahrscheinlich irgendwo auch ein Klümpchen Butter enthalten, werden sie gut gedeihen. Sie werden so gut gedeihen, daß sich ihre Zahl infolge der Teilung der einzelnen Zellen oder Fortpflanzung in Gruppen ungefähr alle fünfzig Minuten verdoppelt.

Die Salmonellen leben am liebsten auf Oberflächen in der Nähe der Luft, die sie unbedingt brauchen, aber bei den Stampfkartoffeln besteht die gute Möglichkeit, daß sie sich auch weiter in die Tiefe begeben können, und zwar wegen der Furcht der Menschen vor Klumpen. Nur wenige Gastgeber wagen es, den Schmähungen

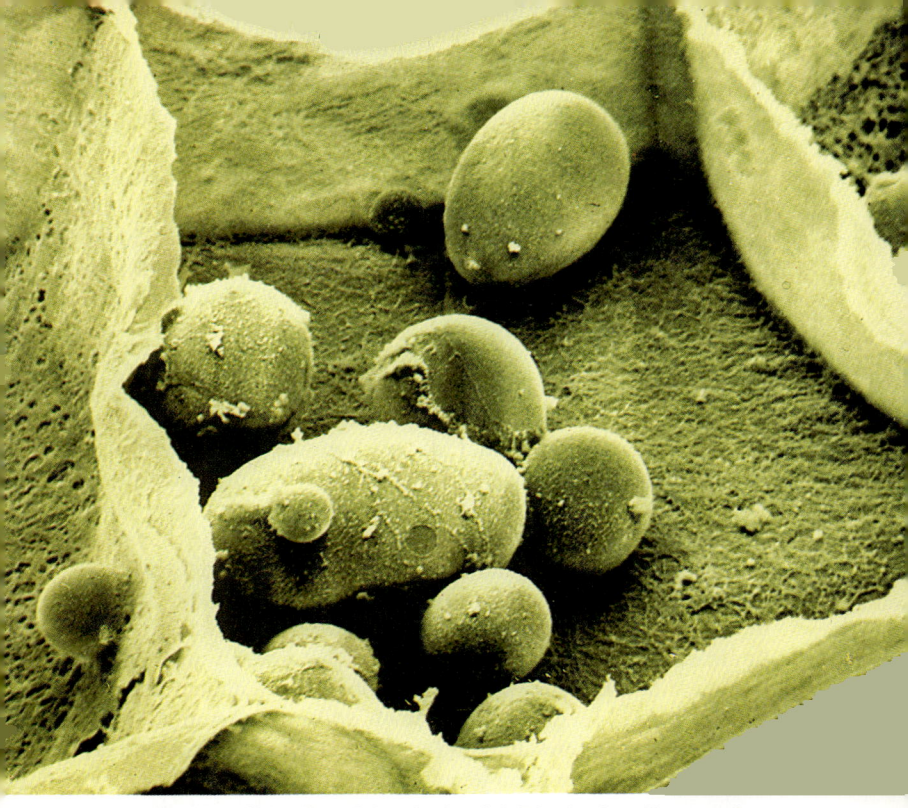

Das Innere einer Kartoffel, während sie gekocht wird. Die einzelnen Kammern brechen auf, und die klebrige Stärke (die glatten, ovalen Klumpen auf dieser Vergrößerung) kommt heraus. Verdauungsfördernde Säfte können die Zellen nicht aufschlie-
ßen; ohne Kochen würde die Stärke also in den Kammern bleiben, und die Kartoffel
wäre schwer verdaulich.

zu begegnen, die durch das Auftragen von klumpigen Stampfkartoffeln vor ihren Gästen hervorgerufen werden würden, dem
höhnischen Grinsen und den hochgezogenen Augenbrauen, den
Behauptungen von gönnerhaften Gästen – »Ich *persönlich* habe
eigentlich nichts gegen große Klumpen in Stampfkartoffeln« –
und, was einige Gäste schon fertiggebracht haben sollen, dem Mitbringen von einer tragbaren Black & Decker, ausgerüstet mit dem
Zubehörteil zum Stampfen. Folglich sind die Kartoffeln in der

Schüssel mit Hilfe der notwendigen Küchengeräte gründlich durch-
gerührt und gestampft worden. Im Verlauf dieser Bearbeitung sind
sämtliche Klumpen verschwunden, aber es sind auch viele Luft-
kanäle entstanden, die von der Oberfläche aus ins Innere hinein-
führen. In diesen Gängen breiten sich die Salmonellen nun aus. Es
ist dunkel dort, doch die Salmonellen können sowieso nichts
sehen: Die verborgenen Kanäle sind eben weitere Orte, an denen
sie sich paaren und vermehren können.

An dieser Stelle einige Informationen, um die Dinge im richtigen Verhältnis zu sehen. Jede einzelne Salmonelle ist $\frac{1}{4000}$ Zentimeter lang. Das heißt also, daß eine Ansammlung von 900 Bakterien
dieser Art einen Fleck bildet, der noch immer so winzig ist, daß wir
ihn nicht sehen können. Die Salmonellen sind auch nicht die einzigen Mikroorganismen, die auf dem abkühlenden Essen gelandet
sind. Andere Bakterienarten stammen von den Fingern, fallen aus
den Haaren oder aus dem beim Hinunterblicken leicht geschüttel-
ten Bart – die besonders stark gekräuselten Barthaare bieten äußerst gute Schlupfwinkel für die aufgenommenen Bakterien – oder
kommen zusammen mit den anderen fast überall anzutreffenden
umhertreibenden Infektionsquellen an: mit den abgebrochenen In-
sektenhaaren, die überall in der Luft umherschwirren. Von all diesen Quellen können schätzungsweise vierzehn verschiedene Bakterienarten, zu denen dann jeweils einige hunderttausend Individuen
gehören, auf die wartende Mahlzeit gelangen. Diese Vielfalt veranlaßte Louis Pasteur, der als einer der ersten diese Wesen auf dem
Essen entdeckt hatte, dazu, ein Vergrößerungsglas mitzunehmen,
wenn er bei Freunden zum Abendessen eingeladen war, und es
dort herauszuholen, um dann genauer zu untersuchen, was serviert
wurde. Das war natürlich etwas übertrieben von ihm. Denn diese
Bakterienarten sind fast alle harmlos, besonders wenn es sich nur
um eine armselige Ansammlung von »nur« einigen hunderttausend
handelt, die sich ungefähr nach einer halben Stunde in dem abkühlenden Schmorgericht eingefunden haben. Nur wenn das Essen
einige Stunden lang dasteht, wird ihre Zahl unerfreulich hoch; eine
Erklärung für die notorische Abneigung der Mikrobiologen, in
Selbstbedienungsrestaurants oder in einem Schnellimbiß zu essen.

Zu diesem Bestiarium gesellt sich wahrscheinlich noch ein anderes Wesen, wenn sich all dies an einem Sommertag abspielt und das Fenster offensteht. Verglichen mit der Salmonelle, handelt es sich um einen Giganten, der sehr wahrscheinlich sogar einige tausend von diesen Bakterien mit sich herumträgt und sie auf den Küchenfußboden, auf den Tisch, auf andere Einrichtungsgegenstände und auf den Koch befördert, als er darüber hinwegstreicht. Er ist eines der behendesten fliegenden Wesen des ganzen Tierreichs, obwohl er zu den letzten gehört, die diese Fähigkeit entwickelt haben; er folgte dem Käfer (300 Millionen Jahre v. Chr.), dem Flugsaurier (150 Millionen Jahre v. Chr.) und dem Vogel (130 Millionen Jahre v. Chr.) und ging lediglich der Fledermaus voran (15 Millionen Jahre v. Chr.). Dieser Gigant ist mit einem Gyroskop ausgerüstet, besitzt sich schnell öffnende Klammern zum Losmachen der Flügel und ein Fahrgestell, das ihm einen Schleuderstart ermöglicht; außerdem kann er sogar seinen eigenen klopffesten Treibstoff erzeugen. Noch beeindruckender ist, daß dieses Geschöpf, *Musca domestica,* allgemein bekannt als die Große Stubenfliege, mit seinen riesigen, geschwollenen Augen eine Welt sieht, die wir nicht wiedererkennen würden.

Für die Fliege, die dort auf dem Küchentisch hockt, ihre Beine aneinanderreibt, um sie zu säubern, und einiges von dem leckeren, verflüssigten Hundekot, den sie kurz vorher draußen gefressen hat, wieder ausströmen läßt, zeigt die hell erleuchtete Lampe in der Küche ein recht seltsames Verhalten. Eine Zeitlang erhellt die Leuchtstoffröhre die Küche so, wie man es von ihr erwarten würde, doch dann geht sie plötzlich aus, läßt die Küche und alles andere in totaler Finsternis zurück, bis sie nach einer ganzen Weile ebenso plötzlich wieder aufleuchtet. Für den menschlichen Insassen der Küche, der gerade am Essen herumhantiert, findet ein derartiges stroboskopisches Flackern nicht statt. Der Grund dafür ist, daß wir zwei Vorgänge nur dann voneinander unterscheiden können, wenn sie mehr als $\frac{1}{20}$ Sekunde auseinander liegen. Aus dem gleichen Grunde können wir, wenn wir einen Film sehen, eine fortlaufende Bewegung erkennen, obwohl es sich lediglich um eine Aneinanderreihung von Bildern handelt, die etwas schneller als in diesem bedeutsamen $\frac{1}{20}$-Sekunden-Rhythmus projiziert werden. Eine Fliege im Kino würde dieser Täuschung nicht verfallen. Ihr

Nervensystem arbeitet so schnell, daß sie Vorgänge unterscheiden kann, zwischen denen ein Zeitabstand von nur $\frac{1}{200}$ Sekunde liegt. Eine Vorführung des Films mit dem verwegenen Indiana Jones würde dann zu einem langweiligen Diavortrag mit den charakteri-

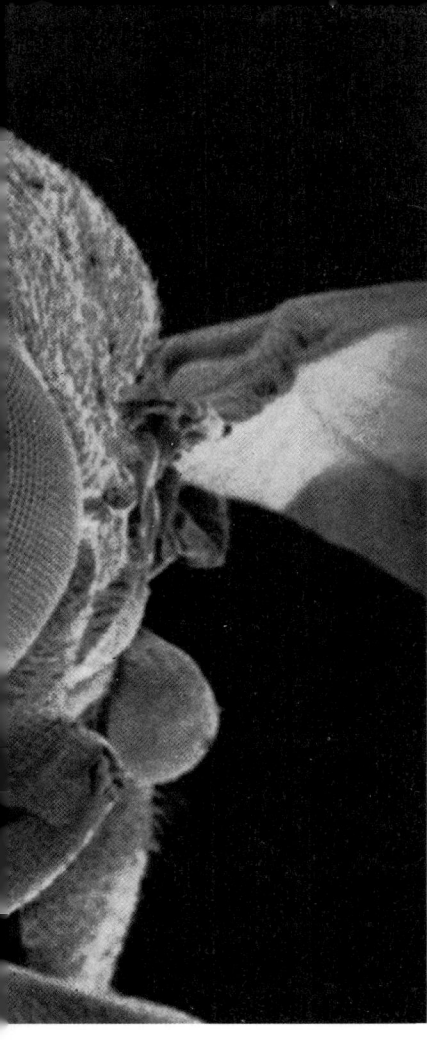

Die Stubenfliege sieht Dinge, die wir
nicht wahrnehmen können. Was so
aussieht wie Scheuklappen, sind tatsächlich ihre Augen, die aus Tausenden von kleinen Linsen zusammengesetzt sind. Jede einzelne Linse
bringt ein separates Bild hervor. Der
kahle Rücken fördert einen gleichmäßigen Flug.

stischen Dunkelphasen werden. Das Licht in unserer Küche geht
ständig an und aus, fünfzigmal pro Sekunde – mit dieser Frequenz
wird der Strom von den Elektrizitätswerken geliefert –, und das ist
der Grund, weshalb die Fliege die geschilderten Hell- und Dunkel-

phasen erlebt. Ungefähr den gleichen Eindruck bekommen wir, wenn wir uns in einer Diskothek befinden, in der die oben angebrachten Strahler ständig an- und ausgehen; manchmal sehen wir die Tanzenden durch das Licht in ihren Bewegungen erstarrt, in merkwürdigen Posen verharrend, und manchmal sehen wir überhaupt nichts. Die Fliege beobachtet in diesem diskoartigen stroboskopischen Flackern nun, wie die Schüssel mit dem fertigen Schmorgericht auf einen freien Platz gestellt wird; seltsame, beunruhigende Bilder; ein verzerrtes Gesicht, das hastige Absetzen der Schüssel, das Pflegen der verbrannten Finger und das Ausstoßen von lautlosen, aber stark spürbaren Flüchen.

Die Fliege würde eine Ewigkeit lang, die Beine aneinanderreibend und sabbernd, auf dem Tisch stehenbleiben und diese surreale Zeitlupenshow weiter beobachten. Doch als der Küchenchef die Fliege auf dem Tisch erblickt, als er sich dazu entschließt, all seine bedrückenden Gefühle darüber, in dieser gräßlichen Küche sein zu müssen, während seine Ehefrau nebenan genüßlich Fernsehen sieht, als er sich also dazu entschließt, seine Schürze, das Symbol der Unterdrückung, herunterzureißen und diese verfluchte Fliege zu vernichten, ändert sich alles. Dann muß die Fliege nämlich verschwinden. Sie tut dies aber nicht sofort; obwohl ihre Augen aus 4000 winzigen Linsen bestehen, reicht ihre Sehkraft nicht aus, um feinere Bewegungsabläufe in einiger Entfernung zu erkennen. Erst als der Mensch sich leise zum Tisch geschlichen, seine Hand gehoben und nun damit begonnen hat, sie mit mörderischer Gewalt herabsausen zu lassen, bekommt die Fliege den ausreichend klaren Eindruck, daß ihre Gegenwart nicht länger erwünscht ist. Trotz ihrer mangelhaften Sehkraft kann sie normalerweise rechtzeitig entwischen, da sie äußerst flink ist. Aber reicht die Schnelligkeit einer Fliege nun wirklich aus, wenn sich die Faust eines Champions bereits auf den Weg gemacht hat?

Eine menschliche Hand, die mit voller Wucht hinabsaust, braucht mindestens $\frac{1}{60}$ Sekunde, um die letzten zehn Zentimeter zurückzulegen – das wäre dann die Geschwindigkeit einer kurzen Geraden von Sugar Ray Leonard in seiner besten Zeit –, wahrscheinlich braucht sie aber $\frac{1}{30}$ Sekunde oder noch länger. Diese Hand sieht die Fliege in dem langsam flackernden Licht der

Leuchtstoffröhre deutlich kommen und bereitet sich nun ohne überstürzte Eile darauf vor, loszufliegen. Ein Jagdflieger, der in seine Maschine steigt, kann mit der Technik, die der einfachen Stubenfliege zur Verfügung steht, nicht mithalten, einer Technik, die auf eine 80 Millionen Jahre lange Entwicklung zurückblicken kann. Zunächst rechnet das Fliegengehirn die Trigonometrie der sich herabbewegenden Hand aus, um genau festzustellen, in welcher Richtung das Überleben gewährleistet ist. Dann erhalten die auf der Außenseite ihres Brustbereichs befindlichen Muskeln die ersten Signale, damit sie sich in der harten, aus einem fiberglasartigen Material bestehenden Platte, das Verbindungsstück zwischen den Flügeln, zusammenziehen. Der Verschlußmechanismus entriegelt sich, so daß die Flügel bereit sind, sich zu bewegen. Nun wird natürlich noch der Treibstoff benötigt, also öffnet die Fliege – noch immer in der Zeit, in der die ungestüme Hand dem Tisch entgegenrast – ihre Treibstoffventile. Nicht Benzin, sondern Zucker strömt in die Muskeln, die die Flügel bewegen, hinein, und große Sauerstoffstöße werden, aus silbernen Luftschläuchen kommend, hinzugepumpt, um das Gemisch zu entzünden. Erst wenn die Luft- und Treibstoffzufuhr stimmt, übt die Fliege einen stärkeren Druck auf ihre Startmuskeln aus. Die Flügel werden ganz nach unten gezogen, und die Fliege befindet sich nun in dem gleichen Zustand wie ein noch stillstehendes Propellerflugzeug, dessen Motor stotternd auf Touren kommt.

Es bleibt keine Zeit mehr für einen fliegenden Start, weshalb die Fliege einfach ihre Beinmuskeln anspannt, sich leicht nach unten drückt und sich dann abstößt, so daß sie sich also selbst nach oben in die Luft katapultiert. Das Geschöpf mit den hervorquellenden Augen steht zunächst leicht in der Luft wie ein Hubschrauber, der über dem Deck eines Flugzeugträgers schwebt, bis seine Flügel schließlich die ausreichende Geschwindigkeit erreichen, um das ganze Gewicht tragen zu können. Dann bewegt sich die Fliege seitwärts, zieht ihr Fahrgestell, also ihre Beine, ein, um den Luftwiderstand zu verringern, beschleunigt schnell nach oben und saust davon. Die herabfallende Hand schlägt krachend auf den Tisch auf, die verbrannten Finger werden erneut übel zugerichtet, und ein fremdartiger Aufschrei bricht aus dem Mund des Menschen hervor. Die Schallwelle holt die Fliege ein (der Schall bewegt sich mit einer Geschwindigkeit von 1200 Stundenkilometern vorwärts, während die Fliege »nur« eine Geschwindigkeit von 40 bis 50 Stundenkilometern erreicht) und schüttelt sie durch wie ein Flugzeug inmitten von Luftturbulenzen, belästigt sie aber ansonsten nicht weiter. Mittlerweile hat die Fliege wahrscheinlich die Nase voll von diesem seltsamen Zimmer, in dem Männer, mit einer Schürze bekleidet und merkwürdige Rufe ausstoßend, in mörderischer Absicht auf sie losgehen. Sie fliegt mit gleichmäßigem Flügelschlag davon und steuert auf das friedliche, geheiligte Wohnzimmer zu.

Die Fliege hat sich also hochkatapultiert, ist entwischt, hat ihren Treibstoffvorrat kontrolliert eingesetzt und ist davongeflogen. Gesummt hat sie aber nicht, und das ist nur recht und billig. Das Summen, das wir von einer Fliege hören, wird von dem Insekt selbst höchstwahrscheinlich überhaupt nicht wahrgenommen. Fliegen bewegen ihre Flügel ungefähr dreihundertmal in der Sekunde auf und ab, und ein Geräusch mit einer Grundfrequenz von 300 Hertz (Schwingungen pro Sekunde) liegt für uns im mittleren Hörbereich. Wir nehmen ein Summen wahr. Doch für die Fliege, die einfache ankommende Sinneseindrücke dieser Art zehnmal schneller als wir verarbeitet, hören sich diese 300 Schwingungen pro Sekunde an, als ob es sich um einen Ton von 30 Hertz handeln würde. Ein Geräusch mit einer Frequenz von 30 Hertz ist nun weit entfernt von einem Klavierton oder dem Klingeln des Telefons. Es befindet sich mehr im unteren Bereich unseres Hörvermögens, zu vergleichen mit den Geräuschen, die wir wahrnehmen, wenn ganz in unserer Nähe schwere Maschinen stampfen und rumpeln.

Wegen ihrer überempfindlichen Sehkraft hat die Fliege das Problem, daß sie die Hälfte ihrer Flugzeit – obwohl die Küchenlampe brennt – *ihrer* Wahrnehmung nach in völliger Dunkelheit verbringen muß. Und wie jeder Pilot weiß, ist es keine leichte Aufgabe, sich während eines Nachtfluges zurechtzufinden. (Im Wohnzimmer löst sich dieses Problem jedoch, da die Glühfäden in den gewöhnlichen Birnen selbst in den Intervallen, in denen kein Strom fließt, hell bleiben.) Mit Hilfe von zwei Kreiselkompassen, die hinter ihren Flügeln hervorstehen, schafft es das umherfliegende Insekt, aus den Nachtphasen der von der Leuchtstoffröhre beschienenen Küche herauszukommen.

Wenn die Fliege, da sie nichts sehen kann, vom Kurs abkommt, ins Taumeln gerät oder ihr einfach schwindlig wird, informieren diese Kompasse das Gehirn, das sogleich eine Kurskorrektur ausgibt und zu den Flugmuskeln schickt. Mit solchen Hilfsmitteln ausgerüstet, kann sie leicht ihre eingeschlagene Richtung beibehalten, und so saust die Fliege ohne Schwierigkeiten direkt ins Wohnzimmer hinein und steigt zur Decke auf, wo sie die eindrucksvollste Leistung ihrer Reise vorführt: Sie landet mit den Beinen nach oben auf der Zimmerdecke.

Wenn dieses Insekt auf dem Rücken fliegen könnte, wäre die Landung auf der Decke ein recht einfaches Unterfangen. Es müßte lediglich seine Beine ausstrecken. Aber die Fliegen verlieren wie auch die meisten Flugzeuge ihren Auftrieb, wenn sie versuchen, sich in Rückenlage durch die Luft zu bewegen, und fliegen dann nicht mehr, sondern fallen. Wie löst eine Fliege dieses Problem nun? Wenn man eine genau beobachtet, sieht man, was sie tut. Die Fliege saust bis knapp unter die Wohnzimmerdecke und hebt ihre beiden Vorderbeine so hoch wie möglich. (Das ist genau die Stellung, die der amerikanische Comic-Held Superman einnimmt, wenn er eine Telefonzelle verläßt und losfliegt; sie ist geradezu ideal für das, was folgt.) Sobald die beiden Vorderbeine der Fliege die Zimmerdecke berühren, zieht das Tier auf luftakrobatische Weise seinen Körper an und läßt ihn unter Ausnutzung des Schwungs an die Decke gleiten. Dieses Manöver bringt sie also in die Rückenlage, ohne daß sie eine ganze Rolle machen muß; ein wirklich bemerkenswertes Ende einer gelungenen Flucht. Von dort aus kann die Fliege vage den ständig hell und dunkel werdenden Bildschirm des Fernsehers wahrnehmen und hofft nun möglicherweise, daß der Mann mit der inzwischen abgelegten Schürze sie hier oben an der Zimmerdecke nicht findet, da er sie sonst wahrscheinlich erneut angreifen würde.

Doch in diesem Haus befindet sich die Fliege in Sicherheit. Niemand sucht nach ihr. Alles ist ruhig, da der Mann und die Frau davongegangen sind, um sich nun selbst auf das Abendessen vorzubereiten.

Der Mann befindet sich jetzt im Schlafzimmer, wo er sich nach der Hose, die er heute abend anziehen will, umsieht, während die Frau im angrenzenden Badezimmer damit beschäftigt ist, eine Masse, die aus verklumpten Schmutzteilchen, Aromastoffmolekülen – die den Kartoffelchips zugesetzt waren –, lebenden Pilzen und anderen unerwünschten Dingen besteht, aus dem großen Geflecht toten Zellmaterials, das von ihrem Kopf herabhängt, herauszuholen. Sie wäscht sich die Haare.

Was sind Haare eigentlich? Abgestorbene Zellen, die in Fadenform aus zahlreichen, auf dem Kopf befindlichen Löchern herauswachsen. (Rothaarige haben ungefähr 170 000 Löcher und ebenso viele Haare auf dem Kopf, Dunkelhaarige 200 000, während die Blonden zahlenmäßig gesehen irgendwo dazwischen liegen.) Damit die Haarröhren gleitfähig sind, wenn sie sich aus den Löchern herausdrücken, werden sie von kleinen, unter der Kopfhaut gelegenen Säcken mit einer Lipidlösung besprizt. Die allgemein gebräuchliche Bezeichnung für diese Lipidlösung ist Fett. Etwas Fett im Haar ist eine gute Sache – unsere Kopfhaut würde fürchterlich jucken, wenn all unsere Haare ohne Schmiere aus den Löchern hervorkämen –, aber zuviel Fett im Haar wird zum Problem. Das flüssige Fett wird kälter, wenn es sich, an den Haaren entlanggleitend, von der wärmenden Kopfhaut entfernt; und beim Abkühlen verfestigt es sich ebenso wie ein Stück geschmolzene Butter, die für eine Weile in den Kühlschrank gestellt wird. Dann hat man kein nützliches, gleitfähig machendes Fett mehr im Haar, sondern fest gewordenes, schmieriges Fett.

Mit dieser Umhüllung werden die Haarsträhnen steifer als gewöhnlich. Streicht man mit der Hand durch sie hindurch, so geben sie nicht mehr leicht nach, sondern schwanken eher etwas hin und her: Das vorher im Wind flatternde Haar ist nun schmierig und

Keine Säulen aus Stuck, sondern Menschenhaare; feste, aus toten Zellen bestehende Röhren, die sich aus zahlreichen auf dem Kopf befindlichen Löchern herausdrücken. **Links:** Ungewaschene Haare. Deutlich sichtbar ist der Belag – bestehend aus Schmutzteilchen, Hautschuppen, Gerüche ausströmenden Molekülen und Pilzen –, der von dem warmen Fett, das an den Haaren entlanggleitet, umschlossen wird. **Rechts:** Gewaschene Haare. Das Shampoo hat all die lästigen, anhaftenden Teilchen entfernt.

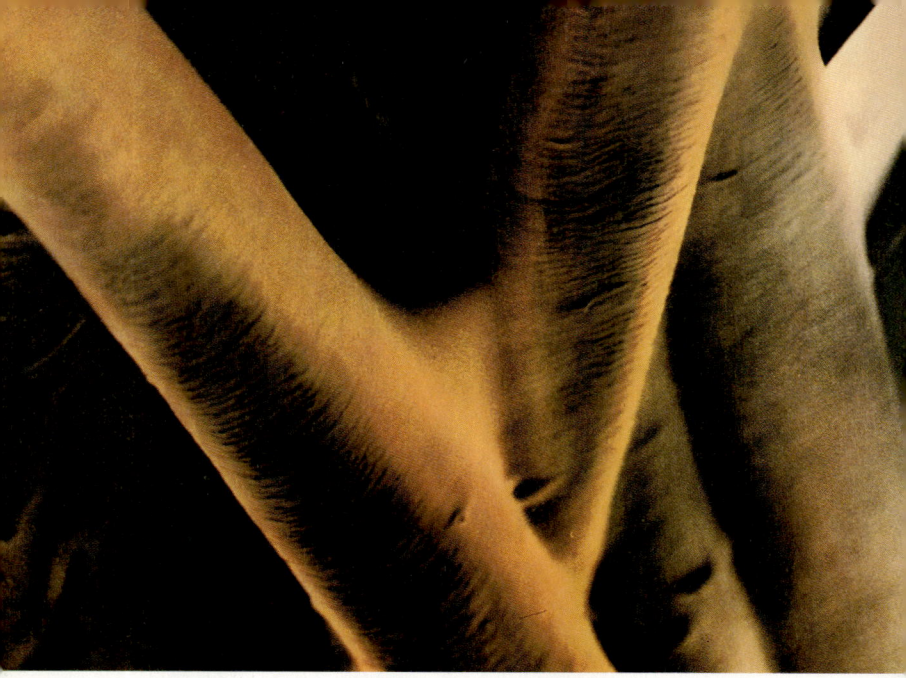

Das Haarspray sorgt dafür, daß die Haare anliegen, indem es sie mit flüssigem Kunststoff überzieht, der dann fest wird und somit eine starre Umhüllung bildet. Nach einiger Zeit zerfällt das Haarspray dann, zerbricht in kleine Stücke und dient den auf der Kopfhaut lebenden Mikroorganismen schließlich als Nahrung.

steif. Das ist unangenehm, doch es gibt noch schlimmere Folgen. Die Fettschicht nimmt nämlich auch all die Dinge auf, die seit dem letzten Waschen in der Luft umherschwirren – den Staub und den Schmutz, die winzigen Bruchstücke von Käfern, die Gerüche ausströmenden Moleküle (diejenigen mit Stickstoff verbundenen, die aus aufgeschnittenen Zwiebeln in die Luft gelangen, bleiben besonders leicht in fettigem Haar haften), die zahlreichen Bestandteile des Zigarettenqualms, Ruß, Textilfaserteilchen, Blütenpollen usw.; all dies und noch einiges mehr wird von der sich verhärtenden natürlichen Schmierschicht eingefangen. Die Gesamtmenge dieser Teilchen ist selbst in einer sauberen Umgebung beunruhigend hoch. Vergleichen wir jedes Haar einmal mit diesem klebrigen Streifen, der bei uns als Fliegenfänger bekannt ist. Wir können

Eine Frau, die mit einem Fön ihre Haare trocknet. Diese Aufnahme ist eine Schlierenfotografie, die hier unterschiedliche Strömungsgeschwindigkeiten der Luft als verschiedenfarbige, ineinander verflochtene Strähnen wiedergibt. Man beachte den direkten Hitzeschub auf der linken Seite.

die Gesamtlänge des Fliegenfängers, der in zahlreichen Einzelheiten von unserem Kopf herabhängt, um vorbeifliegende Teilchen einzufangen, leicht ausrechnen. Für eine Frau mit einer durchschnittlichen Haarlänge von zwanzig Zentimetern bei 90 000 Haaren kommen wir auf eine Gesamtlänge von 1,8 Millionen Zentimeter – das sind also 18 Kilometer. Wenn man sich durch die Atmosphäre bewegt und dabei noch erwartet, sauber zu bleiben, ist dies eine immens lange Strecke. (Selbst bei einem Mann mit kurzem Haar, das bereits ausfällt, kommen noch mehrere hundert Meter zusammen.) Ein oder zwei Tage nach der Haarwäsche sind wahrscheinlich 15 Gramm von den verschiedenen in der Luft herumfliegenden Teilchen auf die Fettschicht, die die Haare einer Frau umgeben, getaumelt und dort hängengeblieben. Nach einem Jahr sind es bereits drei Kilo, das ist schon ein Eimer voll; und nach zwei Jahrzehnten ist das eigene Körpergewicht erreicht, dann haben wir uns mit unseren Haaren einen scheußlich schmutzigen Doppelgänger, der aus unangenehmen Substanzen besteht, eingefangen.

Was tun mit dem ganzen Dreck? Englische Adlige des 17. und 18. Jahrhunderts waren emsig bemüht, sich mit Küchenmehl einzustauben, damit einiges von dem Fett aufgesogen wurde; eine wirkungslose Technik, die heutzutage noch bei den Perücken der englischen Richter angewandt wird. Marie-Antoinette zog eine andere Methode vor. Sie verwendete in Wasser getauchtes Roßhaar, vermischt mit klebrigen Mehlklumpen, um das zu bedecken, was sich auf ihrem Kopf angesammelt hatte, und konnte damit wieder unbesorgt auf dem nächsten Ball erscheinen. (Da für die Frisuren der jungen Marie und ihrer Hofdamen tonnenweise Mehl nach Versailles geschafft werden mußte, brachen vor der großen Revolution in der Umgebung von Paris Aufstände aus, weil es an Brot mangelte.)

Die Haarwäsche mit Shampoo ist eine Verbesserung beider Methoden. Der dabei reichlich anfallende Schaum ist jedoch nicht der Grund dafür: Der Schaum hat mit dem Reinigungsprozeß überhaupt nichts zu tun. Er wird einzig und allein deshalb als Zusatzstoff beigegeben, weil einige Verbraucher kein Shampoo kaufen würden, das nicht schäumt. Die reinigende Wirkung wird vielmehr deshalb erreicht, weil sich in dem Shampoo Waschmittel befindet (das Shampoo besteht zumeist zu 15 Prozent aus normalem Waschmittel), das bis zu dem Schmutz unter der Fettschicht dringt und ihn von den Haaren entfernt. Man kann sich das Waschmittel als einen Taucher vorstellen, der an einem Schiffsrumpf haftende Entenmuscheln ablöst; in diesem Fall ist der Schaum dann mit der nutzlosen Gischt auf der Wasseroberfläche zu vergleichen, die möglicherweise von einem vorbeifahrenden Motorboot erzeugt wird: Die Gischt auf der Oberfläche kann natürlich nicht dazu beitragen, den unter Wasser befindlichen Rumpf zu säubern.

Das Waschmittel reißt auch verhärtete Fettklumpen, die Schmutz eingefangen haben, los, was gut zu sein scheint, in Wirklichkeit jedoch etwas verhängnisvoll ist. Alles, was stark genug ist, um das Fett abzulösen, erweist sich nämlich auch als stark genug, um die Außenschicht der plötzlich entblößten Haare loszureißen.

Es handelt sich um eine bedauernswerte Angelegenheit, wenn die Haare auf diese Weise zugerichtet werden. Normales Haar ist elektrisch neutral; positiv geladene Bereiche gleichen sich mit negativ geladenen Bereichen harmonisch aus. Das Shampoo zeigt seine Wirkung aber lediglich in den positiv geladenen Bereichen; durch das Waschen ist das Haar also aus dem Gleichgewicht gebracht. Es ist nun aufgeladen.

Jedes entblößte Haar hat im Verlauf des Waschvorgangs eine winzige Spannung erzeugt, was in der Gesamtheit zu einer merklichen Aufladung auf dem Kopf führt. Die aufgeladenen Haare stoßen sich nun knisternd ab, sie drehen und wenden sich, um jeden Kontakt untereinander zu vermeiden, als ob sie schmerzbewußte, stachlige Kakteen auf einem Feld wären, die schreckliche Angst davor haben, einander zu berühren, und daher verzweifelt versuchen, genau gerade nach oben zu wachsen. Bürstet oder kämmt man sich direkt nach der Haarwäsche, wird es noch schlimmer, da sich die Aufladung dadurch weiter verstärkt. Das Einreiben mit Hühner- oder Schweinefett würde das Problem lösen, da es ein Ersatz für das ursprüngliche Fett ist, das die empfindlichen, elektrischen Oberflächen des struppigen Waldes voneinander isoliert hat. Aber dieser heimliche Gang in die Küche würde mit starker Mißbilligung aufgenommen werden, ebenso der bereits erwähnte traditionsreiche Einsatz von Mehl.

Wir müssen also zu den beiden anderen Meistern der Haarentelektrifizierung greifen: zum Haarfestiger und zum Haarspray. Beim erstgenannten handelt es sich einfach um ein Gemisch, das positive Ladungen erzeugt, um einen Ausgleich zu den nun schlecht isolierten negativen Ladungen auf dem immer noch nassen Kopf zu schaffen. Es ist schwierig, genau die richtige Mischung zu erhalten, was dazu führt, daß einige der ersten verkauften Haarfestiger bei den Verbraucherinnen sehr schlecht ankamen. Manche dieser Produkte veränderten während der Lagerung nämlich ihre Konsistenz, was zur Folge hatte, daß noch mehr von diesen unerwünschten negativen Ladungen aus der Flasche hervorquollen. Zusammen mit dem bereits negativ aufgeladenen Durcheinander auf dem Kopf ergab sich der spannungsreiche »Frankensteins-Braut-Effekt«. Seitdem haben die Chemiker ihre Kunst überarbei-

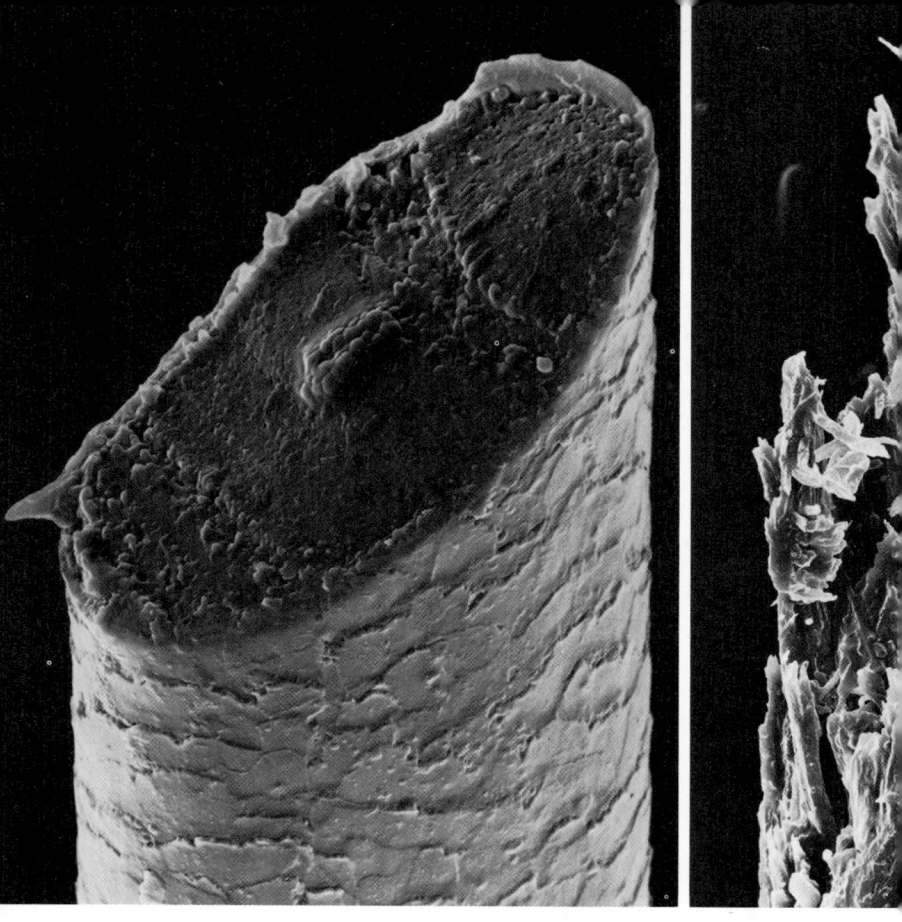

tet und perfektioniert; es ist kaum noch notwendig, aufgrund der Wirkung des Haarfestigers mit einer über den Kopf gezogenen Papiertüte zum Abendessen zu erscheinen. Das Haarspray ignoriert die elektrische Unausgeglichenheit ganz einfach. Es handelt sich nämlich um flüssigen Kunststoff, der sich auf die Haare legt, sie lückenlos umschließt und fest klebenbleibt. Nichts kann mehr hinein- oder herauskommen.

Wenden wir uns wieder dem infolge der quälenden Warterei un-

138

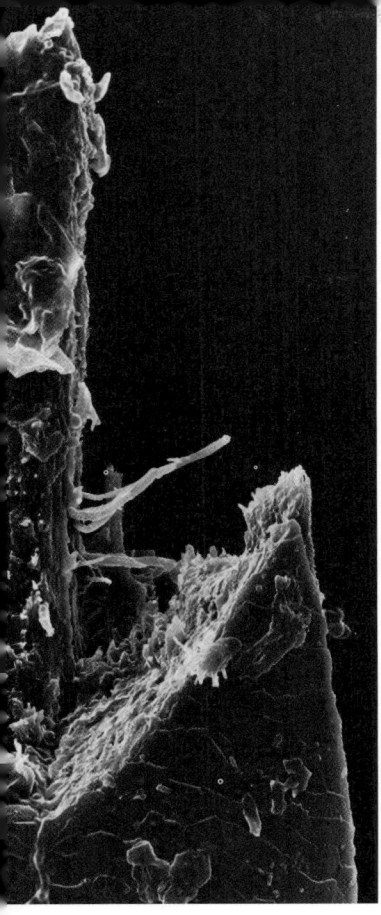

Was wir im Interesse der Produzenten von Elektrorasierern möglichst nicht sehen dürfen. Links: Barthaar, das von einer normalen Rasierklinge durchgeschnitten wurde. Rechts: Ein Barthaar desselben Mannes nach der Benutzung eines elektrischen Rasierapparats.

geduldig gewordenen Mann zu, der nun endlich in das gerade frei gewordene Badezimmer eilen kann, um seinem Reinigungsritual, das noch etwas rigoroser ist, nachzugehen. Doch womit soll er die notwendigen Handlungen durchführen: mit Klingen oder mit dem Elektrorasierer? Das Üble für die Rasierutensilienbranche ist, daß sich die rauhhaarigen Männer weigern, sich für eine der beiden Arten, die hervorsprießenden Stoppeln aus dem Gesicht zu entfernen, zu entscheiden. Die Hälfte der männlichen Bevölkerung

139

der industrialisierten Welt benutzt Klingen und Schaum, doch die andere Hälfte schwört auf den Einsatz des Elektrorasierers und das nachträgliche Auftragen von Rasierwasser. Niemals gelingt es einer Seite, die andere davon zu überzeugen, daß ihre Methode vorteilhafter ist, und so kommt es auch niemals zu der Einheitlichkeit, die das Leben der Hersteller erleichtern würde. Daher müssen die Produzenten in der Herstellung, in der Werbung und im Vertrieb weiterhin diese beiden grundverschiedenen Methoden berücksichtigen. Was die ganze Angelegenheit noch schlimmer macht, ist, daß ungefähr ein Drittel der Männer nicht einmal einer gewählten Rasiertechnik treu bleibt, sondern zwischen beiden Methoden hin und her schwankt, was zur Folge hat, daß die Nachfrage nicht eingeschätzt werden kann, daß die erstellten Marktanalysen unbrauchbar sind und daß die Firmenangestellten, die sich mit diesen Dingen befassen, kurz davor sind, verrückt zu werden. Nur ältere Männer legen ein angenehm starrsinniges Verhalten an den Tag: Nach dem 45. Lebensjahr wird eine der beiden Rasiertechniken bevorzugt, die dann wahrscheinlich für den Rest des Lebens beibehalten wird. Das liegt nicht daran, daß die älteren Männer erfahrener sind, auch nicht daran, daß sie einen magischen Schaum oder den idealen Rasierer gefunden haben; der Grund besteht einfach darin, daß sie angesichts der Tragödie der menschlichen Existenz auf diesem Planeten zynisch geworden sind und nun glauben, daß – ganz gleich, was in den Anzeigen steht, und ganz gleich, welche Technologie man einsetzt – das Weghacken von sehr kurzen Haaren aus dem Gesicht immer eine Verletzung bedeutet.

Und sie haben recht! Wie wir gesehen haben, ist ein Haar eine einfache Röhre, die aus abgestorbenen Zellen besteht. Die langen Haare auf dem Kopf sind bereits vor Wochen oder Monaten gestorben, und selbst die kaum sichtbaren Stoppeln, die sich gerade durch die winzigen Löcher im Kinn zwängen, haben ihren Todeskampf wahrscheinlich schon 15 bis 20 Stunden vor dem Auftauchen hinter sich gebracht. Das Wegrasieren dieser leblosen Röhren sollte ohne Schuld und Furcht vor sich gehen, da es in ihrem Innern keine lebendige Struktur gibt, die einen Schmerz weiterleiten und somit einen Protest auslösen kann. Aber für die lebenden Hautzellen, die das Pech haben, sich genau in dem Bereich zu befinden, in dem die toten Haarröhren hervorquellen, sieht die Sache schon ganz anders aus. Vom mikroskopischen Standpunkt dieser Hautzellen aus sieht die Klinge eines Elektrorasierers, egal, wie scharf sie uns erscheint, wie eine riesige, rostige Metallharke aus. Man kann sie noch so sorgfältig und vorsichtig über die Haut ziehen, auf der Mikroebene schleift sie voran, rutscht oftmals ab, springt hoch und landet wieder auf sehr unsanfte Weise, wobei die davon betroffenen lebenden Hautzellen fürchterlich zugerichtet werden. Und auch wenn die Klinge das gesuchte Barthaar erreicht, ist der Schnitt oftmals mangelhaft – so ganz anders als der Skalpellschnitt, den wir uns vorstellen –, daß das Haar nur eingekerbt und dann so lange nach oben gezerrt wird, bis es losreißt. Mikroskopische Untersuchungen der herumliegenden Überbleibsel des Rasiervorganges haben die traurige Wahrheit enthüllt: Beim Entfernen der kurzen Barthaare werden »große Mengen verschiedener Teile des Epithels« – also der Haut – mit weggerissen. Der Fachbegriff dafür ist »Hauttrauma«; es handelt sich beim Rasieren also um einen Vorgang, der keine lindernde, sondern eine verletzende Wirkung hat.

Die philosophisch Angehauchten können sich vielleicht mit der Tatsache trösten, daß es früher noch viel schlimmer gewesen sein muß. Als Alexander der Große darauf bestand, daß sich seine Soldaten rasieren sollten, damit der Feind sich nicht am Bart festhalten konnte, waren grobe, bronzene Messerklingen oder aber sogar geschliffene Feuersteine das Beste, was die Versorgungsoffiziere für die Erfüllung dieser Forderung auftreiben konnten. Die Bürger im Römischen Reich hatten anscheinend nicht einmal während der Blütezeit Gesichtsöl oder ein ähnliches Gleitmittel gekannt; daher die – wahrscheinlich nicht übertriebene – Wehklage des römischen Dichters Martial über »diese Narben, die zahlreichen, die du auf meinem Kinn erkennen kannst, Narben wie die im Gesicht eines gealterten Faustkämpfers«, Narben, die sogar noch schlimmer waren als die »von einem mit fürchterlichen Klauen ausgestatteten Weib beigebrachten« Male. Als im 15. Jahrhundert der französische König Ludwig XI. das »neumodische Rasiermesser« unter das Volk brachte, um das Rasieren zu erleichtern, dauerte es nicht lange, bis an die Öffentlichkeit kam, daß es auch noch für andere

Zwecke benutzt werden konnte – nämlich zum Durchschneiden der Kehle.

Der Nachkomme dieses aus dem späten Mittelalter stammenden Mordinstruments ist unser heutiger etwas ungefährlicherer Naßrasierer mit den auswechselbaren, rostfreien Klingen. Um das Schlimmste zu verhindern, wird zu Beginn der Naßrasur Schaum auf das Gesicht aufgetragen. Der Rasierschaum würde eine wunderbare Sache sein, wenn er die Fettschicht, die jede Bartstoppel umgibt, mitsamt dem eingeschlossenen Schmutz entfernen könnte. Wenn sich die Rasierklinge nicht auch noch durch diese Schicht kämpfen müßte, wäre es ihr sehr gut möglich, die herauswachsenden Barthaare sauber zu durchtrennen anstatt sie brutal zu zerhakken. Aber der Schaum läßt das Fett nicht verschwinden. (Seife schafft es dagegen, Fett aufzulösen; und die alte, selbst angerührte Naßrasurmixtur besteht tatsächlich fast nur aus Seife.) Rasierschaum enthält bestimmte winzige Teilchen, Aerosole genannt. Daher bekommen die Leute, die für ihre Rasur diese in all den Anzeigen empfohlenen schäumenden Aerosole benutzen, eine große Menge brodelnde Luft (der Schaum), etwas Paraffin und Algenteilchen, damit die Haut beim Rasiervorgang vor dem Schlimmsten bewahrt wird, und außerdem erhalten sie noch Chemikalien, die den Barthaaren vor der Rasur eine kurzzeitige Erektion verleihen, indem sie die im Bereich der Haarwurzeln befindlichen Muskeln *(arrectus pilorum)* anschwellen lassen, so daß die Stoppeln noch um $\frac{1}{30}$ Zentimeter weiter herauskommen und somit leichter gekappt werden können. Der Rasierschaum ist nicht so gut wie Seife, aber dafür billiger in der Herstellung (auch dieses Produkt enthält viel Luft, die ja nichts kostet, außerdem Algen, die ebenfalls recht billig sind) und gewinnbringender im Verkauf. Als weiterer Zusatz muß noch das Haarspray erwähnt werden, das dafür sorgt, daß der Rasierschaum während des Wartens auf dem Kinn seine Konsistenz behält.

Die Nachwirkungen des Rasiervorgangs sind beunruhigend. Zurückgeblieben sind zerrissene, zerfetzte, aufgeschlitzte und herabbaumelnde Haare; das Fett, das friedlich dabeigewesen war, sich zu verhärten, wird in die Luft gewirbelt und überall in die nähere Umgebung verteilt mitsamt den ganzen Schmutz-, Staub- und Insektenteilchen, die sich angesammelt hatten und vom Fett umschlossen worden waren. Auf der Rasierklinge befinden sich nun 100 000 bis 500 000 losgerissene Hautzellenstückchen, und auf dem Gesicht sind – mit bloßem Auge glücklicherweise nicht erkennbar – Krater und Einschnitte entstanden, die sich nun mit langsam hervorquellendem Blut aus den winzigen – für uns wiederum unsichtbaren – Kapillaren füllen.

Dies ist also der Ort der Zerstörung, auf den die After-shave-Lotion aufgetragen wird. Viele Hersteller beschreiben ihr Rasierwasser als spritzig und erfrischend – was eine Untertreibung ist. Fast alle im Handel erhältlichen Rasierwässer bestehen zu 40 bis 60 Prozent aus reinem Äthylalkohol. Man stelle sich vor, wie es sich anfühlen würde, wenn man sich 80prozentigen Rum auf Tausende von kleinen Kratzern schüttet. Beobachtet man nun die lebendige Haut um die Bartstoppeln herum im Augenblick der Alkoholzufuhr durchs Mikroskop, so sieht man deutlich, wie sie zusammenzuckt, sich windet und schüttelt. Dadurch lösen sich einige der nur halb herausgerissenen Barthaare ganz; außerdem – und dafür ist das Rasierwasser da – schließen sich infolge der Schockbehandlung sehr viele der mikroskopisch kleinen Einschnitte. In der Fachsprache nennt man dies eine »adstringierende Wirkung« – der Ausdruck geht auf das im Mittelalter gebräuchliche französische Wort für »festbinden« zurück, und tatsächlich hat er die gleiche griechische Wurzel, nämlich *strangalan* wie unser Wort »strangulieren«. (Die Römer, die nicht unseren billigen, mehr oder weniger reinen Alkohol zur Verfügung hatten, benutzten statt dessen mit Essig durchtränkte Spinnweben.) Dem After-shave muß ein Betäubungsmittel zugesetzt werden, damit das Strangulieren der Mikroeinschnitte erträglich wird. Meistens handelt es sich um konzentriertes Mentholöl, oftmals in Verbindung mit reinem Adrenalin. Diesen Inhaltsstoff kann man einmal durch den Geruch des Menthols ausfindig machen und außerdem durch einen versehentlichen Rasierwasserspritzer, der auf den Lippen plötzlich ein verschwommenes, dumpfes Gefühl der Betäubung hervorruft – die gleiche Empfindung, die wir – natürlich in stärkerem Maße – haben, wenn uns der Zahnarzt eine Spritze verabreicht hat. Außerdem befindet sich noch ein Antiseptikum in der Rasierwasserflasche, damit die auf der Haut befindlichen Bakterien vernichtet werden, bevor sie die Gelegenheit wahrnehmen, in die unzähligen, durch die Rasur entstandenen Löcher zu verschwinden. Noch etwas Farbstoff und etwas Parfüm (ohne Duftstoffe riecht unser After-shave nach hochprozentigem Alkohol und Desinfektionsmittel), dann ist unser Rasierwasser fertig. Nach einigen Stunden haben sich neue Hautschichten unter dem Ort der Verwüstung hochgearbeitet und bedecken nun das Gesicht, nicht ahnend, was kurz vorher geschehen ist.

Während sich der Mann nun im Badezimmer breitmacht und beim Rasieren Grimassen zieht, leichte Verrenkungen macht und ab und zu aufschreit, ist die Frau wieder ins Schlafzimmer zurückgegangen – und dampft. Aber sie dampft nicht etwa, weil sie vor Wut kocht; sie gibt stark riechende Stoffe ab: Der weibliche menschliche Körper, auch wenn er gerade gewaschen worden ist, sendet jede Minute beträchtliche Mengen Ammoniak, Äthylalkohol, Essigsäure, Schwefelwasserstoff (der sich bei verfaulenden Eiern deutlich bemerkbar macht) und vor allem das gefürchtete Merkaptan aus – der durchdringendste Geruchsstoff des Stinktiers. Die meisten dieser Geruchsmoleküle zersetzen sich nach ungefähr fünfzehn Minuten in der Luft, doch es folgen ständig weitere, so daß sich andauernd eine stark riechende Wolke über dem Kopf befindet. Männer dampfen natürlich die gleichen Stoffe aus, doch ihnen ist es eher erlaubt, mit einer derartigen Duftwolke durch die Gegend zu laufen. Die Frauen, die der Theorie nach aus lieblicheren Substanzen bestehen sollen, dürfen dies nicht.

Daher kann nur *ein* Mittel den Tag retten, eine Mixtur, die ihre Ausdünstungen verwandelt, so daß diese nicht mehr, wie es die deutschen Bauern im Mittelalter deutlich nannten, *stinkon,* sondern ein verführerisch duftendes Gemisch ergeben, das, wie verliebte römische Höflinge bemerkten, durch Rauch oder *per fumar* hervorgerufen wurde – unser »Parfüm«. Anfangs, in der Zeit, bevor das regelmäßige Waschen der Kleidung populär wurde, hatte man diese Stoffe mit Apfelsinenduft versehen, um den Kotgeruch zu überdecken. Seitdem sind sie beträchtlich weiterentwickelt und verfeinert worden.

Wenn man etwas Parfüm aufträgt, um den natürlichen Ausdünstungen entgegenzutreten, passieren seltsame Dinge. Das Parfüm in der Flasche besteht zu 98 Prozent aus Wasser und Alkohol, zu 1,99 Prozent aus Fett und zu 0,01 Prozent aus Duftstoffmolekülen. Diese drei Bestandteile sind nicht wahllos miteinander vermischt. Das Fett bildet kleine Klümpchen, die in verschiedenen Tiefen im Wasser umherschwimmen, während sich die Duftstoffmoleküle in kleinere Einheiten aufspalten und sich oben auf die Fettklümpchen setzen. Hebt man nun die Parfümflasche vom Tisch hoch, so werden diese Fettklümpchen auseinandergerissen und die Duftstoffmoleküle ins Wasser geschleudert, aber in der Zeit, in der man den Deckel aufschraubt, bilden sich die Fettklümpchen wieder neu – natürlich vorausgesetzt, man hält die Flasche still –, und die Duftstoffmoleküle setzen sich geschwind erneut auf ihre Ruheplätze wie Seehunde, die wackelnd auf ihren bunten Lieblingswasserball zueilen. Auf unsere Haut aufgetragen, bilden die 98 Prozent Wasser außerordentlich flache Seen. Die Fettkügelchen, die ebenfalls aus der Flasche getaumelt sind, landen auf diesen ungefähr ein tausendstel Zentimeter tiefen Seen und bewegen sich auf der Wasseroberfläche sachte auf und ab. Die winzigen Duftstoffmoleküle, die natürlich überhaupt nicht bemerken, was gerade vor sich geht, ruhen sich einfach weiter auf den Fettbällchen aus.

Bis hierhin könnte man ein derartiges Schauspiel – in größerem Maßstab natürlich – auch in irgendeinem Zirkus beobachten. Doch da die Duftstoffmoleküle und die Fettkügelchen daran interessiert waren, auf einer außerordentlich verkleinerten Mikroebene zu existieren, dauert es nun nicht mehr lange, daß sich extreme Unterschiede zeigen. Stellen wir uns die Duftstoffmoleküle noch einmal als Seehunde vor. Im Zirkus würde der Seehund auf dem Wasserball vielleicht seinen Schwanz in die Höhe strecken oder möglicherweise sogar kurz seinen ganzen Körper hochfedern lassen, aber sicherlich würde er sehr schnell wieder auf dem Wasserball landen. Jedoch bei dem Duftstoff sieht die Sache ganz anders aus. Die kleinen Moleküle, die auf den Fettkügelchen sitzen, lösen sich plötzlich und schweben in einer Höhe, die ein Vielfaches ihrer Körpergröße beträgt, über dem Wasser. Sie sind nicht schwer genug, um wieder herunterzukommen, also bleiben sie oben. Dies allein

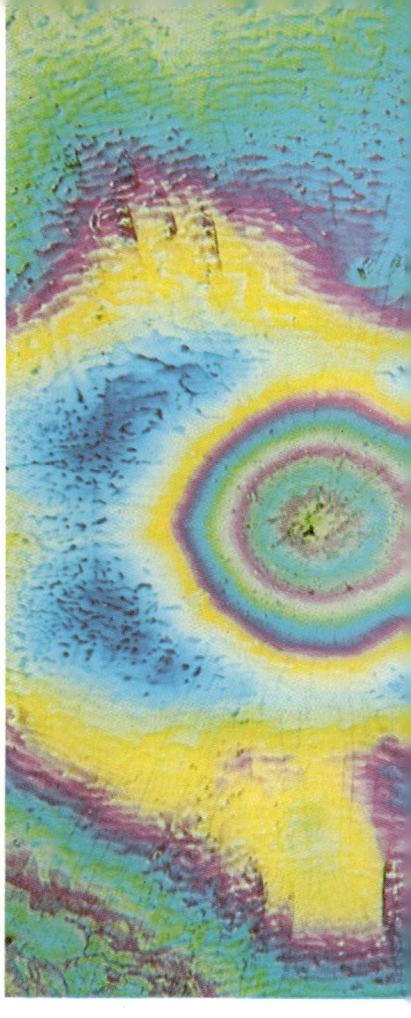

Wunderschön, aber unangenehm. Im polarisierten Licht gemachte Aufnahme, die Indol zeigt, einen der vielen natürlichen, stark riechenden Stoffe, die vom menschlichen Körper freigesetzt werden zusammen mit Ammoniak, Äthylalkohol und Schwefelwasserstoff. Das Indol selbst ist der Kotgeruch.

ist schon recht seltsam, aber es geht noch weiter. Selbst wenn man eine gewöhnliche Zirkus-Robbe dazu bringen könnte, nach oben zu schweben – vielleicht indem man sie vorher mit etwas Helium aufpumpt –, wäre es sehr unwahrscheinlich, daß sie dort oben etwas anderes tun würde, als lediglich etwas hin und her zu schwanken. Aber für die immens kleineren Duftstoffteilchen sieht die Sache

wieder anders aus. In der Größenordnung eines schwebenden Duft-
stoffmoleküls gleicht die Luft in unserem Haus, die für uns unsichtbar ist, einem Gewirbel, das aus großen, umherfliegenden Kügelchen besteht. Diese Kügelchen sind Luftmoleküle, die, von allen
Seiten herbeirasend, so zahlreich und so schnell sind, daß die
schwebenden Duftstoffmoleküle von ihnen immer höher gestoßen

147

werden. Ein schwebender Seehund, der von den verärgerten Zuschauern auf den billigeren Plätzen mit Tausenden von leeren Dosen und Popcornschachteln beworfen wird, könnte vielleicht den gleichen Effekt erleiden, aber die Duftstoffmoleküle werden nicht von Tausenden von heranfliegenden Kügelchen, sondern von vielen Milliarden bombadiert. Der Abflug der Duftstoffteilchen ist in der Tat äußerst schnell, denn jedes einzelne Duftstoffmolekül wird infolge der Zusammenstöße mit einer Geschwindigkeit von über 250 Stundenkilometern vorangetrieben. Genau dies bekommt der Mann dann in die Nase, wenn er tief einatmet, um das Parfüm zu riechen. Das sich auf und ab bewegende Fettkügelchen wird für das Duftstoffmolekül schnell zu einem kleinen Fleck, der gleich darauf schon nicht mehr zu sehen ist.

Wenn sich dem Haus ein Unwetter nähert, befindet sich weniger Luft im Schlafzimmer (das Barometer zeigt dies als Tiefdruck an), was zur Folge hat, daß dem Duftstoff, wenn er seine Reise begonnen hat, der Weg weniger blockiert wird und daß die Fettkügelchen unter ihm noch schneller aus seinem Blickfeld entschwinden. Dieser sich schneller vorwärtsbewegende Duft erreicht die wartenden Nasen dann natürlich auch viel eher. Benutzt man an einem stürmischen Abend Parfüm, so duftet es stärker und wird schneller bemerkt als an einem sonnigen Tag. Auch in höher gelegenen Städten wie Denver oder La Paz, wo der Luftdruck immer niedrig ist, hat Parfüm eine stärkere Wirkung, da es sich schneller ausbreitet. Natürlich sind es die energiereicheren Duftstoffmoleküle – jedes von ihnen besitzt ein bestimmtes Maß an Vibrationsenergie –, die als erste ins Schweben kommen, was bedeutet, daß die nach der ersten Abflugwelle zurückgelassenen Moleküle ruhiger und träger sind. Das könnte aber auch, noch bevor die Abendgäste überhaupt angekommen sind, das Ende der vielversprechenden Duftwirkung des Parfüms bedeuten, wenn man nicht die Vorsorge trifft, diesen Stoff auf die Stellen an den Handgelenken und im Nacken zu verteilen, an denen die Adern dicht an die Oberfläche kommen. Durch diese Adern strömt das Blut mit der Temperatur von 37°C Celsius, was also heißt, daß der darauf aufgetragene Duftstoff durch diese riesigen Heizspiralen kostenlos erhitzt wird. Das Wasser in dem flachen See erwärmt sich, die auf der Oberfläche treibenden Fettkügelchen erwärmen sich ebenfalls, und die trägen, zurückgebliebenen Duftstoffmoleküle, die sich noch immer auf dem Fett ausruhen, werden aus ihrer Lethargie erweckt und bekommen einen Wärmeschub, der sie in den Schwebezustand versetzt, bis sie dann gleich darauf ebenfalls davonsausen.

Ebenso sonderbar verhält sich das Deodorant, mit dem der Mann nun beschäftigt ist, während die Frau ihr Parfüm aufträgt. Deos wirken nicht, indem winzige Partikel in die geöffneten Schweißporen der Achselhöhle gedrückt werden. Das könnte funktionieren, wenn der Schweiß in der Form von Miniaturfontänen aus den Poren unseres Körpers herausschießen würde, doch auf der Mikroebene der Haut stimmen unsere Vorstellungen davon, wie Wasser aus einer Pore heraustritt, etwas als Fontäne oder als Spritzer, nicht mit der Wirklichkeit überein. Für solche gewaltigen Ausbrüche ist alles etwas zu klein. Das entstehende Schwitzwasser kann in seinen unter der Haut befindlichen Kanälen nicht genug Druck aufbauen, um ins Fließen zu kommen. Eine sonderbare Beschränkung, die jedoch recht nützlich ist. Wenn die Schweißabsonderungen aus uns herausströmen würden wie Wasser aus einem Schlauch, dann würden alle unsere Körperteile, die nach unten gerichtet sind, ständig tropfen – Füße, Achselhöhlen, Fingerspitzen und Kinn –, während nur diejenigen, die immer nach oben gerichtet sind – Schultern, Schädel und wenige andere Bereiche –, trocken wären. In Wirklichkeit ist es so, daß der Schweiß nicht herausfließt, sondern herausgezogen wird. Die Schweißperle, die im Innern auf ihren Einsatz wartet, besitzt eine negative elektrische Ladung, und da die Oberfläche der Schweißporen bei Aufregung eine positive Ladung erhält, folgt daraus, daß das Schwitzwasser herausgezogen wird.

Begeben wir uns nun in das Aluminium. Aus dem Deoroller herausgeworfen, landet es auf der Hautoberfläche, die durch den Druck der Auftragswalze gedehnt wird und neue Konturen erhält, und macht dem Prozeß des Schwitzens sofort ein Ende. Die Aluminiumteilchen, der wichtigste Bestandteil eines Deodorants, sind nämlich negativ geladen. Das heißt also, daß die negativ geladene Elektronenwolke, die sie mit sich herumschleppen, die positive Aufladung der Hautoberfläche ausgleicht. Das Aluminium ist wahrscheinlich sogar so stark aufgeladen, daß es den Schweißporenkanal etwas hinunterdrückt und das im Innern wartende negativ geladene Schwitzwasser noch weiter in die Tiefe zurückdrängt. Es knistert und prasselt kurz, dann ist das ganze System kurzgeschlossen und für die nächsten Stunden außer Betrieb gesetzt. Das im Innern festgesetzte Schwitzwasser geht wieder in den Körper über.

Soviel also zum Deodorant. Um die desodorierende Wirkung, die wir erwarten, zu garantieren, wird diesen Mitteln etwas Parfüm beigemischt, den Sprays etwas mehr als den Rollern wegen der allgemeinen Wirkungslosigkeit der Sprays, die Schweißbildung zu unterbinden, da sie nur wenig Aluminium enthalten. Außerdem befindet sich in diesen Mixturen noch eine gute Dosis Insekten- und Bakterienvernichtungsmittel, Chemikalien, die fast identisch sind mit den Giften in unserem Gartenschuppen und die alle weichen, ungepanzerten Geschöpfe, die ihnen in den Weg kommen, töten. Diese Chemikalien sind so säurehaltig wie Zitronensaft. Die verschiedenen Bakterien, die normalerweise unsere Achselhöhlen bewohnen, werden einfach ausgelöscht; ganze Kolonien werden mit dem Gift bedeckt, und die einzelnen Geschöpfe kommen, sich verzweifelt an die Haare der Achselhöhle klammernd, langsam um. Die meisten sterben innerhalb von dreißig Minuten, aber da einige besonders zäh sind, dauert es ungefähr zwei Stunden – das müßte dann also etwa während der Nachtischphase des Abendessens sein –, bis auch die ausdauerndsten und ältesten Achselhöhlenbewohner ihren Kampf aufgeben und tot umfallen. Sind sie aus dem Weg geschafft, so entstehen keine starken Gerüche mehr, denn es sind ihre Ausscheidungen von Ammoniak, die diese Gerüche, die wir durch die Benutzung von derartig mörderischen Mitteln vermeiden wollen, hervorbringen.

Doch nach einiger Zeit sind die Bakterien wieder da. Das eilige Einstreichen mit Deodorant hat alle diejenigen erwischt, die sich direkt auf den Haaren befunden haben, aber nicht diejenigen, die sich listigerweise, an dünnen Schleimfäden festhaltend, von den Haaren herabhängen ließen. Diese vom Schicksal begünstigten

Nadel und Faden. Was so aussieht wie ein Bündel aus Seilen, ist in Wirklichkeit ein dünner Baumwollfaden.

150

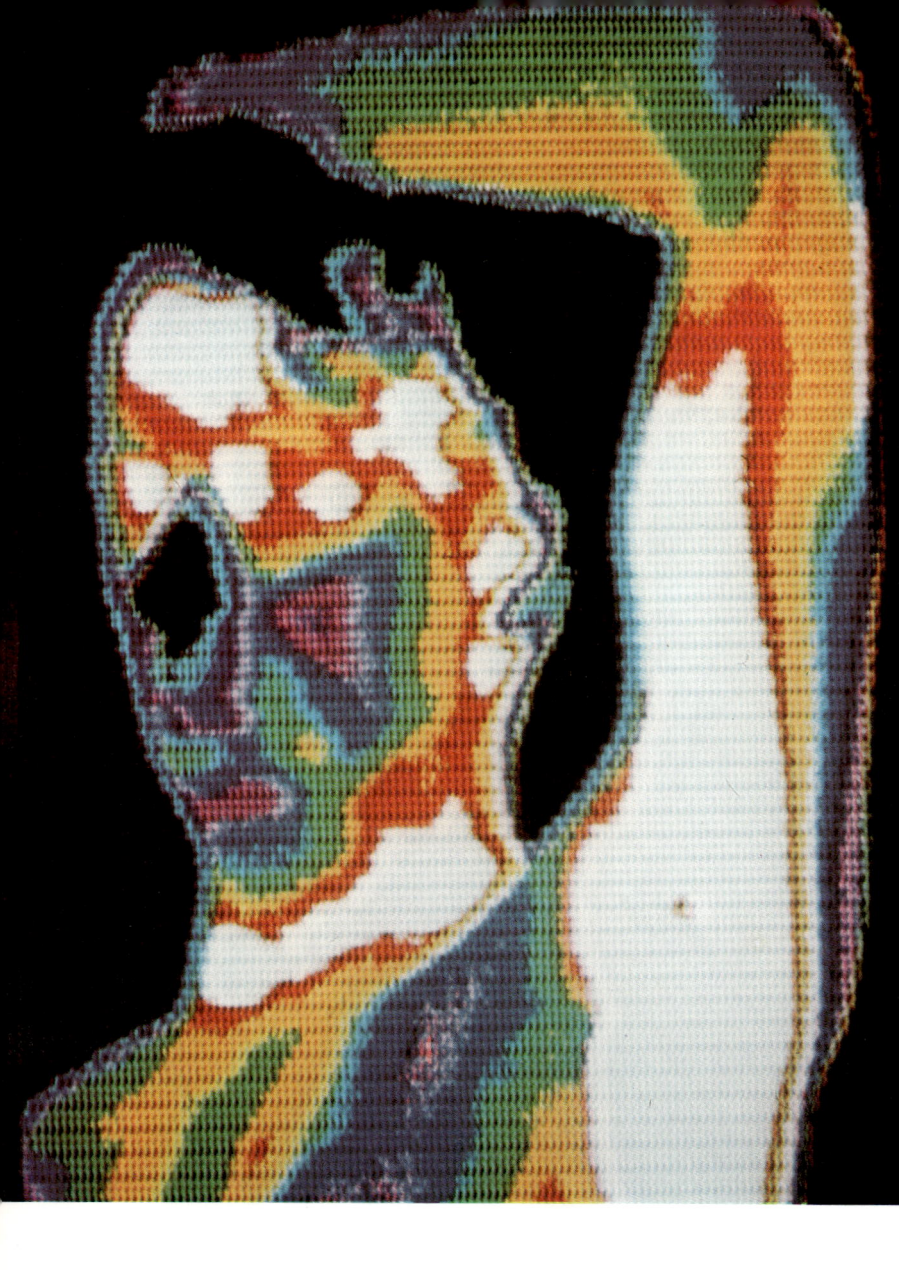

Bakterien entkommen in schwerfälliger Tarzanmanier, indem sie einfach loslassen und auf das Hemd oder auf ein anderes Kleidungsstück unter ihnen fallen. Dort warten sie, bis sich das Gift so gut wie verflüchtigt hat. Und dann, wenn der Hemdträger freundlich genug ist, sich zu recken und zu strecken, werden sie wieder nach oben befördert, wo sie sogleich anfangen, in den Achselhöhlen neue Kolonien aufzubauen. Andere Bakterien, die sich auf dem Boden des Haarwaldes versteckt hatten, kommen nun auch wieder zum Vorschein. Der Mann, der auf die schnelle das Deo benutzt hat, sorgt also selbst dafür, daß er sich wieder infiziert.

Aber selbst wenn er mit dem Deoroller nicht nur einige flüchtige Tupfer ausgeführt, sondern ihn sorgfältig und öfter hin und her gewalzt hätte, wäre dies keine Garantie dafür gewesen, daß in der Achselhöhle von nun an alles ruhig bleibt. In der Tat ist es so, daß ein derartiges chemisches Gemetzel auf den Täter zurückfällt. Das Gift in den Deodorants ist so stark, daß es, wenn es dick aufgetragen wird, nicht nur die an den Haaren herabbaumelnden Bakterien tötet und auch nicht nur diejenigen, die sich, tief im Haarwald verborgen, auf der Hautoberfläche befinden, tötet, sondern sogar in die Haut eindringt wie das im Ersten Weltkrieg eingesetzte Chlorgas, um dort in der Tiefe die sanftmütigen Bakterien, die kein Ammoniak produzieren, aufzuspüren und eine große Anzahl von ihnen zu vernichten. Die Folge ist, daß irgendwo aus dem Innern des Körpers andere Bakterienkolonien auftauchen und sich ausbreiten. Diese Mikroorganismen leben im Normalfall nicht in den Achselhöhlen, sie haben hier auch keine Gegner, durch die sie in Schach gehalten werden können, also vermehren sie sich immer weiter und sondern ebenso wie ihre Vorgänger fröhlich das stark riechende Ammoniak ab, weshalb dann natürlich noch mehr Deodorant als vorher eingesetzt werden muß. Wäscht man sich mit Seife und Wasser, vermeidet man dieses Problem, denn dadurch wird der Bereich zumindest für eine Weile vom Ammoniakgeruch befreit. Aber immer bleiben noch genug nach Tarzanmanier geflüchtete Bakterien übrig, die dann spä-

Thermogramm eines Mannes mit erhobenem Arm. Die Achselhöhlen sind am wärmsten (weiß), von Temperatur und Feuchtigkeit her schon fast tropische Bedingungen – ein idealer Aufenthaltsort für Bakterien.

ter, wenn die schlimmsten Unbilden des Tages vorüber sind, ihre Aufgabe wieder übernehmen können.

Lassen wir den Mann bei seiner Selbstmißhandlung, und wenden wir uns wieder der Frau zu, die parfümiert und für das bevorstehende Abendessen fertig angekleidet ist und sich nun lediglich noch um ein oder zwei dekorative Feinheiten kümmern will.

Um genauer zu verstehen, was Nagellack ist, den die Frau nun ergreift, müssen wir uns etwas intensiver mit dem Mangel an Billardkugeln im Amerika des 19. Jahrhunderts beschäftigen. Es wurde ein Wettbewerb ausgeschrieben, um einen Ersatz für die immer seltener werdenden und teuren Kugeln aus Elfenbein zu finden. Um den ausgesetzten Preis zu gewinnen, präsentierte ein amerikanischer Erfinder, John Wesley Hyatt, seine neue synthetische Substanz, ein Harz auf Nitrozellulosebasis. Dieser Stoff stellte sich jedoch nicht gerade als ideal für Billardkugeln heraus, da er, wenn er einen starken Stoß erhielt, explodierte – in einem später gehaltenen Vortrag berichtete Hyatt, daß er von einem Saloonbesitzer aus Colorado einen Brief erhalten hatte, in dem sich dieser für die neuen Billardkugeln bedankte, aber gleichzeitig bedauerte, daß sie immer, wenn sie etwas härter gegeneinanderstießen, aufblitzten, so daß jeder im Saloon sofort seinen Revolver zog. Doch nach einigen Verbesserungen erwies der neue Stoff sich als gut genug, um die moderne Kunststoffindustrie zu begründen. Die Nitrozellulose findet man heute noch im Nagellack, jedoch mit Wasser verdünnt, so daß es unwahrscheinlich ist, daß sie explodiert, aber ihre Wirkung ist immer noch stark genug, um sich durch die äußeren Fingernagelschichten der Frau zu brennen, so daß sich der feste Belag – in der gewünschten Farbe – bildet.

Was fehlt jetzt noch, um für das feierliche Abendessen gerüstet zu sein? Ein leichter Anflug von Farbe, im Ohr getragen, wäre gut.

Warum ist ein goldener Ohrring eigentlich golden? Einen zinnernen Ohrring würde man als silberweiß bis grau beschreiben, aber nicht als zinnern: einen lackierten Ohrring würde man nach dem Farbton des Lacks – blau oder grün oder wie auch immer – benennen; aber man würde ihn nicht etwa als lackfarben bezeichnen. Nur mit dem Gold (und dem Silber) verhält es sich seltsamerweise so, daß Farbbezeichnungen und Stoffbezeichnungen identisch sind.

Der Grund dafür ist natürlich der, daß Gold eine der sehr wenigen dem Menschen zur Verfügung stehenden Substanzen ist, die sich niemals verändern. Eine Schicht direkt unter seiner Oberfläche, bestehend aus achtzehn Elektronen, bildet eine robuste Barriere, der die korrodierenden Sauerstoffwolken, in denen wir leben, nichts anhaben können, so daß dort kein Rost entsteht. Was einmal Gold gewesen ist, bleibt auch in den nächsten Jahren und Jahrhunderten Gold. Aus dieser Tatsache kann man einige sehr interessante Schlußfolgerungen ziehen. Eine davon ist, daß viel von dem Gold, das wir heutzutage benutzen, in den vorangegangenen Zeitaltern ebenfalls als Gold benutzt worden ist; und nur durch eine außerordentliche lange Kette von Verkäufen, Diebstählen, Einschmelzungen und neuerlichen Schmelzprozessen ist es zu dem goldenen Ohrring geworden, der nun kurz vor der Dinner-Party angelegt wird. Teile von altägyptischem Schmuck, der mehrere tausend Jahre lang Köperteile der verschiedensten Menschen bedeckt hatte, befinden sich möglicherweise in dem Ohrring der Frau; aus südamerikanischen Bergwerken gewonnene Bruchstücke, die in Galeonen über den Atlantik nach Spanien geschafft, in Europa eingetauscht und verkauft worden sind und die Veranlassung für Mord und Totschlag waren, befinden sich vielleicht ebenfalls in dem Ohrring. Die gesamte Weltproduktion an Gold seit dem Beginn der Geschichte würde wahrscheinlich in einen Würfel passen, der eine Seitenlänge von nur fünfzehn Metern hat – das ist alles.

Eine zweite Folge der Unsterblichkeit des Goldes ist, daß in allen Zeitaltern Menschen fühlten, daß dieses Metall irgend etwas Unnatürliches an sich hatte. Den Himmelskörpern ist es erlaubt, unveränderlich zu sein – es ist nichts Überraschendes daran, daß die Sterne, Sonne und Mond Jahr für Jahr immer gleich aussehen –, doch von Gegenständen auf der Erde erwartet man dies nicht. Jede Substanz, die wir berühren können, zerfällt mit der Zeit, rostet, verfault oder verschwindet auf andere Art und Weise. Alles – außer Gold. Es ist die einzige unvergängliche Substanz, die wir jemals berühren werden, und daher sollte sie entsprechend verehrt werden. Das ist die Theorie, und Aristoteles wird es möglicherweise bereut haben, daß er sie aufgestellt hat. Sie basiert auf der Kosmogonie, die 400 Jahre lang nicht weiter beachtet wurde – doch infolge des fortgesetzten Mythos sind die Regierung Südafrikas und Spekulanten auf dem Züricher Goldmarkt sehr reich geworden.

Die besondere goldene Färbung dieses so oft wiederverwendeten Elements ist auf die Tatsache zurückzuführen, daß sich *auf* diesen achtzehn schützenden Elektronen jedes Goldatoms ein weiteres Elektron befindet, ein isolierter Wachtposten, der außerhalb des Schutzbereiches schwebt. Dieses Elektron ist in diesem Gefüge nicht so schwach, daß es durch einen Tritt gegen einen Goldhaufen losgelöst wird, aber es ist so schwach, daß es durch einen auf ihn scheinenden blauen Lichtstrahl wild zu zittern beginnt, wie man es vielleicht von einem einsamen, aufgeschreckten Wächter in der Nacht erwarten kann. Der Zusammenstoß mit dem blauen Licht ist übel für das Elektron, aber nach einiger Zeit (nach wenigen milliardstel Sekunden) erholt es sich und schwebt wieder fest an seinem Platz. Für das blaue Licht, das über dieses Elementarteilchen gestolpert ist, sind die Folgen der Kollision jedoch schlimmer: Für den hin und her flatternden Elektronenwächter verhält sich das Licht wie ein kleines Batteriepaket, denn durch die Schwingungen, die das Elektron ausführt, verbraucht es die ganze Energie, die das Licht mit sich geführt hat. Für den Lichtstrahl bedeutet dies das Ende. Das führt zu seltsamen Phänomenen: Wenn etwa ein diebischer Fotograf den Goldring stehlen und ihn in seine Dunkelkammer, in der nur eine blaue Birne leuchtet, legen sollte, würde alles andere in der Dunkelkammer blau aussehen – seine Hand, die Wannen mit den Chemikalien, die Kaffeetasse aus Plastik –, nur nicht das Gold, das nämlich schwarz aussehen würde. Es braucht das ganze auftreffende blaue Licht wegen dieses fast lächerlich wirkenden Zitterns des Elektrons auf, und somit bleibt nichts mehr übrig, was reflektiert werden kann.

In dem eher normal beleuchteten Schlafzimmer im ersten Stock zeigt die Absorption des blauen Lichts ein anderes Ergebnis. Gewöhnliches weißes Licht setzt sich aus allen Farben zusammen, und wenn es auf den goldenen Ohrring trifft, wird jede einzelne Farbe reflektiert – bis auf das unglückliche Blau. Jeder Kunststudent kann bestätigen, daß Weiß minus dem richtigen Grad an Blau einen goldenen Farbton ergibt. Genau das aber ist die Farbe des reflektierten Lichts, die wir sehen.

Noch ein letzter, flüchtiger Blick in den Spiegel, dann ist die Frau bereit, nach unten zu gehen. Für die Betrachter ist ein Spiegelbild oftmals der Grund überraschender Verwunderung, worauf die Wurzel des englischen Wortes für Spiegel (»mirror«), nämlich das lateinische Wort *mirari* (sich wundern über), auch hinweist. Aber durch die Zeitalter hindurch ist ein Blick in den Spiegel für Zauberinnen, Narren und weise Männer immer eine gute Gelegenheit gewesen, eine Frage zu stellen und somit ein Rätsel zu lösen. Diese Tradition ist viel zu bedeutend, um hier nicht erwähnt zu werden, zumal wir uns gerade mit der neuesten Ausprägung des Orakels, der Weissagung, beschäftigen: nämlich mit der Wissenschaft. Lassen wir die Betrachterin nun bemerken, daß ihre rechte und ihre linke Seite vertauscht zu sein scheinen, wenn sie in dieses trügerische Glas hineinblickt. Die Frage ist: Warum werden nicht auch Ober- und Unterseite vertauscht, so daß es aussieht, als ob sie mit dem Kopf nach unten vor dem Spiegel hängt, während die goldenen Ohrringe nach oben baumeln?

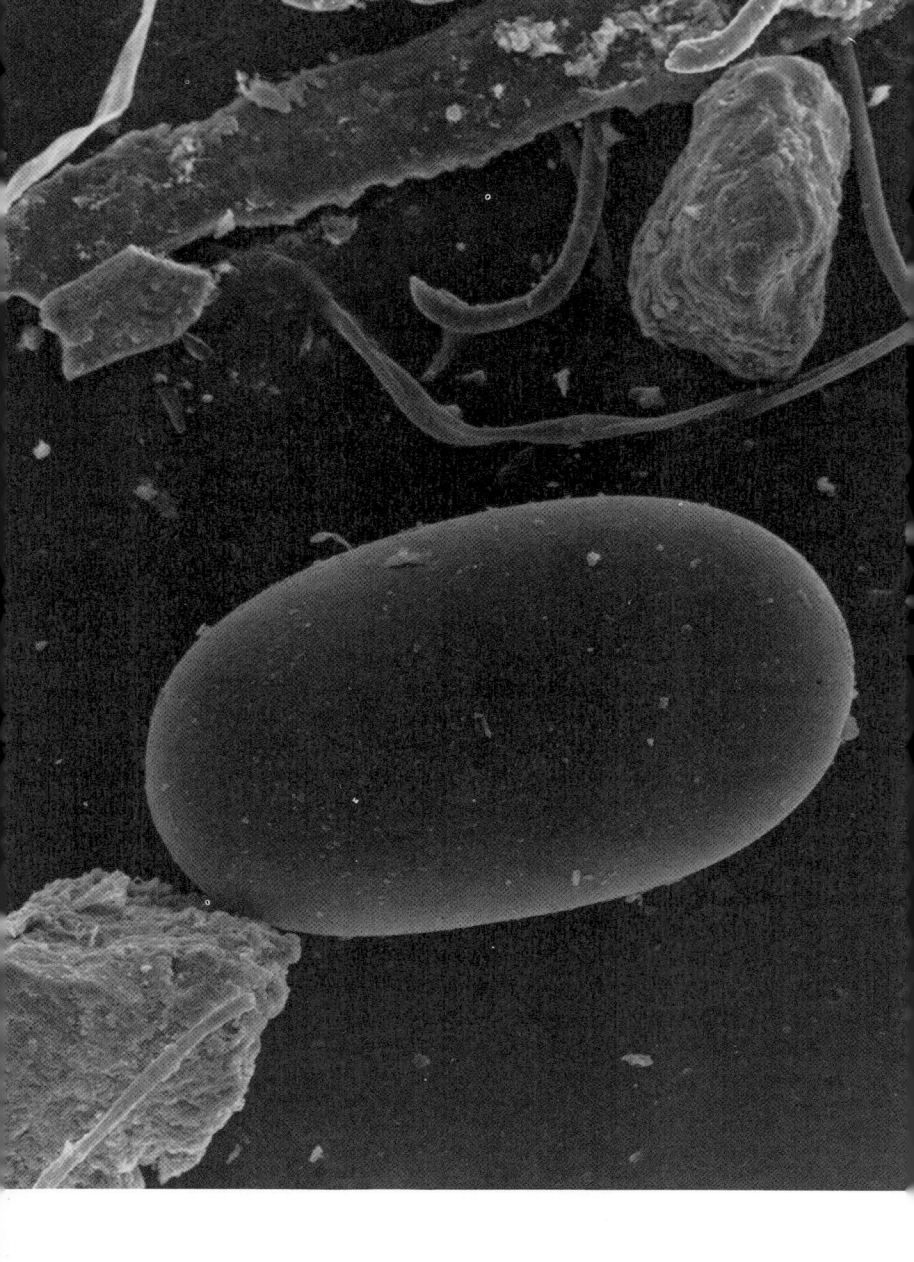

4. Kapitel
Ein Abend mit Gästen

Nach dem Ankleiden werden die letzten noch zu verrichtenden Aufgaben verteilt. Jemand muß noch schnell staubsaugen, und der Tisch muß gedeckt werden. Aber es ist ja klar, daß eine Person, die goldene Ohrringe trägt, jetzt nicht staubsaugen kann, oder?

Man selbst hält es nicht für allzu schlimm, wenn der Fußboden einmal etwas schmutziger ist, doch Gäste können manchmal überraschend pedantisch sein. Ein recht gebildeter Mensch reiste einmal vom europäischen Festland nach England und stattete dort einigen Freunden, die der Oberschicht angehörten, einen scheinbar gelungenen und angenehmen Besuch ab, doch alles, was er über sie und seinen Besuch in einem später abgefaßten Brief zu sagen hatte, war, daß »was die Fußböden anbetrifft, die untere Schicht manchmal zwanzig Jahre unverändert blieb, bestehend aus Speichel, Erbrochenem, dem Urin von Hunden und Menschen, Bier, Fischresten und unzähligen anderen Unreinheiten«. Das war im Jahre 1530 geschrieben worden, und zwar vom empfindsamen Erasmus von Rotterdam; seitdem hat sich nun einiges geändert, doch es gibt immer noch vieles, worüber man schreiben kann.

Wie wir bereits gesehen haben, schwebt in unseren Zimmern ständig ein ganzes Arsenal seltsamer Dinge in der Luft umher, pro Kubikzentimeter ungefähr 100 000 Partikel, die von den umherfliegenden Luftmolekülen hochgehalten und bewegt werden. Es handelt sich um Fragmente von Asbestfasern, um die winzigen Gliedmaßen von Insekten, den geschmolzenen Abrieb der Reifen, glänzende Kadmiumklümpchen, Meersalz, Hautschuppen, Sand vom Äquator und um all die anderen Dinge, die wir mit bemerkens-

Staub: Die unregelmäßig geformten Brocken sind winzige Bruchstücke von Ziegelsteinen oder vom Bürgersteig; die Stricke sind vom Kopfkissen oder von der Kleidung abgerissene Fragmente synthetischer oder natürlicher Fasern, und in der Mitte befindet sich das Ei eines Katzenflohs.

werter Unbekümmertheit einfach unter dem Begriff »Staub« zusammenfassen. Diese Partikel brauchen Stunden, manchmal sogar Wochen, um ganz hinabzusinken, aber wegen der ständig auf sie wirkenden Schwerkraft müssen sie fallen und schließlich irgendwo landen, ein immerwährender Regen im Hause, der auf unsere Köpfe, Tische, Stühle, Bücher, Stehlampen, Sessel, Stereoanlagen, Kleidung, Schuhe und natürlich auf die größte Oberfläche in unseren Räumen, den Fußboden niedergeht.

Um diese Trümmerteilchen aufzusammeln, sind viele Apparate erfunden worden, wovon jedoch die wenigsten wirklich effektiv waren. Jahrhundertelang war der Besen dafür am geeignetsten, der nicht etwa, wie viele Leute denken, einfach nur funktioniert, indem er Schmutz und Staub vor sich her schiebt, sondern auch, indem er hinter jeder Borste ein teilweises Vakuum entstehen läßt und so den angesaugten Staub vorwärtsbewegt. (Auf dem Mond würden die Besen wegen der extrem dünnen Luft nicht gerade gut funktionieren.) Anstatt sich auf die Verwendung von möglichst vielen Borsten zu beschränken, wäre der nächste logische Schritt gewesen, sich auf die Ansaugwirkung zu konzentrieren, doch solange jeder der irreführenden Meinung war, daß es sich bei dem Besen um ein den Schmutz voran*schiebendes* Gerät handelte, konnte der nächste logische Schritt nicht vollzogen werden. Die Idee des effektiveren Fegens durch die gezielte Ausnutzung der Saugwirkung mußte warten, bis jemand auftauchte, der erkannte, daß Schieben und Ansaugen nur zwei verschiedene Aspekte des gleichen Bewegungsablaufs waren. Aber wie wahrscheinlich war es nun, bis dieser jemand auftauchte?

Selten haben die Schicksalsgöttinnen ein gelungeneres Zusammentreffen von Menschen und Situationen herbeigeführt als an einem wundersamen Nachmittag des Jahres 1901 in dem Londoner Bahnhofshotel St. Pancras. Dort wurde der neueste amerikanische Apparat für das Reinigen von Eisenbahnwagen vorgeführt, und einer der Zeugen war ein gewisser H. Cecil Booth, ein Fachmann auf dem Gebiet der Konstruktion von Riesenrädern. (Das große im Wiener Prater, das auch im Film »Der dritte Mann« zu sehen ist, hat er gebaut.) Das vorgeführte Reinigungsgerät aus Amerika gehörte ebenfalls zu den zahlreichen äußerst uneffektiven Apparaten dieser Zeit – es handelte sich um einen Druckluftgenerator, der angeblich Staub beseitigen sollte, indem er ihn wegpustete –, aber als Herr Booth das Gerät beobachtete, während es in Betrieb war, geschah etwas Bedeutsames. Aus den Unterlagen der Firma, die er dann später gründete, geht hervor, daß er sofort die Idee gehabt hatte, ein derartiger Generator könnte auch rückwärts laufen, so daß dieser die Luft nicht hinausblies, sondern ansaugte. Booth kehrte eilig in sein Büro zurück, kniete sich auf den Fußboden hin, hielt seine leicht geöffneten Lippen dicht über den Teppich und sog dann heftig ein. Daraufhin fiel er, seinen Mund voller Staub, würgend und keuchend nach hinten, war aber geradezu ekstatisch darüber, daß seine Idee funktionierte. Der erste Staubsauger der Welt stand kurz vor seiner Geburt.

Zunächst war es sehr schwierig, ein tragbares Gerät, das nach diesem Prinzip arbeitete, herzustellen. Die ersten Staubsauger glichen kleinen Panzern. Sie paßten nicht durch die Haustüren und mußten daher von Pferden die Straße entlanggezogen werden, während die Arbeiter, die kurz vorher noch mit Riesenrädern zu tun gehabt hatten und nun die ansprechende Dienstkleidung des »Reinigungsservice« trugen, nebenhergingen, bereit, den langen Ansaugschlauch durch das Fenster zu bugsieren, falls irgendeine Hausfrau verwegen genug war, dieses neueste Produkt des Fortschritts auszuprobieren. Schnell wurden neue Modelle entworfen, patentiert und schon bald wieder vergessen, da man sie durch noch neuere Entwürfe ersetzte. Im Sommer 1902, nach einem Jahr konzentrierter Arbeit, erhielt Booth die höchste Auszeichnung, die ein Erfinder während der Regierungszeit Eduards VII. bekommen konnte. Der Herrscher sollte nämlich in der Westminster Abbey gekrönt werden, und H. Cecil Booth wurde beauftragt, die Kirche vor diesem ehrwürdigen Anlaß mit seiner Staubsaugmaschine zu reinigen.

Wenn man den eigenen dröhnenden Staubsauger den Fußboden entlangzieht, um schnell noch einmal alles in Ordnung zu bringen, bevor die Gäste eintreffen, geschehen einige beunruhigende Dinge. Erinnern wir uns zunächst einmal an die friedlich fressenden Staubmilben, denen wir anfangs begegnet sind, diese Geschöpfe, die so winzig sind, daß wir sie mit bloßem Auge nicht mehr sehen können, die äußerst friedfertig in unseren Teppichen und in unserem Bett leben und sich von den Hautschuppen, die zusammen mit den anderen Staubpartikeln herunterschweben, ernähren. Ihrem Größenverhältnis nach gleichen die Teppichfasern riesigen Bäumen. Am Tag verkriechen sich die Milben wie im Wald lebende Ureinwohner rund um die unteren Enden dieser Teppichfaserbäume. Wenn sich der Staubsauger nähert, reichen einige Ausläufer des Niederdrucksogs bis nach unten. Für die Milben, die genau in den Wirkungsbereich geraten, scheint es sich um einen Wirbelsturm aus heiterem Himmel zu handeln. Die vorher stabil erschienenen Faserbäume werden geschüttelt und biegen sich; die durch den Sog hervorgerufene äußerst starke Luftströmung zieht den aufwirbelnden Staub und Teppichfragmente, die trockenen Blättern gleichen, nach oben in den Himmel der Miniaturwelt hinein. Da das Dröhnen nicht nachläßt und der Staubsauger direkt über den Milben vor- und zurückbewegt wird, nimmt die Stärke der Wirbelstürme am Boden immer mehr zu. Nicht nur die Staubkörnchen werden nach oben gezerrt, nicht nur die losgerissenen Teppichfragmente und andere Bruchstücke verschwinden nach oben, sondern auch die Milben beginnen nun gruppenweise hochgezogen zu werden. Zunächst fangen lediglich die aufgestapelten Haufen der vertrockneten Urgroßeltern an, sich leicht zu bewegen, schaukeln hin und her, bis sie, von dem starken Sog vollends erfaßt, langsam aufsteigen, da die Köperhüllen zu leicht sind, um der Luftströmung zu widerstehen. Aber dann werden auch die kleinsten der Milbenkinder ergrifffen: ihre acht Beine versuchen verzweifelt, am Boden zu bleiben, doch die Saugkraft ist zu groß, die Milbenkinder wiegen nicht viel, die Füße lösen sich, ein Fuß nach dem anderen, und die jungen Geschöpfe werden hinaufbefördert, und auch sie geraten in dem schweren Unwetter schnell aus dem Blickfeld.

Für uns hört sich dies schrecklich an – wir sind eben keine Milben. Die Milbenkinder, die in den Staubsauger hineingesaust sind, überleben ihren rasend schnellen Aufstieg, ohne irgendwelche Schäden davonzutragen. Bei ihren in der Luft vollführten Drehungen und Wendungen geschieht ihnen nichts, und bei der Landung im Staubsaugerbeutel wird ihr Aufprall von den riesigen Staub-

Eine friedlich fressende Milbe in einem gefüllten Staubsaugerbeutel.

mengen, die sich bereits dort befinden, perfekt abgedämpft. Und
darüber hinaus handelt es sich nicht um gewöhnlichen, durchschnittlichen, Niesreiz hervorrufenden, lästigen Staub. Dieser
Staub, im Haus aufgesammelt, enthält fürchterlich viele menschliche Hautschuppen, und Hautschuppen sind, wie wir uns erinnern,
das Leibgericht dieser Milben. Sie sind also im siebten Milbenhim-
mel gelandet. Ihre Köpfe nach unten gesenkt, fangen die versam-
melten Wirbelsturmopfer sofort an zu fressen. Das fortdauernde
Staubsaugen bringt ständig neue Nahrung hinein. Asbest, Chrom-
kügelchen und andere Bestandteile des Hausstaubs, die in den
Staubsaugerbeutel hineingezerrt worden sind, lassen einen leichten
Hagel entstehen, doch diese festeren Teilchen sind kleiner als die
Milben ($5/1000$ Millimeter im Durchmesser, während die Milben eine

Länge von mindestens $^{40}/_{1000}$ Millimeter erreichen). Außerdem sind alle Milben ähnlich wie die Schildkröten mit gepanzerten Platten ausgerüstet, die sie einige Minuten lang zum Schutz ihres Körpers zusammenziehen können, bis der Staubsauger ausgestellt wird und Ruhe in dem Beutel einkehrt.

Wenn die eingefangenen Milbenkinder ihre Geschlechtsreife erreicht haben – ungefähr nach einer halben Woche –, hören sie ab und zu kurzzeitig mit dem Fressen auf, um sich zu paaren, und schon bald ist eine neue Milbengeneration entstanden, die sogleich an der ungestörten Nahrungsaufnahme teilnimmt. Nach einigen Wochen erinnern sich lediglich noch einige ergraute Senioren an die Zeit vor der »großen Himmelfahrt«; für die anderen ist das Leben in einem Staubsaugerbeutel das einzige, das sie kennen. (Staubsauger bieten eine derart gute Möglichkeit, diese Milben einzusammeln, und in dem Beutel dieser Geräte herrschen derart gute Bedingungen, um noch mehr davon aufzuziehen, daß die Forscher bei sich zur Hause nur etwas staubsaugen brauchen, wenn sie die Milbenvorräte in ihrem Labor auffrischen müssen.)

Einige Male später, wenn es an der Zeit ist, den vollen Beutel in der Küche auszuleeren, werden beim leichtesten Danebenschütten von Staub einige dieser Milben wieder in die Luft gewirbelt. Viele landen dann auf dem Küchenboden, ein Terrain, das ihnen völlig fremd ist, aber einige werden von den mächtigen Luftströmungen im Haus ergriffen und im Laufe der Stunde, die sie benötigen, um wieder auf den Fußboden hinabzuschweben, zurück ins Wohnzimmer befördert. Dort beenden die aus dem Exil wiederkehrenden Milben ihren Abstieg allmählich, senken sich hinab, immer weiter hinab, genau dem Teppichwald entgegen, von dem aus ihre Vorfahren gestartet waren, was jedoch schon viele, viele Generationen zurückliegt.

Beim Staubsaugen ist noch eine andere recht seltsame Sache zu beobachten. Da die modernen Staubsauger einen außerordentlich starken Unterdruck erzeugen, ist ihre Saugkraft so groß, daß die Luft und der Staub eine schwindelerregende Geschwindigkeit erreichen. (Die heute gebräuchlichen Staubsauger erzeugen einen niedrigen Luftdruck, dem man ab 7500 Meter Höhe begegnen kann. Wenn in dieser Höhe ein Riß in der Druckkabine eines Flug-

zeugs entstehen sollte, würde eine nicht angeschnallte Person sofort nach draußen gesogen werden, wie das unerfreuliche Ende des
James-Bond-Films »Goldfinger« deutlich demonstriert.) Sehr viele
Staubteilchen werden derart stark angesogen, daß sie, ohne merk-
lich langsamer zu werden, gegen die Rückwand des Beutels prallen. Und genau das ist ein Problem. Meistens bestehen die Staubsaugerbeutel aus festem, wachshaltigem Papier, dessen Fasern ein
gitterartiges Netzwerk bilden. Die von den Gitterstäben gebildeten
Öffnungen haben einen Durchmesser von $^5/_{1000}$ Millimeter, was für
uns verschwindend klein ist, und selbst die Milben sind noch zu
groß, um dort hindurchzupassen. Doch für viele der anderen
Staubpartikel, die so abrupt in den Beutel hineingezogen werden,
bietet sich hier ein einladender Ausgang. Vieles von dem, was
vorne durch das Rohr und durch den Schlauch des Staubsaugers
gezerrt und in den Beutel hineinbefördert wird, schießt hinten wieder heraus. Darunter befindet sich sogar ein indirekter Beitrag von
den Milben, die persönlich nicht durch diese Öffnungen hindurch-
passen: ihre vertrockneten Kotkügelchen, die in enormen Mengen
in den Staubsauger hineingesogen werden und ebenfalls durch
diese Löcher wieder herausfliegen. Die Person, die den Staubsauger hin und her schiebt, wird jede Minute mit Millionen von
extrem schnellen Staubteilchen und Milbenkotkügelchen bombardiert. Es handelt sich dabei nicht um einen gleichmäßigen Hagel,
sondern um eine Serie gewaltiger Schüsse, als ob eine Flotte von
Miniaturwindjammern ihre unzähligen Kanonen, die mit hartem
Milbenkot und Staubteilchen geladen sind, durch ein riesiges Netz
(der Staubsaugerbeutel) hindurch abfeuert. All das, was vorher auf
dem Fußboden gelegen hat und klein genug ist, befindet sich nun in
der Luft, tadellos im ganzen Raum verteilt; einiges davon ist bis
zur Decke hochgeschleudert worden und senkt sich nun im Zeitlupentempo wieder nach unten. Ein wissenschaftlicher Mitarbeiter
von Porton Down – Großbritanniens alter, streng geheimer For-
schungs- und Produktionsanlage für biologische und chemische
Kampfstoffe – bemerkte dazu, daß unser Staubsauger »einer der
besten Aerosol- und Stauberzeuger ist, die dem Menschen bekannt
sind«.

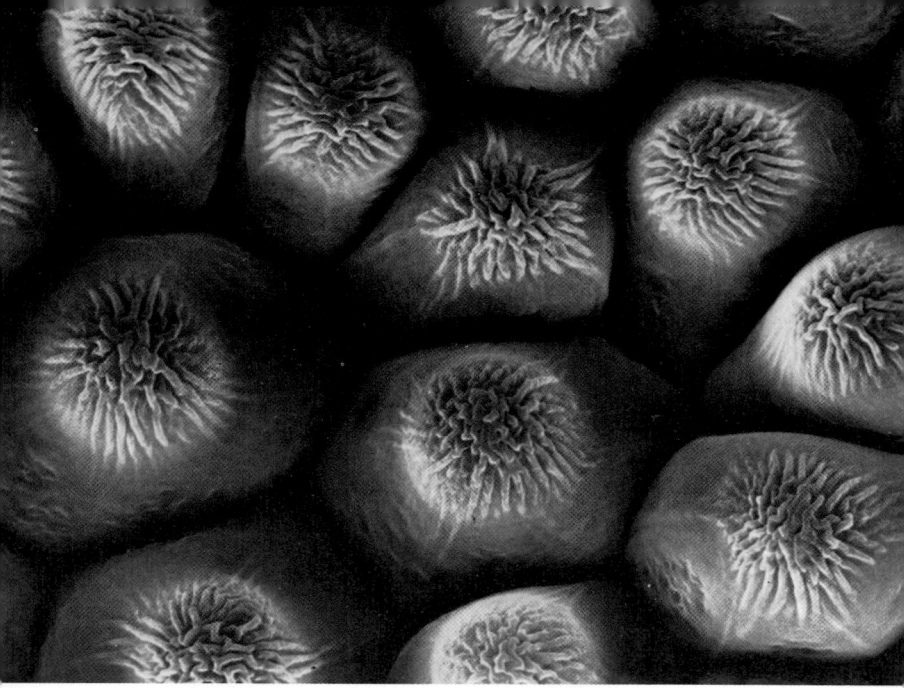

Makrofotografie von der Oberfläche eines Rosenblütenblatts. Die Hügel, die aussehen wie mit Wasser gefüllte Ballons, pressen sich aneinander und geben dem Blütenblatt dadurch seine charakteristische Weichheit. Die Oberschicht bildet diese Runzeln, um Wasser zu speichern; außerdem enthält sie eine Chemikalie, die der Rosenblüte ihre Farbe verleiht.

In dem anderen Zimmer, sicher vor der Bombardierung, die der staubsaugende Mann ertragen muß, beginnt die Frau nun eilig mit ihrer Aufgabe, den Tisch zu decken. Zunächst muß die Tischplatte abgewischt werden, um Staub und Krümel zu entfernen, außerdem müssen noch die Marmeladenflecken, die eingetrockneten Ringe von den Kaffeetassen und andere Lebenszeichen, die sich seit der letzten Benutzung angesammelt haben, beseitigt werden. Danach wird das Tischtuch ausgebreitet und geradegezogen, dann müssen die Teller vom Küchenschrank aus hinübertransportiert werden, dann die Gabeln, die Messer und die Löffel und die Servierplatten und die Gläser – nein, halt, die Dessertlöffel fehlen noch, sie müssen erst auf den Tisch gelegt werden, *dann* kommen die Gläser dran. Jetzt aber schnell im Laufschritt, denn alles muß fertig sein, wenn die Gäste eintreffen, es wäre furchtbar, auf frischer Tat ertappt zu werden, bloßgestellt zu werden, wenn man sich nicht entspannt, lässig-elegant und gelöst zeigt.

Doch es ist zuviel verlangt. Die zugreifenden Finger der Frau sind bereits naß vom Schwamm, und infolge des zusätzlichen Feuchtigkeitsfilms, hervorgerufen durch das eifrige, besorgte Bestreben, alles rechtzeitig zu schaffen, können sie ihre Aufgabe nicht mehr bewältigen. Als das letzte Glas getragen wird, droht es ihnen zu entgleiten. Das Glas schwankt, bewegt sich leicht, gerät ins Rutschen, und schließlich, obwohl die Frau noch versucht, der Anziehungskraft entgegenzuwirken, löst es sich aus dem verzweifelten Griff, verharrt einen schrecklichen Moment lang ruhig in der Luft und stürzt dann nach unten, dem unnachgiebigen Fußboden entgegen.

Warum das Glas sich so verhält, ist eine sehr knifflige Angelegenheit. Im Mittelalter vertrat man die Auffassung, daß sich das Glas deshalb so verhält, weil sein natürlicher Platz der Boden ist, aus dem es gekommen war. Doch diese Ansicht mußte fallengelassen werden, als einige Leute die Frage stellten, wo denn ein Trinkglas sein Gedächtnis verborgen hielt, mit dem es sich daran erinnern konnte, wo es erschaffen worden war. In der Tat, wenn ein losgelassenes Glas zu seinem Ursprungsort zurückkehren wollte, so dürfte es nicht einfach hinunterfallen, sondern müßte horizontal davonfliegen, um zu der Glasfabrik zu gelangen, in der es entstanden war. Dies wäre die logische Folge, die aber selten zu beobachten ist.

Die Bemühungen, diese mittelalterliche, neuaristotelische Idee zu verbessern, sind, wie sich herausstellte, die vielleicht stärkste Antriebskraft für die theoretische Physik gewesen. Die gegenwärtige Erklärung dieser Angelegenheit ist nun, daß es sich bei dem leeren Raum in unserem Haus nicht um eine Art gleichmäßigen, uninteressanten Hintergrund handelt, wie wir es uns immer vorstellen. Vielmehr ist er eine komplexe Struktur, in der sich eine sehr starke Biegung befindet. Benutzen wir das in diesem Zusammenhang gebräuchlichere Wort für »Biegung«, nämlich »Krümmung«, so können wir sagen, daß der Raum, von dem wir umgeben sind und in dem wir uns befinden, gekrümmt ist. Freie Körper wie zum Beispiel gerade losgelassene Gläser richten sich nach dieser Krümmung und folgen ihr, wohin sie auch immer führen mag. Das kommt uns recht sonderbar vor, aber damit läßt sich einiges erklären. Ein Junge, den wir plötzlich entdecken, wie er, eine Tüte Popcorn unter den Arm geklemmt, in sitzender Position sechs Meter über uns am Himmel entlangsaust, würde uns ebenfalls recht sonderbar vorkommen, bis er schließlich zu uns herunterruft, daß er in der neuen, aus durchsichtigem Kunststoff bestehenden Achterbahn sitzt und ob wir nicht mitfahren wollten. Seine Achterbahn entspricht unserer Krümmung.

Die Raumkrümmung in unserem Wohnzimmer existiert seit vier Milliarden Jahren an dem Platz, an dem nun unser Haus steht, also seit der Schöpfung des Planeten Erde. Sie befand sich dort, als der Platz im Jura Teil eines Sumpfes war, und brachte dort herumlaufende Dinosaurier zu Fall; und sie befand sich dort, als der Platz Teil eines mittelalterlichen Weizenfeldes war, und sorgte dafür, daß die Hacken bei Beginn der Mittagspause zu Boden gingen. Geschaffen von der Gegenwart dieses riesigen und relativ unveränderlichen Planeten unter uns, hatte diese Raumkrümmung in dieser ganzen Zeit keinen Grund gehabt, sich irgendwie zu verändern. Wenn der Griff der Finger, die das Glas an diesem Abend im Wohnzimmer festhalten, auch nur etwas zu schwach ist, macht sich genau diese Raumkrümmung bemerkbar, indem sie das Glas nach unten auf den Fußboden leitet.

Zu Beginn besteht noch die Möglichkeit, es zurückzuholen. Zu Beginn, eine zehntel Sekunde, nachdem es aus der Hand gezerrt worden ist, bewegt sich das Glas nur mit einer Geschwindigkeit von etwa einem Kilometer pro Stunde. Das ist sehr langsam. Durch ein sofortiges schnelles Zupacken könnte es wieder ergriffen werden. Je länger das Glas jedoch den allgegenwärtigen Krümmungslinien überlassen wird, desto mehr vergrößert sich die Geschwindigkeit, mit der es an ihnen entlanggleitet. Deshalb ist es so schwierig, fallende Objekte wieder einzufangen, wenn sie sich bereits auf den Weg gemacht haben. Warten wir auch nur eine halbe Sekunde lang, sprachlos und fasziniert auf den nach unten tau-

melnden Gegenstand starrend, bevor wir den Versuch unternehmen, das Glas wieder einzufangen, so ist das Beste, was wir tun
können, eine Kehrichtschaufel zu holen. Ein Glas, das in Bauch-
höhe losgelassen wird, hat eine halbe Sekunde vor dem Aufschlag
die enorme Geschwindigkeit von 25 Stundenkilometern erreicht;
unsere plötzlich erwachten Reflexe können da – egal wie heftig die
ausgeführte Bewegung ist, egal wie deutlich wir die gräßlichen sozialen Konsequenzen eines Scherbenhaufens in gerade diesem Moment vor Augen haben – nichts mehr ausrichten.

Alles wäre einfacher, wenn unser Planet aus Styropor bestehen
würde. Der Raum in unserem Haus wäre nicht so stark gekrümmt,
und losgelassene Objekte würden Bahnen folgen, die viel weniger
gebogen sind. Uns würde es so vorkommen, als ob die Gegenstände viel langsamer hinunterfallen, wodurch wir die Möglichkeit
hätten, Gläser und sogar volle Tabletts, die uns entglitten sind, auf
verwegene Weise, aber ohne Mühe kurz vor dem Fußboden wieder
aufzufangen. Würde unsere Erde jedoch aus einer viel dichteren
Substanz bestehen, vielleicht aus extrem zusammengepreßtem
Blei, dann würde die Wirkung der erzeugten Krümmungslinien in
die andere Richtung gehen, sie würden viel enger zusammenlie-
gen. Ein einfaches Weinglas könnten wir dann nur zum Tisch bringen, indem wir es mit beiden Händen hochgestemmt halten, als ob
wir einen Stapel Ziegelsteine schleppen würden. Damit ein Koffer
leicht zu handhaben bleibt, dürfte er nur mit einer einzigen Zahnbürste oder aber höchstens mit einer Zahnbürste und einem Schuh
gepackt werden. Die Knöpfe an den Hemden würden absacken,
und der Faden, der sie hält, schließlich wegen des starken Zugs
nach unten durchreißen; Lesebrillen würden auf der Nase ein un-
erträgliches Gewicht bilden und zum Ausgleich irgendeinen Apparat mit gasgefüllten Ballons oder einen an der Decke befestigten
Flaschenzug erforderlich machen, um die Nase vor einem Guillo-
tineeffekt zu schützen.

Wir können glücklich sein, daß der Planet, auf dem wir gelandet
sind, aus einfachem Felsgestein und Eisen besteht, wodurch
Raumkrümmungen und nach unten ziehende Kräfte in einem Maß
hervorgebracht werden, mit dem wir, zumindest an einem guten
Tag, gerade so klarkommen.

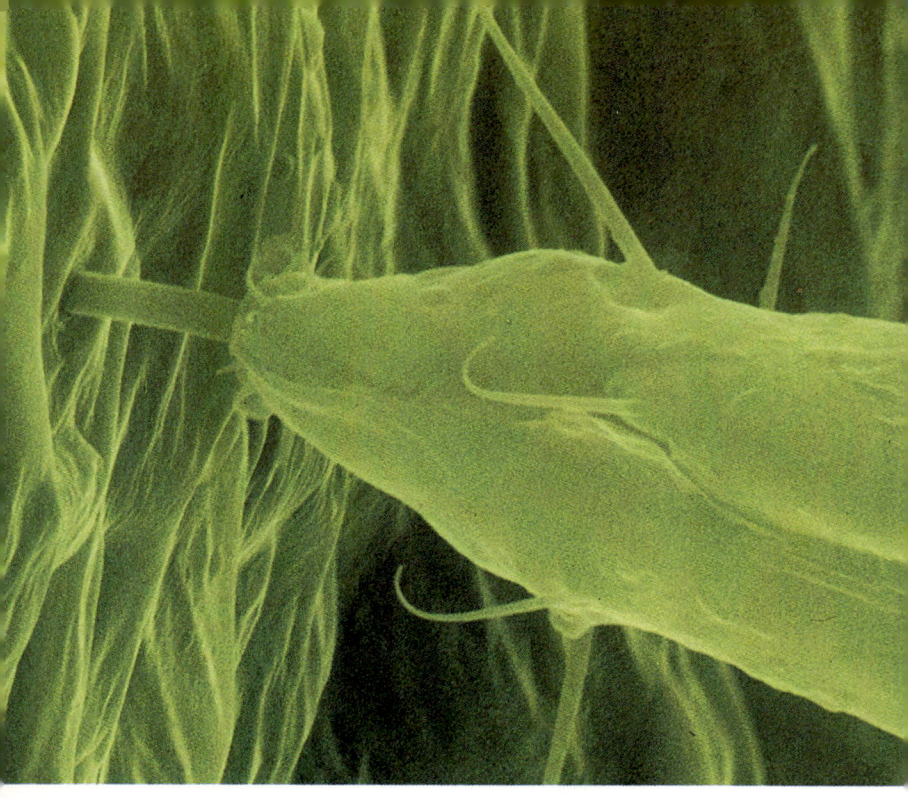

Jetzt, wo die Teller ordnungsgemäß auf dem Tisch verteilt und die Gläser wieder komplettiert sind, fehlt nur noch eine farbenprächtige Blume in der Mitte, um die ganze Sache zu vervollkommnen. Ein schneller Gang in den Garten, ein Abschneiden von Gesträuch und ein Fluchen auf die Dornen, dann kehrt die Frau mit frisch geschnittenen Rosen in der Hand zurück. Von ihren Arbeiten sehr in Anspruch genommen, hält sie wahrscheinlich nicht inne, um die Sehenswürdigkeit, die dieses Objekt bietet, genauer zu betrachten, was wirklich schade ist. Warum sind die Rosen eigentlich so schrecklich rot?

Die Antwort ist natürlich, daß die meisten Rosen überhaupt nicht rot sind. Wandmalereien aus römischen Zeiten zeigen mit

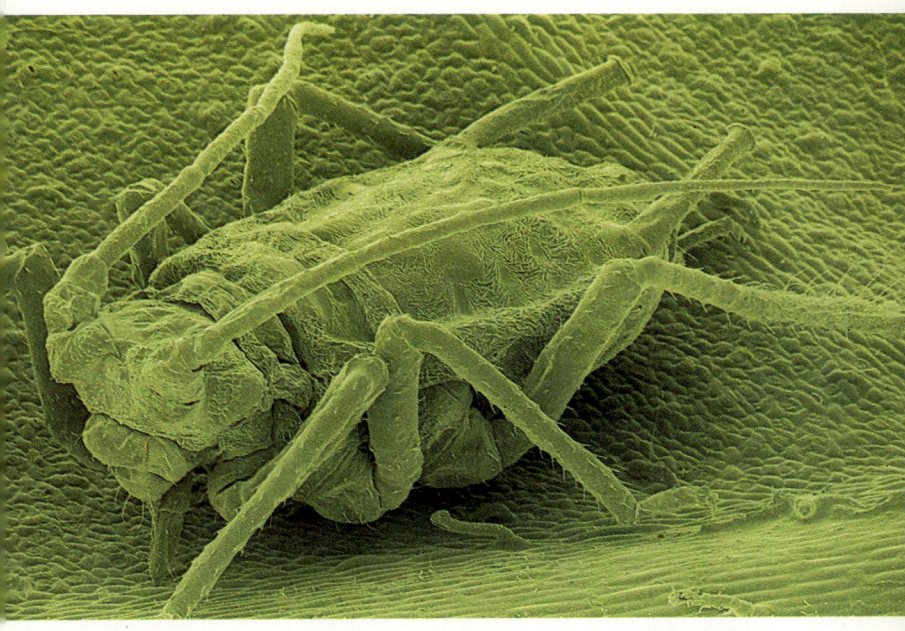

Oben: Eine umherkletternde Blattlaus in 20facher Vergrößerung. Links: Nahaufnahme des spritzenähnlichen Dolches, den die Blattlaus auf der Suche nach einer Zuckerader ins Blatt hineinbohrt.

einer Toga bekleidete Bürger, die in den Gärten ihrer Landhäuser umherwandeln und die weiße *Rosa alba* genießen. Selbst zur Zeit der Rosenkriege in England (1455–1485) gab es keine roten Rosen; das Haus York kam mit der echten weißen *Rosa alba* recht gut klar, während das Haus Lancaster mit der *Rosa gallica officinalis* vorliebnehmen mußte, die zwar bezaubernd schön aussieht, angenehm duftet und ein wirkungsvolles Symbol abgibt, jedoch nicht rot, sondern rosa ist. Moderne Inszenierungen von Shakespeare-Stücken, in denen weiße und rote Rosen durch die Gegend geworfen werden, entsprechen ganz einfach nicht der damaligen Realität. Erst in den sechziger Jahren des 19. Jahrhunderts, als die dunkelrote, aber ansonsten nicht ganz so schöne Hybride *General*

Nahaufnahme eines Blattes. Die runden, natürlichen Barrieren erzeugen einen Leim, der die Insekten außer Gefecht setzt, und die äußerst spitzen Auswüchse dienen zum Aufspießen.

Jacqueminot mit der wunderschön geformten, wohlriechenden Chinesischen Rose gekreuzt wurde, entstand die wirkliche, uns heute so vertraute rote Rose.

Welche Farben die Blüten haben, spielt für die Bienen, die die Pflanze befruchten, keine große Rolle, da sie die Dinge anders sehen als wir. Insbesondere können sie mit ihren Augen für uns unsichtbare ultraviolette, farbige Zeichnungsmuster auf den Blüten – die sogenannten Saftmale – wahrnehmen. Wenn man ein Gerät benutzt, das ultraviolettes Licht sichtbar macht, so zeigen sich auf den Blütenblättern der Rose weiße Linien, die auf die Mitte hin

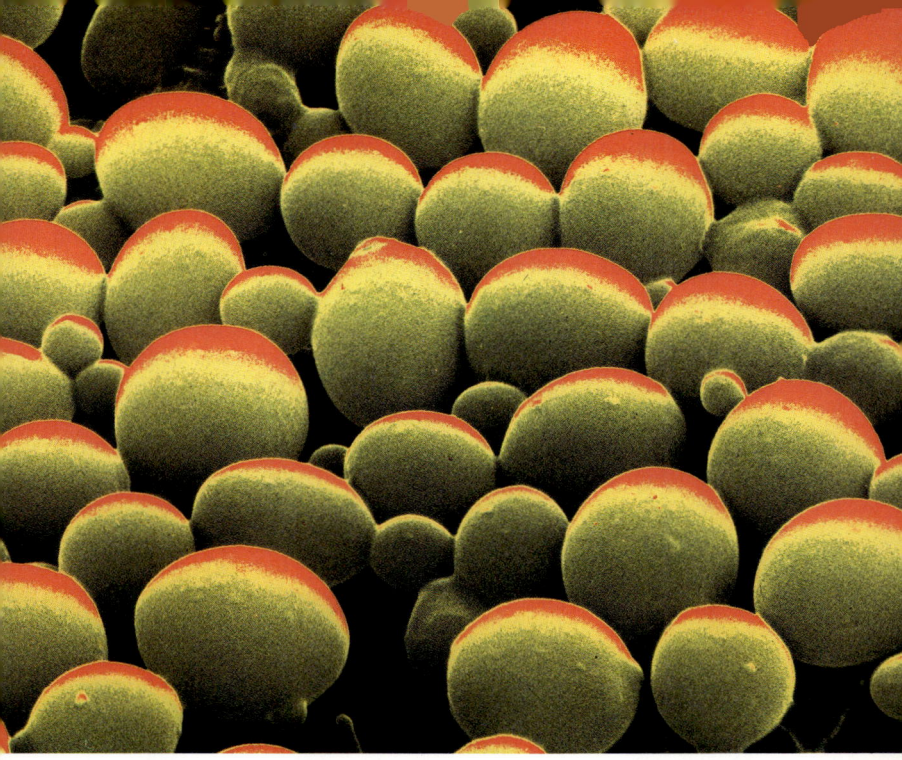

Noch kleinere Bewohner der Blätter sind die Hefepilze, die sich von dem überschüssigen Zucker, den die Blattläuse versprühen, ernähren. Die Hefepilze vermehren sich entweder zu zweit oder auch einzeln, durch Bildung von kleinen Sprossen, wie man auf dem Foto erkennen kann. 3000fache Vergrößerung.

zulaufen. Der Anblick gleicht einem von oben betrachteten, gut beleuchteten Flugplatz bei Nacht – ein heller, weißer Bereich mit aufgemalten, sich deutlich abhebenden Landebahnen –, und genauso sieht es auch die darüber schwebende Biene. Das leuchtende Weiß erregt ihre Aufmerksamkeit, und die Landefeuer bringen sie auf den richtigen Weg.

Wenn eine Rose gänzlich im ultravioletten Bereich leuchten würde, was ihr möglich ist, dann würde kein sichtbares Licht mehr von ihr ausgehen, und wir hätten ein tiefschwarzes Blütenwunder vor uns. Baudelaire wäre davon wahrscheinlich begeistert gewesen, doch die Gäste, die nun gleich eintreffen müßten, könnten dieses satanisch anmutende Objekt in der Mitte des Tisches möglicherweise übelnehmen. Die Farbe der Rose ist sozusagen ein Konstruktionsfehler.

Und die eleganten Blütenblätter sind das Ergebnis eines ähnlichen Konstruktionsfehlers. Um Inzucht zu vermeiden, ist es für das genetische Material der Rose am besten, wenn es sich an verschiedenen Pflanzen befindet, was jedoch unglücklicherweise heißen würde, daß die Fortpflanzungsorgane aus der jeweils zugehörigen Pflanze herauswachsen müßten, so daß sie irgendwo offen herumbaumeln würden. Die menschlichen Geschlechtsorgane sind an abgelegenen Stellen sorgfältig verborgen, so daß die Gefahren des täglichen Lebens nicht so groß sind; die Geschlechtsorgane einer Rose stehen dagegen draußen im Garten bei weitem mehr Gefahren gegenüber, denn dort werden sie von fallenden Ästen, von Käfern mit großen Mundwerkzeugen, herabgleitenden Spinnen und anderen Unannehmlichkeiten bedroht. Die Lösung dieses Problems ist natürlich, die Fortpflanzungsorgane zu verstecken, und genau dafür sind die Blütenblätter der Rose da. Sie sind dicht um die verwundbaren Teile gehüllt, so daß Käfer, Äste oder andere Bedrohungen den Rosen nichts anhaben können. Nur für kurze, sorgsam ausgewählte Zeiten öffnen sich die Blütenblätter vollkommen und entblößen die empfindlichen Geschlechtsorgane. Für diese Momente wird ein starker Anreiz für die Bienen benötigt. Da deren Flugmuskeln durch das Zuführen von Zuckerwasser funktionieren, ist ein auf Zucker basierender Duftstoff das beste Lockmittel. Diese manchmal sehr stark riechenden Duftöle werden auf der Oberfläche der Blütenblätter hervorgebracht. Deshalb duften unsere Rosen so angenehm süß. Würden die umherfliegenden Bienen durch irgendeine Schwefelverbindung angetrieben werden, so wäre genau dies der natürliche Geruch, den die Rosen dann aussenden würden.

Dieses süße, zuckrige Lockmittel, das die Rosen hervorbringen, führt zu einer interessanten Komplikation: Es handelt sich um die winzigen Blattläuse, die sich auf den Blättern befinden. Äußerst viele Rosen sowohl in Gärten als auch in Gärtnereien sind von diesen Insekten befallen. Man kann die Blattläuse kaum sehen, besonders die jungen, die nicht einmal einen Millimeter lang und infolge ihrer grünen Färbung gut getarnt sind; auf den Blättern stehend, sehen sie aus wie limonenfarbene Geleeklümpchen mit Beinen. Nur ihr langer elefantenartiger Rüssel deutet darauf hin, daß sie nicht völlig harmlos sind. Wie eine Spritze bohren sie damit in das Blatt hinein und saugen, wenn sie einen gut gefüllten Kanal gefunden haben, die Zuckersäfte auf, die für die Physiologie der Rose so wichtig sind. Die Blattläuse bieten einen erbärmlichen Anblick, wenn sie Nahrung zu sich nehmen: Vorne halten sie ihren Kopf auf plumpe Weise tief nach unten gesenkt, während ihr weiches Hinterteil weit nach oben gestreckt ist. Sie sind recht wehrlos, lediglich in der Lage, vor einem etwaigen Angreifer langsam davonzuwanken oder sich völlig kraftlos gegen ihn aufzulehnen. Dies reicht jedoch aus, denn die Rose hat sich so entwickelt, daß sie den Blattläusen sehr viel Schutz bietet. Die zahlreichen Dornen, die bei der Rose so sehr auffallen, halten Insekten, die größer sind als die Blattläuse, davon ab, die Stengel hochzuklettern und auf diese Leckermäulchen loszugehen. Und die Wachsschicht, die man auf den Blättern fühlen kann, dient teilweise ebenfalls als Schutz für die Blattläuse: Feindselige, aus der Luft herabstürzende Käfer, die versuchen, über die Blattläuse herzufallen, verlieren bei ihrer Landung auf dem Wachs mit großer Wahrscheinlichkeit den Halt und rutschen vom Blatt hinunter.

Die Rose hat diese Schutzfunktion ausgebildet, da sie die Blattläuse braucht, um den in ihr enthaltenen Zucker zu schützen. Wenn die Blattläuse ihre verschwindend kleinen Zuckerportionen aus der Rose heraussaugen – was sie während des ganzen bevorstehenden Abendessens tun werden –, scheiden sie einen lockeren Schaum aus, der aus Wasser, Zucker und bestimmten Proteinen besteht. Die für uns nicht gerade appetitlich wirkende Masse landet auf dem Blatt und dient den Tausenden von winzigen Hefepilzen, die dort leben, als Nahrung: diese schäumende Nahrungsflut ist für sie ein regelrechter Leckerbissen. Das ist des Rätsels Lösung: Denn Hefepilze belegen den Platz, den sonst andere mikroskopisch kleine Kreaturen einnehmen könnten, Kreaturen, die sich bei weiten nicht so anständig verhalten würden wie die Hefepilze, sondern die Rose angreifen würden, um wirklich den ganzen wunderbaren Zucker, den sie enthält, herauszuholen. Durch einen derartigen Angriff würde die Pflanze eingehen oder aber zumindest verkümmern. So schützt also die natürliche Gegenwart der Hefepilze, die von den Blattläusen gut gefüttert und gepflegt werden, vor anderen überaus gefährlichen, zuckerhungrigen Kreaturen. Ohne die Ausscheidungen der Blattläuse und ohne die sich vermehrenden Hefepilze würde die Rose auf dem gedeckten Tisch lange nicht so angenehm duften und auch nicht gesund genug sein, um eine Blüte mit einer derart satten roten Färbung zur Schau tragen zu können.

Alles ist fertig, gerade noch rechtzeitig, denn nun müssen die mittlerweile eingetroffenen Gäste begrüßt werden.

Wer ist da?: die Teppichzerstörer. Wenn unsere Gäste hereinkommen, sind sie mit Sand bedeckt, durchschnittlich mit mehreren tausend für uns nicht sichtbaren Sandkörnchen pro Person. Er haftet an ihrer Kleidung, hängt von ihren Ohren herunter, und sobald sie im Haus sind, kommt alles in Bewegung. Ein paar Sandkörnchen fangen an zu rutschen, stoßen gegen andere, die im Weg liegen, dann ist die Kaskade entstanden; der Sand fällt von den Schultern, und er fällt von der Brust; er bildet einen immens feinen Nebel und fällt ständig weiter, bis sich auf dem Fußboden ein großer Haufen davon angesammelt hat.

Genau dies ist der Zeitpunkt, in dem das Schleifen und Mahlen seinen Anfang nimmt. Die Sandkörnchen haben einen Durchmesser von 1 bis 30 Mikron (1 Mikron = $\frac{1}{1000}$ Millimeter), womit sie genau die richtige Größe haben, um auf dem Grunde des Teppichs eingezwängt zu werden, genau dort, wo die Faserbüschel hervorkommen. Bei den meisten Teppichen sind diese Büschel recht stämmig – sie haben vielleicht einen Durchmesser von einem Zentimeter (= 10 000 Mikron) –, und gegen diese robusten Monster können die Sandkörnchen auf direkte Weise nichts ausrichten. Aber auf indirekte Weise können sie ihnen Schaden zufügen. Die ungefähr einen Zentimeter dicken Teppichbüschel sind aus unzähligen viel dünneren Fasern zusamengesetzt, die aus Nylon, Wolle oder anderem Material bestehen, und diese Fasern sind nicht 10 000 Mikron, nicht einmal 1000 oder 250 Mikron dick, sondern es

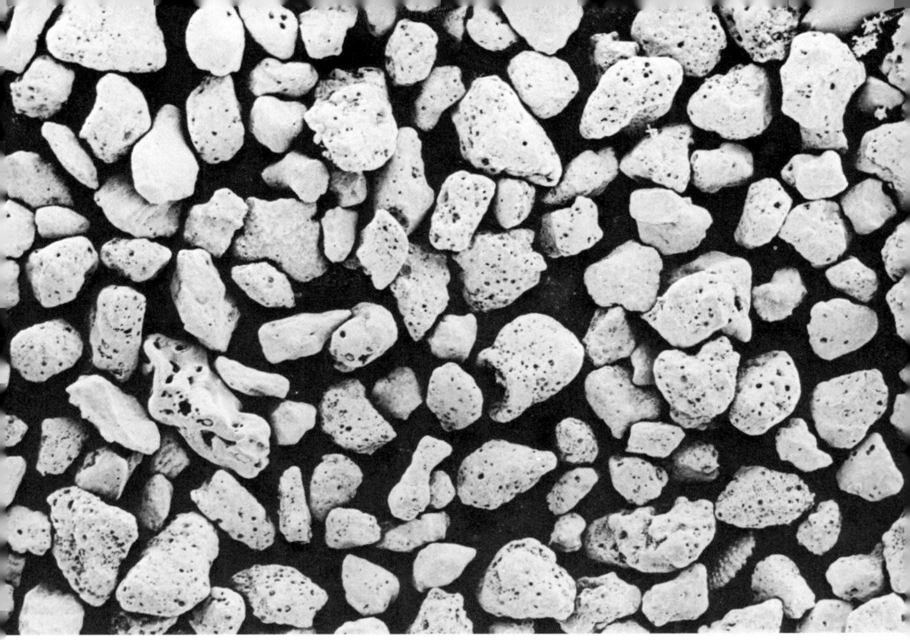

Sand. Ganz aus der Nähe betrachtet, erkennt man, daß jedes einzelne Sandkörnchen Spuren einer bemerkenswerten Geschichte trägt: Einige sind Überbleibsel von uralten Bergen, andere stammen aus weit entfernten Wüsten oder enthalten versteinerte Meereswesen (unten).

handelt sich um außerordentlich feine, unscheinbare Fäden, die einen Durchmesser von nur 4 oder 5 Mikron haben.

Diese zarten Fäden sind es, die vom Sand angefallen werden. Er rieselt herunter und kommt genau neben diesen Fasern zu liegen. Unter anderen Umständen würde er dort recht friedlich verharren und nichts Schlimmes bewirken. Doch in diesem Moment, in dem die Gäste, die ihn gerade mit hereingetragen haben, noch immer auf ihm stehen, etwas nervös vielleicht, in diesem Moment wird der Sand dazu gebracht, etwas sehr Unerfreuliches zu tun. Derart unruhige Gäste reden viel, gestikulieren wild und reagieren überschwenglich; solange es irgendeine Möglichkeit gibt, sich zu bewegen, stehen sie niemals still da. Es handelt sich nicht um heftige Bewegungen, nicht um eine Art von epileptischen Anfällen oder um Verrenkungen à la Elvis Presley, sondern um kleine Gesten, leichte Gewichtsverlagerungen, Kniestreckungen, im Zeitlupentempo vollführte Twosteps und, was für den Teppich am folgenschwersten ist, um Schleifschritte, bei denen das gesamte Körpergewicht auf einem Fuß lastet.

Der Gast verlagert sein ganzes Körpergewicht auf einen Fuß, drückt ihn in den Teppich hinein und dreht sich dann – ohne weiter zu überlegen, ohne Schuldgefühle zu verspüren und ohne ein Angebot für Teppichwiederbeschaffungskosten in Betracht zu ziehen – leicht um seine eigene Achse hin und her. Man stelle sich vor, welche Auswirkungen dies auf die darunter befindlichen zarten Fasern hat. Sie werden auf die Sandkörner gedrückt, werden gequetscht und gepreßt, und solange diese schreckliche Rotation anhält, werden sie auf fürchterliche Weise in Mitleidenschaft gezogen. Der Sand bringt den Fasern Einkerbungen bei, zernagt, malträtiert und verstümmelt sie, und wenn sich das darüber befindliche gigantische Gewicht schließlich zurückzieht, sich endlich dazu entschließt, daß auf dieser Seite genug herumgescharrt worden ist und nun der andere Fuß an der Reihe ist, nervös herumzutanzen, dann bleibt keine gleichmäßige, saubere Teppichfaserlandschaft zurück, sondern ein Trümmerhaufen aus übel zugerichteten, arg mitgenommenen, angerissenen Fäden. Und mit jeder Drehung wird dieser Schrecken wiederholt. Ein einzelnes Sandkörnchen, das an den Fasern entlanggescheuert wird, richtet keinen allzu großen Schaden an, aber Tausende von ihnen bringen natürlich eine Wirkung hervor, die nicht zu übersehen ist.

Durch Unruhe hervorgerufene Teppichzerstörung ist für die Fußbodenbelagspezialisten ein wohlbekanntes Phänomen. Abgesehen von dem Teil des Flures in der Nähe der Haustür – der Schauplatz der soeben beschriebenen Unruhen –, ist besonders der Teppichbereich vor dem Schreibtisch, der sich im Vorzimmer eines Büros befindet, gefährdet, Opfer eines derartigen Angriffs zu werden, denn dies ist ein weiterer Ort, an dem die Leute – unterwürfig und unruhig – auf extreme Weise ihre Füße verdrehen und nicht wissen, was auf sie zukommt.

Sand ist natürlich nur *ein* Bestandteil des außerordentlich vielfältigen Staubs, den die Gäste auf ihrem Körper und auf ihren Schuhen ins Haus hineintragen. Alle etwas härteren Teilchen können eher schneller dazu beitragen, den Teppich zu zerstören. Deshalb ist es für seine lange Lebensdauer auch so wichtig, diese Körnchen sorgfältig und regelmäßig wegzusaugen. Doch konzentrieren wir uns weiterhin auf die wenig bekannten Sandkörnchen; nehmen wir ihre Geschichte als stellvertretenden Hinweis auf die verschlungenen Pfade, die all die anderen den Teppich anfallenden Teilchen auf ihrem Weg in den Flur zurückgelegt haben.

Gehen wir zunächst der Frage nach, wie sich dieser Sand auf die Gäste legen konnte. Wurde dies durch einen eiligen Kurztrip an den Strand ermöglicht, durch ein wurmartiges Durchqueren der Dünen und die Unaufmerksamkeit, nicht auf die Uhrzeit zu achten, so daß eine rasende Fahrt zur Dinner-Party nötig wurde? Nein, diese Erklärung trifft nicht zu, denn *alle* unsere Gäste kommen mit diesem Sand ins Haus, nicht nur die unaufmerksamen, die noch kurz vorher auf dem Strand herumgetollt sind. Der Sand kam aus der Luft und setzte sich im Laufe des Tages oder auch nur auf dem Weg vom Auto ins Haus auf ihnen ab. Gestartet ist der Sand, so seltsam es klingen mag, von den weit entfernten Wüsten aus; er stammt aus der Sahara, aus der Wüste Gobi, aus der Mojavewüste und aus anderen weit abgelegenen, teppichlosen Gegenden dieser Welt. Die Zerstörung unserer Teppiche geht auf das Konto dieser Einöden. Ausgelöst wird die ganze Angelegenheit nicht durch riesige Sandstürme, denn sie sind zu selten, um derartige Auswirkungen hervorzubringen. Die Ursache ist eher in den ständig wehenden leichten Brisen zu finden, die mit einer Geschwindigkeit von 10 bis 15 Stundenkilometern über den Wüstensand hinwegstreichen. Diese Winde sind sehr angenehm für schwitzende Nomaden, Kaninchen und andere Wüstenbewohner, aber gleichzeitig setzen sie auch die Kette von Ereignissen in Gang, die schließlich zu unserer Teppichzerstörung führt.

Alles fängt damit an, daß der Wüstensand kein gewöhnlicher Sand ist. Er besteht aus Körnern, die verschiedene Größen haben. Wenn eine Brise aufkommt, so hebt sie nicht die riesigen, einen Millimeter großen Sandteilchen an und auch nicht die winzigen 0,001 Millimeter großen, sondern wirkt auf die Körner mittlerer Größe, die einen Durchmesser von etwa $\frac{1}{30}$ Millimeter haben. In der Wüste gibt es sehr viele davon. Der leichte Wind treibt sie voran, so daß sie zu rollen anfangen. Solange die Brise anhält, rollen sie weiter und taumeln wie winzige entwurzelte Salbeisträucher auf dem Boden entlang. Das Pech für unsere Teppiche ist, daß diese Sandkörnchen sich nicht mehr oder weniger gleichmäßig auf der Oberfläche entlangwälzen, bis sie aus dem Blickfeld verschwunden sind. Wenn sie auf eines der größeren Sandkörnchen treffen, die etwas aus der Oberfläche herausragen, so rollen sie darauf hinauf und steigen in die Luft auf. Den gleichen Effekt könnten wir beobachten, wenn ein umhertaumelnder Salbeistrauch auf eine Rampe, die nach Abschluß der Dreharbeiten für einen Film vielleicht zurückgelassen worden ist, geraten würde. Der kugelige Strauch würde die Rampe hinaufrollen und dann losfliegen. Da es in den Wüsten fast ebenso viele größere Sandkorn-Startrampen gibt wie mittelgroße Sandteilchen, die dort hinaufrollen können, werden auf diese Weise sehr viele dieser umhertaumelnden Körnchen himmelwärts geschickt.

Während ihres Fluges rotieren die mittelgroßen Sandkörner mehr als tausendmal pro Sekunde und stürzen dann schließlich ab. Landen sie auf den großen Sandpartikeln, so brechen sie einfach auseinander; wenn sie aber auf die winzigen, 0,001 Millimeter großen Sandkörner fallen, bewirken sie, daß diese als sandiger Staub in die Luft befördert werden.

Es ist schwer abzuschätzen, wie viele von diesen winzigen Sandkörnchen täglich aufgewirbelt werden. Jährlich kommen etwa 100 Millionen Tonnen zusammen – 25 Kilogramm Sandstaub werden also für jede lebende Person in die Luft verstreut. Diese Sandkörnchen, die wenige Meter über den Wüsten einen unsichtbaren Nebel bilden, sind so klein, daß sie durch den geringsten Hauch aufsteigender Luft weiter nach oben getragen werden. Unzählige von diesen winzigen Sandteilchen werden so in die Atmosphäre befördert, die sich 5 bis 8 Kilometer über der Erdoberfläche befindet, und von dort aus machen sie sich auf den Weg, um möglicherweise den halben Globus zu umkreisen. (Heftige Sandstürme schicken diese Körner noch höher hinauf und verteilen viel größere Mengen davon, doch dies geschieht, wie wir bereits erwähnt haben, relativ selten.) Mit großer Wahrscheinlichkeit hat sich das Flugzeug, in dem wir zuletzt geflogen sind, durch Wolken hindurchbewegt, die aus Millionen dieser winzigen Sandpartikel bestanden. Diese Körnchen sind jedoch viel zu klein gewesen, so daß wir sie vom Fenster aus nicht sehen konnten; doch die Arbeiter, die das Flugzeug öfter neu anstreichen müssen – ein Hauptgrund dafür sind die durch den Sandstaub hervorgerufenen Lackschäden –, können ihre Existenz bezeugen.

Nach einigen Wochen senken sich die umherschwebenden Wüstenpartikel wieder ab, landen auf unseren ahnungslosen Gästen und werden schließlich von deren Kleidung und Körper abgeschüttelt, so daß sie ihren endgültigen Ruheplatz in unserem Teppich erreichen. Er ist sehr unwahrscheinlich, daß wir uns während der Begrüßung unserer Gäste plötzlich auf den Teppich werfen und anfangen, ihn genau zu untersuchen, um mit Hilfe eines Mikroskops die Fragmente der Wüste Gobi, der Sahara oder der Mojavewüste zu entdecken. Aber wenn wir es tun würden, könnten wir diese Fragmente finden, denn sie sind tatsächlich da.

Was als nächstes geschieht, ist ziemlich klar festgelegt. Noch während der Sand herunterrieselt, werden die Gäste wahrscheinlich mit diesem komplizierten Festhalten der vorderen Gliedmaße beginnen und damit gemeinsame wellenförmige Bewegungen vollführen, was wir »Händeschütteln« nennen; daraufhin haben die Gäste Gelegenheit, Teile aus der Standardlitanei der Begrüßungs-

phoneme zu rezitieren, woraufhin die Gastgeber – nach einer kurzen, angemessenen Pause – ihre Gesichter verziehen und aus ihren
Mundhöhlen dieses unvermittelte, niederfrequente, keuchende
Geräusch, das wir Lachen nennen, entlassen können als Antwort
auf die obenerwähnte Litanei.

  Es handelt sich um ein besänftigendes Ritual, und daher ist es
fast überall gebräuchlich. Doch es funktioniert nur, wenn jeder be-

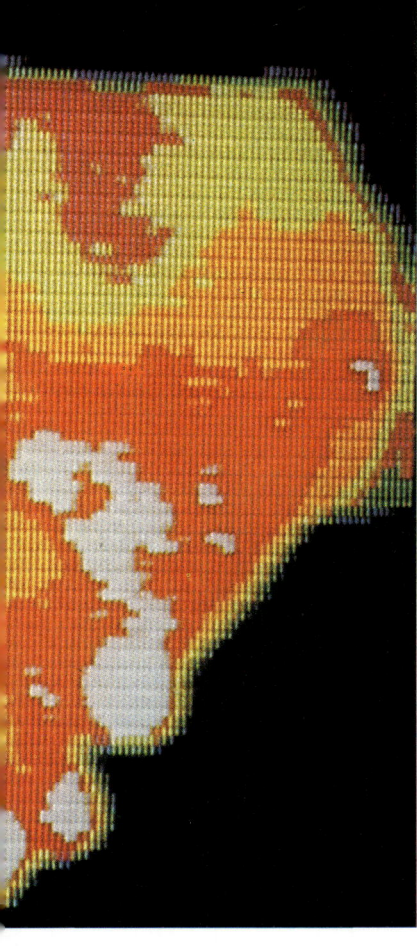

Dieses Thermogramm verdeutlicht die topographische Verdrehung, die ein Händeschütteln verursacht. Weiß zeigt die wärmsten Stellen an, darauf folgen Rot und Gelb; die schwarz gefärbten Flächen sind am kältesten. Durch den Druck dieses rituellen Griffes werden die Fingernägel gequetscht und somit stark erwärmt, so daß sie auf diesem Bild eine weiße Färbung annehmen.

reit ist, daran teilzunehmen. Wenn es sich bei einem der Gäste auf dem Flur um eine Person handelt, die etwas benommen ist, die sich also eigentlich nicht hätte hierherschleppen dürfen, für die es besser gewesen wäre, zu Hause zu bleiben, sich im Bett auszuruhen und Medizin und starke Hühnerbrühe zu sich zu nehmen – wenn einer der Gäste also verschnupft ist, leicht gerötete Augen hat und an einer Erkältung leidet, dann wird die Begrüßungszeremonie wahrscheinlich durch die heftigste der unbeabsichtigten gesellschaftsfeindlichen Handlungen jäh beendet; durch Niesen.

Erkältet zu sein bedeutet, daß in unserem Hals und in unserer Nase viele außerordentlich kleine »Geschöpfe«, die man Viren nennt, leben. (Die Viren sind noch kleiner als die Bakterien und bestehen fast nur aus Nukleinsäure, die von einer Eiweißhülle umgeben ist, doch wenn sie auf eine geeignete Wirtszelle gestoßen sind, können sie sich selbst vermehren.) Diese Viren lösen einen Niesreiz aus, und egal wie gut man erzogen worden ist, egal, wie deutlich man die sozialen Verwicklungen, die ein derartiger Ausbruch hervorbringen kann, vor Augen hat, es wird schon bald nahezu unmöglich, dem Reiz *nicht* nachzugeben. Die Mikrobiologie erklärt, daß die Viren die Fähigkeit entwickelt haben, auf ihrer Oberfläche Eiweiße zu produzieren, die einen Juckreiz erzeugen und somit ein Niesen auslösen, so daß diese Geschöpfe auf diesem Wege zu den frischen Futterplätzen, die andere Menschen bieten, gelangen können. Ein zusammengeknülltes altes Papiertaschentuch mag verzweifelt gegen die Nase gepreßt werden, aber gegen einen Nieser, der unbedingt heraus will, bietet es keinen Schutz.

Der Nieser unseres Gastes schießt mit einer Geschwindigkeit von über 60 Stundenkilometer aus seiner Nase heraus – das entspricht der Windstärke 8 auf der Beaufortskala. Die normale Atmung geht im Vergleich dazu mit der mäßigen Geschwindigkeit von 8 Stundenkilometern – das ist Windstärke 2 – vor sich. Da ein Papiertaschentuch nun dahingehend konzipiert worden ist, sich weich und beruhigend anzufühlen, wenn es gegen die Nase gehalten wird, ist es bei weitem nicht gut genug konstruiert, um dem explosionsartigen, aus zwei Nasenlöchern kommenden Druck beim Niesen standzuhalten. Ein Sturm mit der Windstärke 8 »bricht Zweige von den Bäumen«, wird im Seehandbuch erklärt. Es erübrigt sich, weiter auszuführen, was ein derart starker Wind mit dem einfachen Papiertaschentuch unseres Gastes machen kann. Nun, um die ganze Angelegenheit noch zu verschlimmern, ein weiterer Hinweis: Ein oftmals benutztes Papiertaschentuch ist sicherlich recht naß geworden, und auf Zellstoff basierende Produkte (wie beispielsweise das Papiertaschentuch) besitzen, wenn sie naß sind, nur noch 30 Prozent ihrer ursprünglichen Festigkeit. (Wenn das versteifende Harz, das jedem der schätzungsweise 300 Milliarden jährlich verkauften Papiertaschentücher hinzugefügt wird, nicht wäre, würde die Sache noch viel schlimmer aussehen.) Und dann gibt es noch das Problem mit den Löchern.

Ein Papiertaschentuch besteht mehr aus Löchern als aus Zellgeweben. In der Tat ist ein Papiertaschentuch genau deshalb so weich, weil seine Fasern sehr weit voneinander entfernt sind; würde es aus einem dichten Gewebe bestehen, hätte man ein hygienisches Objekt vor sich, doch da es sich denn unglücklicherweise wie ein knisterndes Kunststofftuch anfühlen würde, könnte man es auch nicht mehr gut verkaufen. Die kleinsten der aus der Nase austretenden Tröpfchen schießen regelrecht durch diese den Marktwert steigernden Löcher hindurch. Und in den Tröpfchen sitzen die quicklebendigen Viren. Eine Sekunde nach dem Niesen unseres Gastes sind sie bereits durch das Papiertaschentuch hindurchgeflogen und befinden sich 30 bis 40 Zentimeter von seiner Nase entfernt. In dieser Zeitspanne geht mit den versprühten Tröpfchen, die von den Viren als Gefährt benutzt werden, eine seltsame Veränderung vor sich. Während sie, angetrieben von einem 60 Stundenkilometer schnellen Wind, durch die Luft sausen, trocknen sie infolge der starken Reibung aus. Alles, was von den weichen Wassertröpfchen übrigbleibt, ist eine Flottille aus pfeilförmigen Schleimresten. Auf diesen hart gewordenen Transportmitteln reisen die Viren sehr weit, gleiten horizontal durch den ganzen Flur und sind immer noch ebenso quicklebendig, wie sie in der Nase gewesen sind. Ihre Geschwindigkeit hat nun stark abgenommen, und sie haben einen noch mindestens 30 Minuten langen Flug vor sich, bis sie die weit entfernte Wand schließlich erreicht haben werden. Das heißt, wenn ihnen nichts den Weg versperrt. Stellen wir uns vor, daß zwei entsetzte Gastgeber mitten in der Flugbahn stehen und die Pfeile gegen sie prallen anstatt gegen die Wand. Vielleicht fliegen die Pfeile gegen das Hemd, eventuell auch ins Gesicht; auf dem Teil des Gastgebers, den sie gerade erreichen, werden sie jedenfalls eine Bruchlandung machen.

Kann man sich davor schützen? Da die mit den Viren besetzten Pfeile geradewegs durch das Papiertaschentuch hindurch nach

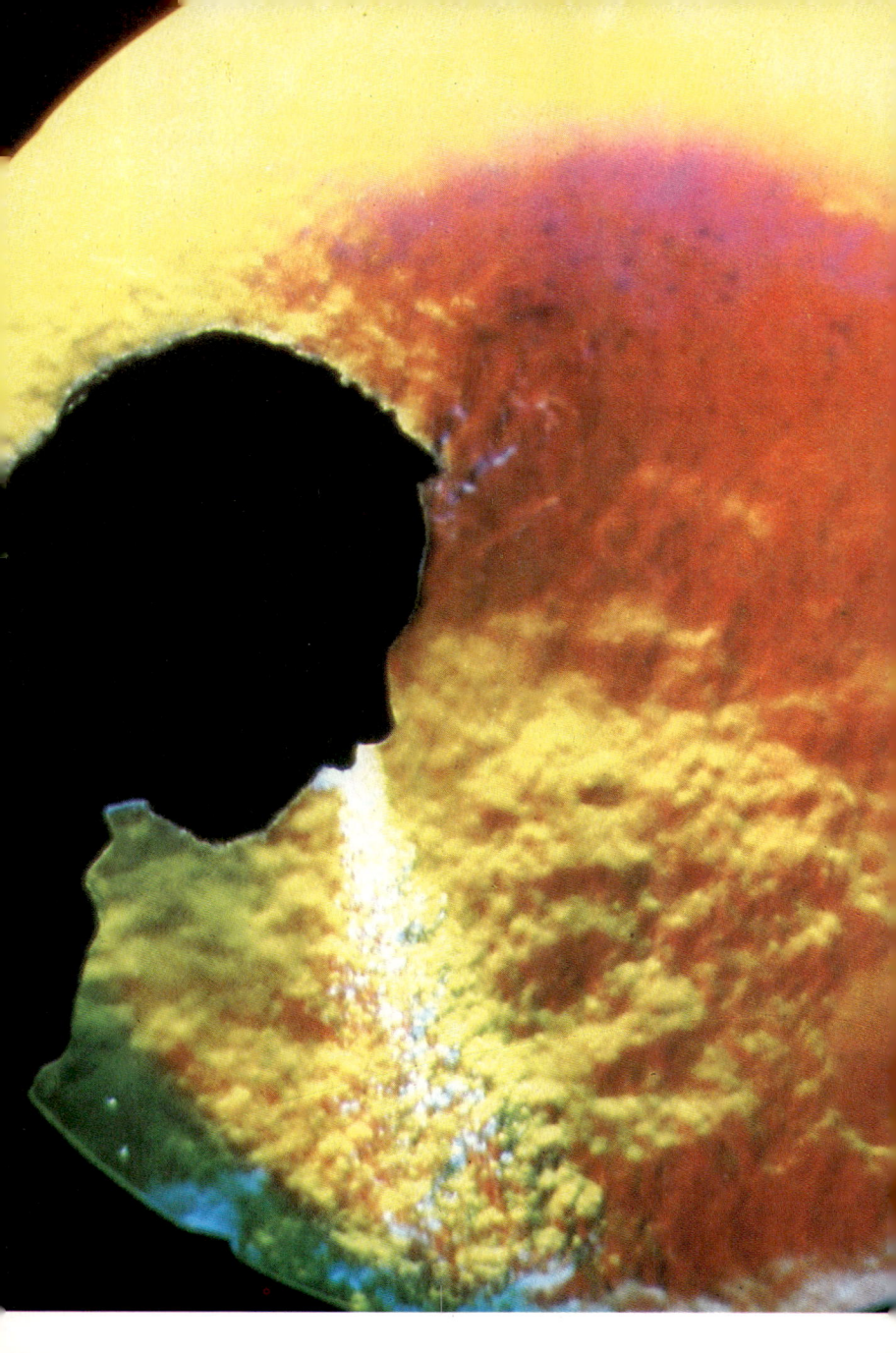

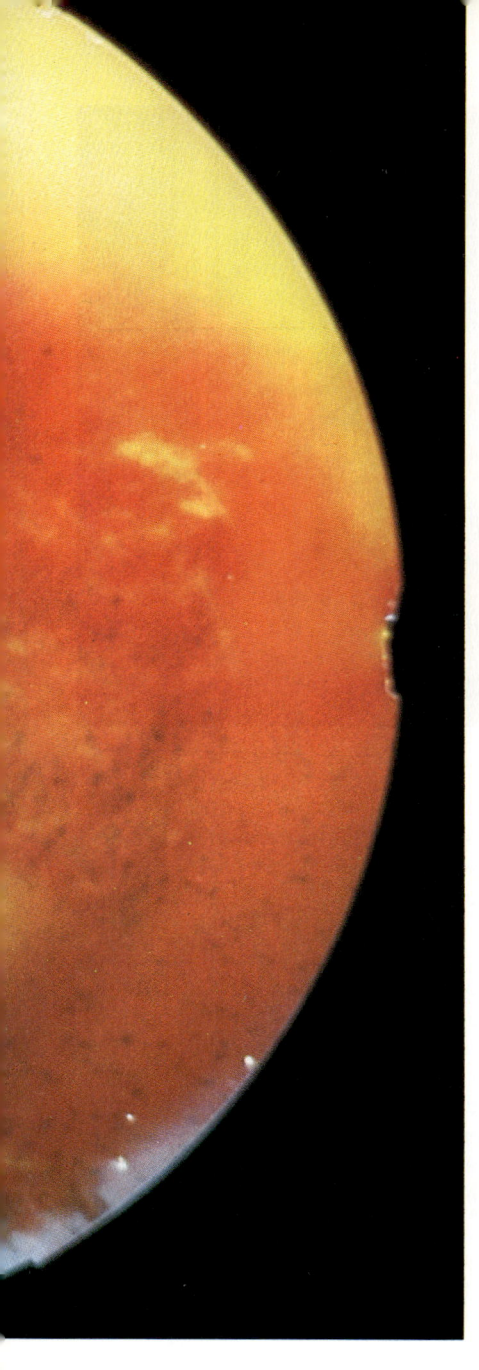

Ein ohne Einschränkung
herausgebrachtes Niesen.

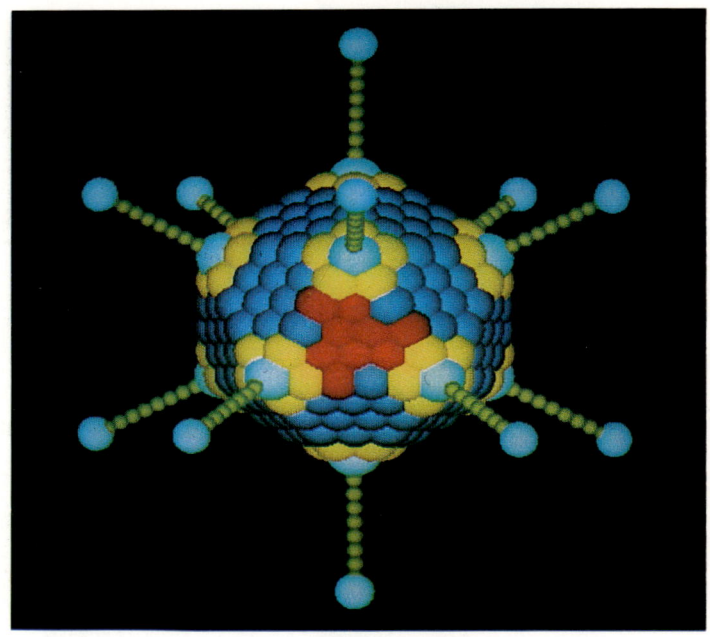

Computerbild von einem Virus.

draußen rasen, wäre es vielleicht ausreichend, irgendwo außerhalb der direkten Schußlinie zu stehen. Unglücklicherweise können wir den Viren, die, im Hals und in der juckenden Nase eines Gastes verborgen, in unser Haus gekommen sind, nicht so einfach entgehen. Während beim Niesen der größte Teil des Drucks geradewegs durch das hastig erhobene Papiertaschentuch hindurchfegt, wird eine bestimmte Menge davon zurückgehalten, die sich dann jedoch einen anderen Weg sucht und sogleich an den Seiten herausschießt. Auch hier entstehen anfangs schnell vorangleitende Pfeile, die sich dann im ganzen Raum verteilen, ein Virenschauer, ein massiver Bombenangriff, der die entsetzten Gastgeber ausfindig macht und aufs Korn nimmt, selbst wenn sie geglaubt haben, in sicherer Entfernung zu stehen, selbst wenn sie zurückgewichen sind oder einen Satz zur Seite gemacht haben. Der sofortige Sprung nach unten,

188

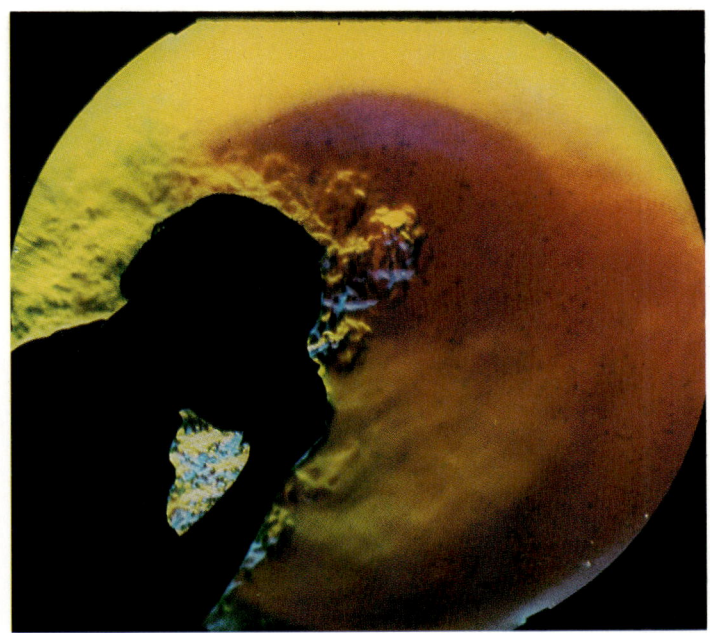

Versuch, das Niesen zu unterdrücken.

um sich zwischen den Beinen des niesenden Gastes hinzukauern, bis das Schlimmste vorüber ist, würde einigen Schutz bedeuten, könnte dann aber zum unangenehmen Stadtgespräch werden. Weitaus besser ist es, die ganze Gesellschaft so schnell wie möglich aus dem Flur zu bugsieren, wo überall die umhergleitende Gefahr lauert. Nach ein oder zwei Stunden könnte der Raum dann wieder ohne Bedenken betreten werden, denn dann werden all die mit Viren besetzten Pfeile auf dem Fußboden liegen, wo man sie dann mit den Schuhen genüßlich zertreten könnte.

Für Menschen, die das Glück haben, in dichtbevölkerten Ländern zu leben, wirkt sich die Virenverbreitung durch die Speichelpfeile nicht nur negativ aus. Jeder wird mit diesen Geschossen bombardiert, was indirekt dazu führt, daß fast jeder mehr oder weniger immun gegen die meisten Viren wird. Für die Menschen in spärlich besiedelten Gegenden sieht die Sachlage dagegen nicht gut aus. Die Anfang des 16. Jahrhunderts in Mittel- und Südamerika einfallenden Konquistadoren zerstörten die großen, bereits jahrhundertelang existierenden Kulturen nicht etwa auf Grund der starken Überlegenheit der spanischen Waffen, die ihnen zur Verfügung standen, sondern weil sie mit jedem Niesen unzählige dieser winzigen infizierten Pfeile freisetzten, denen die Azteken und die Maya schutzlos ausgeliefert waren. Wäre die Situation umgekehrt gewesen, hätten die Mittel- und Südamerikaner also in dichter besiedelten Gegenden gelebt als die Europäer, dann würden die Konquistadoren nicht in unseren Geschichtsbüchern auftauchen und wenn doch, dann vielleicht höchstens als die Besiegten, die ihre Schiffe und ihre dummerweise nicht versteckten Landkarten an die Azteken verloren hatten und diesen somit die Möglichkeit gaben, Europa zu erobern.

Die virenaussendenden, teppichzerstörenden Wesen werden nun durch den Flur ins Wohnzimmer geleitet, wo man sogleich mit der Entspannungsphase beginnt, die notwendig ist, damit das Abendessen dann in ausgeglichener Atmosphäre eingenommen werden kann. Erst wenn sich die Gäste hingesetzt haben, können wir sie endlich etwas genauer betrachten. Sie bieten einen etwas beunruhigenden Anblick, denn im Grunde sind nur tote Zellen zu erkennen – die Haare und das, was ihr Gesicht und ihre Hände bedeckt –, aber die Sache wird schon wieder anders, wenn man die Tatsache mit einbezieht, daß das Äußere, das wir von unseren Gästen sehen, nicht genau das ist, was sie wirklich sind. Menschliche Körper senden kein Licht aus, auch nicht die Strümpfe, Hemden, Blusen, Schals oder die anderen Kleidungsstücke. Die Menschen haben von Natur aus nichts Helles oder Farbiges an sich, wie das Experiment, mit anderen Leuten in einem dunklen, geschlossenen Raum zusammenzusitzen, zeigen wird. Das deutliche visuelle Bild, das wir von unseren beiden Gästen erhalten, die nun im Wohnzimmer sitzen und auf ihren Sesseln vielleicht immer noch herumknirschen, ist darauf zurückzuführen, daß sie unvorstellbar schnelle Lichtphotonen, die aus der angeschalteten Tischlampe hervorkommen, reflektieren.

Es ist nicht weiter verwunderlich, daß die früheren Generationen von Wissenschaftlern diese äußerst sonderbare Erklärung nicht in Betracht gezogen haben. Das Licht kommt aus dem menschlichen Auge hervor – so erklärten sie auf vernünftige Weise –, und die Dinge werden hell, weil das Auge auf sie gerichtet wird. Zeichnungen aus der Renaissance zeigen Arbeiter, die mit von ihren Augen ausgehenden Lichtkegeln à la Superman durch die Straßen von Florenz gehen. Es handelt sich um eine einleuchtende Theorie, besonders weil die Zeichnungen ausschließlich Straßenszenen bei Tage zeigen, und da jeder weiß, daß es am Tage unmöglich ist, Leute zu sehen, wenn man nicht seine Augen auf sie richtet, gab es keinen Zweifel daran, daß diese aus den Augen hervortretenden Lichtkegel beim Bewegen des Kopfes wie Scheinwerfer umherschwenken. Dummerweise ist es aber unmöglich, im Dunkel der Nacht Leute zu sehen, selbst wenn man seine Augen mitsamt den vermuteten Lichtkegeln hin und her schwenkt. Diese Theorie wurde also fallengelassen und durch die heute gängige Erklärung ersetzt, wobei die Ausarbeitung der Details einige Jahrhunderte in Anspruch genommen hat.

Die Beleuchtung unserer sonst nicht sichtbaren Gäste im abendlichen Wohnzimmer ist besonders bemerkenswert. Denn die Glühbirne, die das Phänomen bewirkt, hat lediglich eine Oberfläche von wenigen Quadratzentimetern, während unsere Gäste – selbst nach einer mehrwöchigen strengen Diät – jeder für sich eine Oberfläche von mehr als einem Quadratmeter aufweisen. Sollten nun all die dafür notwendigen Photonen aus dieser kleinen Glühbirne kommen? Es wäre problematisch, wenn es sich bei den Photonen um winzige Kugeln handeln würde, die, von der Glühbirne ausgehend, durch den Raum trudeln und die Gäste mit einem bestimmten Maß an hellem Licht besprenkeln, das diese dann reflektieren. In einem solchen Fall müßten die dafür notwendigen Photonen im Innern der Birne schon sehr dicht gepackt sein, damit sie auch alle hineinpassen. Des Rätsels Lösung ist, daß es sich bei den Photonen, die aus unserer Glühbirne hervorquellen, nicht um kleine Kugeln handelt, auch nicht um klitzekleine Kugeln, sondern um etwas anderes: nämlich Teilchen, die nichts wiegen, die überhaupt keine Masse haben, aber glücklicherweise in der Lage sind, eine be-

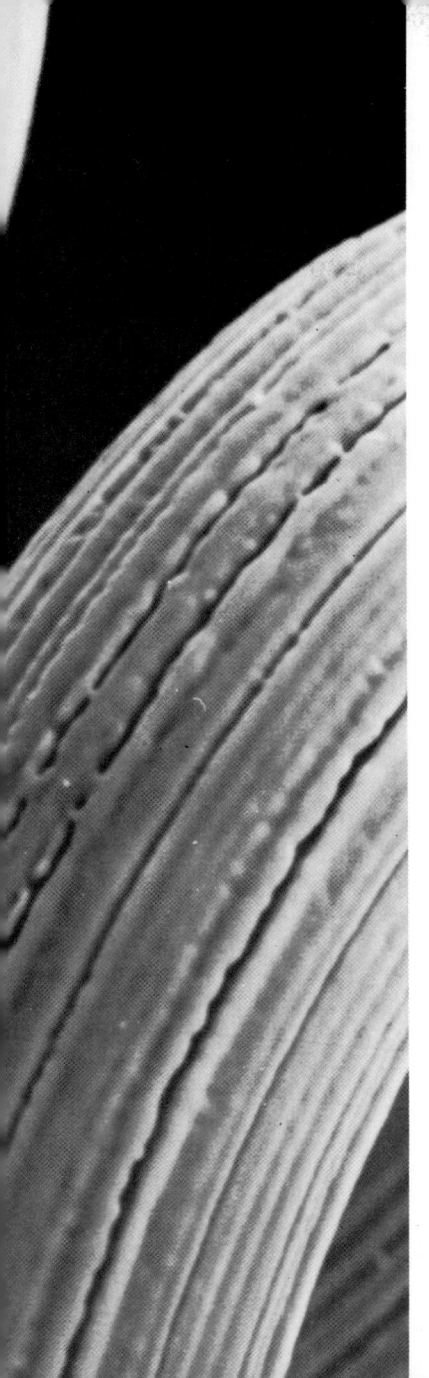

Der Glühfaden im Innern einer Birne.
Ein elektrisches Feld, das sich bis zum
Kraftwerk hin erstreckt, wirkt in diesen
Windungen und heizt sie auf, so daß sie
deutlich aufglühen wie ein Miniatur-
brandeisen und sichtbares Licht
abgeben.

stimmte Energiemenge mit sich zu führen, wenn sie durch die Luft schwirren. Diese Energie, die gegen das Gesicht und gegen die Kleidung unserer Gäste prallt, ist es, die zurückschnellt und auf unser Auge trifft. Oder, genauer gesagt, etwas davon schnellt zurück und trifft auf unser Auge; der größte Teil der Energie wird verschwenderisch in alle Richtungen verteilt, stößt gegen die Wände, gegen den Teppich, gegen unsere Schuhe oder gegen unsere Nase. An jeder dieser Stellen wäre ein deutliches Bild von den Gästen sichtbar – es schwirren eben genug Photonen umher –, wenn nur jemand da wäre, der Interesse hätte, sie zu sehen.

Diese enorme Verschwendung fehlgeleiteter Photonen ist nur möglich, weil der Glühfaden in unserer Birne ständig mit neuen Teilchen dieser Art versorgt wird, die dann in den Raum abgegeben werden können. Sie stammen aus dem Kraftwerk, das sich am anderen Ende des elektrischen Versorgungssystems für dieses Haus befindet, doch da es sich um solch extrem winzige Teilchen handelt und da sie überhaupt nichts wiegen, ist es nicht nötig, sie im Elektrizitätswerk zusammenzuquetschen, um sie dann irgendwie durch die Leitungen zu drücken. Die unter Putz liegenden Leitungen in unserem Haus sind nicht mit Photonen ausgefüllt. Was vom Kraftwerk kommt, ist nur ein elektrisches Feld, das stark genug ist, um die Photonen hervortreten zu lassen, so daß sie von den Atomen, aus denen der Faden in unserer Glühbirne besteht, wegfliegen. Solange diese Atome mit Energie aus dem Kraftwerk versorgt werden, haben sie keine Probleme damit, ständig neue Photonen auszusenden.

Wenn man nun gemütlich beisammensitzt, beginnt sogleich die Unterhaltung, ein Schwall von Worten, ein Gemurmel und Geplapper. Bei einer normalen Konversation werden pro Sekunde zehn verschiedene Sprachlaute ausgestoßen, und in besonders feurigen Momenten kann sich die Zahl auf über fünfzehn erhöhen. Die Konsonanten sind bei diesem Redeschwall am schwersten auszumachen, denn es handelt sich um sehr kurze Laute, die recht unscheinbar sind und, von der Akustik her gesehen, nur wenig Kraft besitzen. Die Vokale sind dagegen viel besser zu verstehen; deutliche, lang anhaltende Laute, die ihre Frequenz beibehalten. Bei einer kultivierten Sprechweise tauchen äußerst viele Konsonanten

Ein technisches Kunstwerk: isolierte elektrische Leitungen im Querschnitt. In der Mitte sieht man die Kabelader, den Leiter aus Kupfer oder Aluminium; die aus Kunststoff oder Gummi bestehende Umhüllung ist für die im Leiter befindlichen Elektronen undurchdringlich, so daß der fließende Strom nicht herauskommen kann.

auf, die nicht gerade schwungvoll durch den Raum plätschern, doch wenn es notwendig wird, über die kultivierte Sprechweise hinauszugehen, wenn der Sprecher gerade dabeigewesen war, einen Punkt genauer zu erläutern, und nun im Verlaufe einer erklärenden Geste plötzlich ein Glas Wein auf seinen Schoß verschüttet,

dann werden die zarten, unscheinbaren Konsonanten von den kraftvollen Vokalen abgelöst: Ausrufe des Ärgers oder des Unwillens basieren stets auf Vokalen; langgezogene Laute, deren Tonhöhe nicht verändert wird.

Der Grund für diesen Unterschied besteht darin, daß die Vokale von uns viel leichter gebildet werden können. Sie werden hervorgebracht, indem die Luftröhre geöffnet bleibt, worauf die Etymologie bereits hindeutet, den »Vokal« ist einfach eine Ableitung vom lateinischen Wort »vox«. Leute, die eigentlich nichts zu sagen haben, können leicht den Eindruck erwecken, sehr viel zu wissen, oder zumindest das Gespräch zu beherrschen, indem sie sich einfach weigern, ihren Mund zu schließen, nachdem sie einen Vokal gebildet haben. Der Selbstlaut, der so leicht erzeugt werden kann, strömt mühelos beständig aus dem Mundkanal hervor, was auch die endlosen Begrüßungszeremonien in den Hollywoodfilmen erklärt.

Der Horror vor den Konsonanten, der Drang, sie bei jeder Gelegenheit zu eliminieren, kommt daher, weil sie so ungleich viel schwieriger zu bilden sind als die Vokale. Komplizierte Ausgestaltungen des Rachenraumes oftmals in Verbindung mit Verdrehungen der Zunge sind nötig, um einen annehmbaren Konsonanten hervorzubringen. Diese mühsame Konstruktion führt auch dazu, daß die Konsonanten kraftlos bleiben und somit nicht allzu gut zu hören sind. Aber trotzdem: Es ist nun einmal unser unglückliches Schicksal, von diesen Mitlauten abhängig zu sein, denn ohne sie sind wir nicht in der Lage, die Bedeutung unserer Worte zu übermitteln. Atonale Sprachen wie unsere europäischen sind nicht geschickt genug, ihre Vokale voll auszunutzen, sie in der Tonhöhe nach oben oder unten zu verändern, wie es bei verschiedenen orientalischen Sprachen zum Beispiel der Fall ist. Und so sind wir mit unseren lediglich fünf verschiedenen Grundvokalen, die wir

Oben: Keine Luftnahme von einer Straße, die durch die Wüste von Utah führt, sondern die räumliche Trennung von zwei Musikstücken auf einer Langspielplatte. Bei den umherwirbelnden »Salbeisträuchern« handelt es sich um Staubpartikel. Mitte: Der Tonarm mit seiner Diamantnadel (unten) schleppt sich die Rille entlang. Verläuft die Rille fast geradlinig, ertönt leise Musik; eine sehr wellige Rille läßt laute Musik erklingen.

zur Verfügung haben, steckengeblieben, mit unseren bekannten a, e, i, o, u, wobei manchmal noch die Variationen, ä, ö, ü und y hinzukommen. Fünf und ein paar halbe Vokale können nun aber keine gutentwickelte Sprache hervorbringen. Nur durch Verbindung dieser Grundvokale mit vielen anderen, komplizierten Lauten kann ein ausreichend interessanter Wortschatz entwickelt werden, und diese komplizierten Laute, die einzigen, die der Mensch aus Mangel an Möglichkeiten erzeugen kann, sind genau die bereits behandelten, kraftlosen, die Luftröhre verzerrenden, schwer zu verstehenden, armseligen Konsonanten.

Genau diese müssen wir also auch empfangen, wenn wir einen Sinn aus der Flut von Lauten bei einer Abendgesellschaft herausfinden wollen. Ob wir sie hören, hängt davon ab, wie nachhallend die Wände sind. Wenn die Wände weich und porös sind, wenn die konsonantenübertragenden Schallwellen, die auf sie auftreffen, von Mikro-Nischen im Putz oder in den Gardinen eingefangen werden und einen Großteil ihrer Energie aufbrauchen, indem sie die in den Nischen befindliche Luft erwärmen, können die Wände nicht viel von dem Schall reflektieren. Das bedeutet jedoch nicht, daß sehr weiche Oberflächen überhaupt nichts reflektieren – dafür würde man eine Wand benötigen, deren Oberfläche ein hundertprozentiges Absorptionsvermögen aufweist, oder eben gar keine Wände. Wenn sich in der Wand allerdings genug Poren befinden, wird der Schall infolge seiner ständigen Reisen von Oberfläche zu Oberfläche schon bald derart geschwächt sein, wird durch die unnütze Erwärmung der Luft so viel Energie verloren haben, daß er zu leise ist, um noch gehört werden zu können. Solange der reflektierte Schall $\frac{1}{20}$ Sekunde nach seiner Entstehung die Unhörbarkeit erreicht – was einer vom Rückprall an gemessenen Strecke von nicht mehr als elf Metern entspricht –, verzerrt er nicht den ursprünglichen Schall, der die entscheidende Konsonanteninformation mit sich führt. Sollten die Wände jedoch zuwenig von den Geräuschen schlucken und diese sogar noch nach diesem Intervall von $\frac{1}{20}$ Sekunde laut und klar zurückwerfen, so würden sich die bedeutungsvollen Konsonanten enthaltenden Worte mit den reflektierten Tönen vermischen und sich in einen unverständlichen Klangteppich verwandeln. In Großraumbüros ist es deswegen so laut, weil sie sich mit reflektierten Geräuschen anfüllen – mit dem Scharren von Nagelfeilen, dem Rascheln von Papier und flüchtigen Bemerkungen, die um Ruhe bitte –, all dies schwirrt im Niemandsland über den rechteckigen Raumaufteilungen und den Schreibmaschinen umher, all dies kommt später an als diese entscheidende ¹⁄₂₀ Sekunde und vermittelt so den Eindruck einer ständigen, verworrenen Geräuschkulisse.

Die Geschichte der Musik kann auch betrachtet werden als die Geschichte, sich in Räumen mit einer schlechteren Bauart als der der Großraumbüros Gehör zu verschaffen. Die mittelalterlichen Kathedralen wurden aus Stein gebaut, und da dieses Material so gut wie keine Luft enthaltenden, absorbierenden Poren besitzt, die notwendig sind, um die auftreffenden Schallwellen zu schlucken, konnte man in diesen Bauwerken lediglich einfache, sehr langsame, einstimmige Gesangsstücke ohne irgendeinen begleitenden Rhythmus aufführen. Auf uns wirkt diese Musik sehr monoton, aber in Bauwerken, in denen die Nachhallzeiten bis zu 10 Sekunden lang sein können, würde alles, was nur etwas schwungvoller ist, nicht mehr klar und deutlich zu hören sein. Solange die Musik in diesen großen Steinkirchen verblieb, wurden ihre Ausdrucksmöglichkeiten durch die Nachhallzeit stark begrenzt. Das ist der Grund, weshalb Palestrinas Choralwerke, die Ende des 16. Jahrhunderts entstanden sind, kein ausgeprägtes Taktmaß haben und aus lange gehaltenen, sich überlappenden Tönen bestehen – und genauso mußten sie auch aufgebaut sein, da sie noch für die alten Kirchen komponiert worden waren. Erst im folgenden Jahrhundert ergaben sich neue Möglichkeiten, und zwar wegen der Entwicklung der avantgardistischsten und von der Technik her ausgereiftesten Bauwerke der damaligen Zeit: die Barockkirchen. Diese waren meist kleiner als ältere Bauwerke; außerdem wurden sie mit vergoldeten Verzierungen und unzähligen verschnörkelten Holzdekorationen ausgestattet und mit weißen Anstrichen versehen. In jeder Kirche befanden sich zahlreiche mit Mikroporen versehene Strukturen und Gebilde, die Schallwellen schluckten, und ermöglichten es dadurch experimentierfreudigen, jungen Komponisten – wie auch Bach –, neue Musikformen zu entwickeln, die durch besondere Schnelligkeit und Polyphonie gekennzeichnet waren.

In Italien entstand sogar etwas noch Besseres. Die ersten großen Opernhäuser, die geradezu vollgestopft waren mit schallabsorbierenden Plüschsitzen, Privatlogen, Holzbauten und -dekorationen, eröffneten die Möglichkeit für die Aufführung noch schnellerer Musik. Mozart und seine unmittelbaren Vorgänger nutzten die neuen Bauwerke in wundervoller Weise aus. Sie begannen, Stücke für mehrere Flöten und Violinen zu komponieren, für Instrumente also, die, verglichen mit den vorher populären, riesigen Orgeln, winzig waren, die jedoch, gerade weil sie so klein waren, benutzt werden konnten, um viele kurze, schnell aufeinanderfolgende Töne hervorzubringen. Bei 132 Taktschläge pro Minute ist es zum Beispiel für einen Flötisten oder einen Geiger sehr leicht, bis zu vier Tönen pro Taktschlag zu spielen. (Ein klassischer Kontrabassist müßte sich dagegen schon sehr anstrengen, bei diesem Tempo überhaupt einen einzigen Ton pro Taktschlag hervorzubringen.) Für einige Ohren war dies sehr bedauerlich – daher die berühmte Bemerkung von Kaiser Joseph II.: »Zu viele Noten, mein guter Mozart, zu viele Noten!« – doch viele Zuhörer, besonders wenn sie es mit den einfachen kontrapunktischen Werken, die vorher entstanden waren, verglichen, schätzten diese Musik. (Katastrophal wird es natürlich, wenn man versucht, diese neue, schnelle Musik in den alten Steinkirchen zu spielen, weshalb während der Hochzeit von Prinz Charles und Lady Diana Spencer in der nachhallenden St. Paul's Cathedral auch nur sorgsam verlangsamte Musik zu hören gewesen war.)

Bei diesem Einblick in die Welt der Photonen und Schallwellen handelt es sich zwar lediglich um eine Kostprobe, es gibt noch unzählige weitere Anekdoten und interessante Dinge zu erzählen, doch nun kommt die Aufforderung, allem Einhalt zu gebieten – die Anekdoten verharren in der Schwebe –, denn es ist geplant, die Aktivitäten in einen anderen Raum zu verlegen. Es ist nämlich endlich soweit: Das Abendessen soll serviert werden.

Im Eßzimmer angelangt, geht sogleich eine bemerkenswerte Verwandlung vor sich. Die Maske der Zurückhaltung wird fallengelassen, und die Völlerei kommt zum Vorschein. Die Gäste machen sich über das Hors d'œuvre her, eifrig darauf bedacht, die an die

Nouvelle cuisine erinnernden, mit Erdnußbutter bestrichenen Cracker, die Selleriestücke und das Beste von den vielen anderen vor ihnen aufgetragenen Köstlichkeiten zu erwischen. Sie kämpfen damit, möglichst schnell zu kauen, schlingen alles hinunter, denn auf dem Tisch warten noch viel mehr appetitliche Vorspeisen, und wenn sie nicht gleich alles in sich hineinstopfen, könnte all dies wieder abgedeckt, aus ihrer Reichweite entfernt und in die Küche gebracht werden, ohne daß sie überhaupt die Chance gehabt hatten zuzugreifen! Gierige Hände packen verzweifelt die Brötchen, starre Augen suchen nach der Butter, die hastig aufgestrichen wird, während die Münder noch voll sind. Ernste Grunzlaute werden ausgestoßen, etwas verhaltene, aber deutliche Grunzlaute, um sicherzustellen, daß das eigene Glas beim allgemeinen Auffüllvorgang nicht durch irgendwelche widrigen Umstände vergessen wird. Feuchtigkeit steigt von den schwitzenden Gesichtern auf (zwei angestrengt essende Personen geben in 15 Minuten mehrere Gramm Wasser ab); Kau- und Schlürfgeräusche breiten sich in der Luft aus und erfüllen den vormals stillen Raum. Das durch den Schnupfen hervorgerufene Schwächegefühl und die daraus entstandene Unsicherheit sind verschwunden.

Zugegeben, es handelt sich um ein bedauernswertes Spektakel, doch früher ist es noch viel schlimmer gewesen. Die überlieferten Anstandsregeln offenbaren die traurige Wahrheit: Mittelalterliche Könige, tapfere Ritter und auch die schönen Frauen am Hofe, sie alle mußten wiederholt darauf hingewiesen werden, nicht auf den Tisch zu spucken und ihre Zähne nicht mit dem Messer zu säubern. Außerdem wurde deutlich erklärt, daß die Angewohnheit, das Essen mit beiden Händen gleichzeitig zu ergreifen, obwohl es verständlich war, auch unterlassen werden sollte. Die korrekte Vorgehensweise war, lediglich mit drei Fingern am Fleisch zu reißen; und falls zuviel auf einmal in den Mund gestopft worden war, sollte das Übermaß diskret auf den Fußboden gespuckt werden und nicht etwa auf den Tisch oder aber, was offenbar oftmals gemacht wurde, zurück auf das Servierbrett.

Diese Tischsitten wurden bis in die Zeit der Frührenaissance beibehalten, was zum großen Teil darauf zurückzuführen ist, daß einem damals noch nicht dieses für uns selbstverständliche kulina-

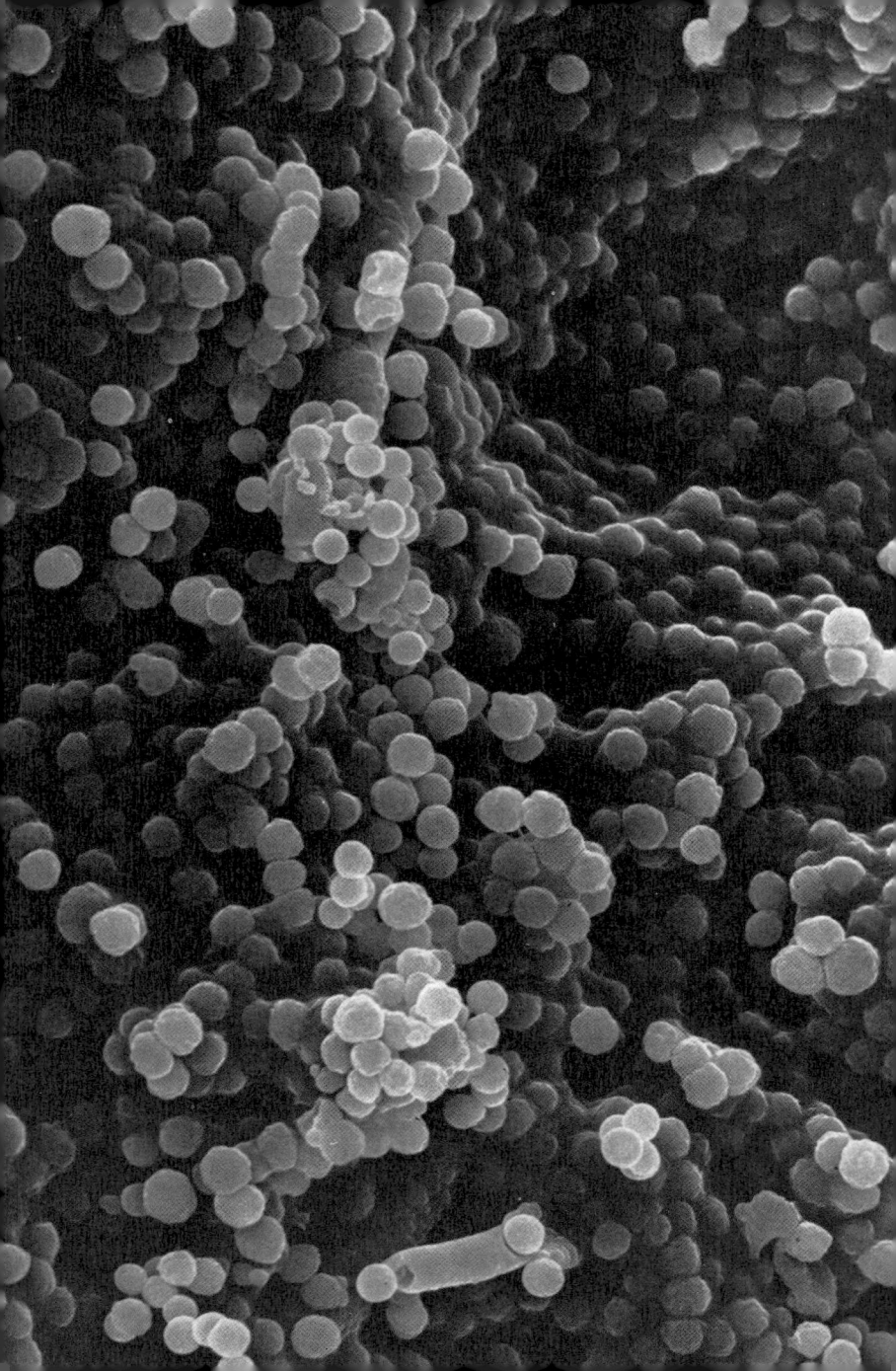

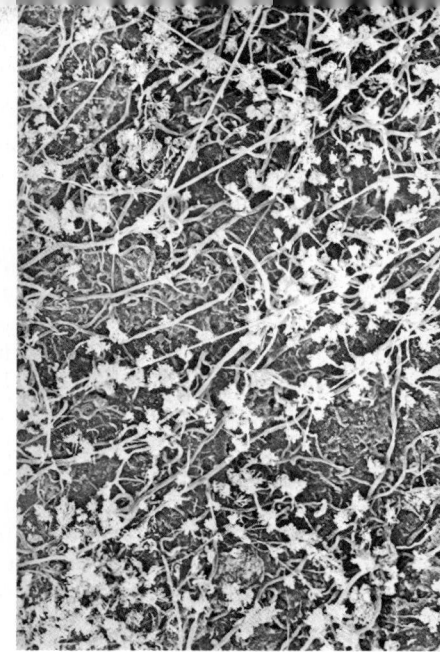

Zwei Schimmelpilzarten auf unserem Käse. Das Perlen bildende Penicillin im Gang eines Stiltonkäses. Oben: Farnförmige Penicillinarten im Cheddarkäse. Beide sondern einen Giftstoff ab, um konkurrierende Mikroben zu töten – ebenso wie es ihre medizinisch wertvollen Verwandten tun.

rische Werkzeug mit den drei bis vier Zinken zur Verfügung gestanden hatte: die Gabel. Selbst in Italien benutzte man bis zur Mitte des 16. Jahrhunderts beim Essen keine Gabel, und in den rückständigen nördlichen Ländern wie England und Preußen wurde sie erst gegen Ende des 17. Jahrhunderts gebräuchlich. Während der Übergangszeit gab es in der englischen Oberschicht einige Probleme: Manchmal wurde das Essen in der alten, bequemen Weise mit der Hand hochgehoben, und erst wenn man es sicher im Griff hatte, spießte man es mit der Gabel auf, um es dann in den Mund zu befördern. In der Tat stellt die ganze Konzeption der Gabel eine mechanisch herbeigeführte Distanzierung des Körpers von der äußeren Welt dar. Interessant ist, daß diese Erfahrung erst gleichzeitig mit anderen uns heute so vertrauten Dingen, die eine künstliche Trennung von Körper und Außenwelt erzeugen, ihre Verbreitung fand; doch auf diese Dinge, Taschentuch und Schlafanzug, gehen wir später noch etwas genauer ein.

Bei dem Überangebot auf unserem Tisch achtet wohl keiner darauf, *was* sich eigentlich in diesen köstlichen Bissen, die man in sich hineinschaufelt, befindet. Die Cracker mit Erdnußbutter werden ohne Verzögerung hastig verschlungen, wobei Gäste und Gastgeber überhaupt nicht an die durchschnittlich zwei darin enthaltenen Insektenteile denken. (Meist handelt es sich dabei um die abgerissenen Beine von Grashüpfern oder Spinnen, die nicht schnell genug davonhüpfen oder weglaufen konnten, als das Erntefahrzeug herankam; die Regierungsbestimmungen akzeptieren, daß derartige Teile wahrscheinlich im Erntegut enthalten sind.) Gäste und Gastgeber sind nicht weiter beunruhigt über die lebendigen Pilze, große, sprießende Kolonien, die es sich in den Höhlungen des aus Roquefort stammenden Schafkäses gemütlich gemacht haben, und auch nicht über die unzähligen Bakterien, die durch all die anderen Leckerbissen schwimmen, gleiten, springen und kriechen. Nur eine genaue Untersuchung mit dem Mikroskop könnte diese Geschöpfe für uns sichtbar machen, aber ein gesitteter Gast würde nicht wie etwa Louis Pasteur daran denken, seinen Gastgeber durch das Mitbringen eines derartigen Geräts in Verlegenheit zu bringen. Ein echter, sensibler Feinschmecker mit großem Hunger würde sich vielmehr etwas nach vorne lehnen und dicht vor den leckeren Sachen, die vor ihm stehen, tief durchatmen. Dies könnte man als »osmotische« Prüfung bezeichnen, anscheinend ein natürlicher Impuls des menschlichen Körpers, wenn er mit Gerüchen von Nahrungsmitteln konfrontiert wird. Eine gutgeschulte Nase kann viel entdecken. Versuchen die Gastgeber etwa, einem ihre alte Butter unterzuschieben, während sie die bessere und frischere für sich selbst zurückbehalten? Durch Anwendung des Nasentests kann man leicht dahinterkommen, denn die Butter bildet, wenn sie ranzig wird, bestimmte Fettsäuren, die, wie sich herausstellt, mit der stark riechenden Substanz, die eine läufige Hündin ausströmen läßt, identisch sind. Auch der Schmorbraten ist einen tiefen Atemzug wert – es könnte ja sein, daß man dieses Gericht als Möglichkeit genommen hatte, alte Fleischstücke, die sonst nicht mehr zu gebrauchen waren, weich und schmackhaft zu machen –, und wo man nun gerade dabei ist, kann man schnell noch am Brot, an den Stampfkartoffeln, an der Suppe und an all den anderen Sachen riechen.

Wobei ein Problem auftritt. Es ist sehr schwierig, das Abendessen, das einem serviert wird, kurz zu beschnuppern, ohne daß es auffällt. Nur wenige von uns würden sich so ungehobelt benehmen wie der soeben beschriebene Gast; doch immer, wenn wir uns in einer Umgebung wiederfinden, in der viele neue Gerüche, insbesondere die von Nahrungsmitteln, auf uns einströmen, wird der Drang, sie tief einzuatmen, sie genauer zu untersuchen oder zumindest einen Hauch von ihnen zu erwischen, nahezu unwiderstehlich. Es ist aber sehr schwierig, diesem Drang freien Lauf zu lassen, ohne unangenehm aufzufallen. Gerüche werden erst tief im Innern der Nase wahrgenommen, was bedeutet, daß wir die Luft, in der sich die Duftstoffe befinden, sehr kräftig ansaugen müssen. Beim normalen Atmen gelangt die Luft lediglich mit einer Geschwindigkeit von sechs Stundenkilometern in die Nase. Um einen Geruch gut wahrzunehmen, muß die angesaugte Luft jedoch eine Geschwindigkeit von mindestens dreißig Stundenkilometern erreichen. Dies entspricht der Windstärke 5 auf der Beaufortskala; der Definition nach eine frische Brise, bei der kleine Laubbäume zu schwanken beginnen und sich Schaumköpfe auf Seen bilden. Keinem Gastgeber würde dies nicht auffallen. Die meisten von uns beschreiten daher einen Mittelweg, wenn wir am Tisch unserer Gastgeber sitzen: Wir geben vor, die verlockenden Düfte nicht tief einzuatmen, tun so, als ob wir nicht im geringsten daran interessiert sind, die Eigenschaften der Köstlichkeiten, die vor uns stehen, mit Hilfe unserer Nase genauer zu untersuchen, achten aber sorgsam darauf, unsere Bissen kurz vor der Einverleibung einen kleinen Augenblick länger als nötig vor uns zu halten, gerade lang genug, um ganz beiläufig – in der Hoffnung, daß in genau diesem Moment niemand zu uns hinschaut – unsere Muskeln anzuspannen, so daß die dreißig Stundenkilometer erreicht werden, die notwendig sind, um die unscheinbaren, aber ach so verlockenden Duftmoleküle in die Nase zu bekommen.

Salz. Reine Natrium- und Chlorionen bilden einen vollkommenen Würfel, während Unreinheiten im Tafelsalz bewirken, daß skurrile Gebilde aus verketteten, nur teilweise ausgebildeten Blöcken entstehen. Sie sind so stabil, daß sie nicht auseinanderbrechen, wenn sie auf unser Essen geschüttet werden.

Gäste, die keine Skrupel haben, direkt vor ihrem Essen mit gesenktem Kopf und weit geöffneten Nasenlöchern tief einzuatmen, brauchen wahrscheinlich auch nicht allzulange, um in der nächsten Umgebung ihres Tellers ein Chaos zu erzeugen. Überall liegen zerbröselte Brotkrümel, Bratensoßenspritzer und versehentlich verschüttete Salzhäufchen herum. Im Falle des Salzes kann man nicht unbedingt von bloßer Verschwendung sprechen, da es ein ausgezeichnetes Mittel gegen Bakterien ist, die sich auf der Essensportion unseres Gastes befinden. Bei diesem unabsichtlich hervorgerufenen Gemetzel, das sich unterhalb des vergnügten Zuprostens und fortgesetzten Schlemmens abspielt, handelt es sich um einen Prozeß, der in mehreren Phasen abläuft. Das erste, was die auf unserem Essen befindlichen Bakterien tun, wenn sie von dem herabrieselnden Salz umgeben werden, ist, daß sie anfangen, durch Öffnungen in ihrer Außenhülle möglichst viel Wasser aufzunehmen in dem Versuch, das brennende Salz zu verdünnen. Auf dem Teller eines taktvollen Gastes, der sein Essen nur leicht salzt, schließen die Bakterien ihre Öffnungen nach kurzer Zeit wieder, und der Prozeß ist somit beendet. Doch auf dem Teller eines wilden Salzfanatikers müssen die Bakterien immer mehr Wasser aufnehmen. Ungefähr nach einer halben Minute sind sie derart mit der lindernden Flüssigkeit angefüllt, daß sie fast so aussehen wie Männer in Gummitaucheranzügen, die im Stil des Michelinmännchens angeschwollen sind, da zuviel Wasser in sie hineingeraten ist. Was nun auf dem Teller geschieht, ist unvermeidlich: Ein weiteres herabrieselndes Salzkörnchen, folglich ein weiterer Reflex, Wasser aufzunehmen, und das Geschöpf platzt. Auf dem Essen bleiben nur die zerfetzten Überbleibsel der Bakterienhülle zurück, die anzeigen, wo sich die Kreatur einstmals befunden hat. Verschütteter Wein führt zum gleichen Ergebnis, jedoch auf entgegengesetzte Art und Weise. Er bringt die Mikroben dazu, daß sie austrocknen und zu harten, gummiartigen Scheiben gerinnen.

Im Verlaufe der stürmischen Völlerei geht auch einiges daneben, was nicht auf dem Tisch landet, sondern in höhere Sphären gelangt, zum Beispiel auf das Gesicht der essenden Person – Gabel und Löffel sind so klein, die Portionen dagegen so groß, und dann gibt es noch all diese unangenehmen Teile, die auf Grund ihrer

Form schwer zu handhaben sind, so daß ein unglaubliches Geschick vonnöten ist, um sie hochzubekommen und in den Mund zu verfrachten. Auf Wangen und Unterkiefer bleibt das Fett kleben, während die Bratensoße das Kinn hinunterläuft. Diese Substanzen, die vorher bereits den Drang zum tiefen Einatmen hervorgerufen hatten, provozieren auf ihrem neuen Aufenthaltsort nun erneut ein tiefes Einatmen oder sogar ein Schnaufen. Besonders wirksam ist Knoblauch, denn die zerdrückten Zehen auf dem Weißbrot enthalten Allicinmoleküle, für sich gesehen recht große Objekte, die in ihrem Innern verderblichen Schwefel sicher unter Verschluß halten. Unglücklicherweise findet sich im Knoblauch außerdem noch ein Enzym, das auf ideale Weise dafür geeignet ist, den im Allicin befindlichen Schwefel herauszulösen. Befindet sich dieses Enzym in einem auf dem Gesicht oder an den Lippen haftenden Fettfleck, fängt es an, sich durch das Allicin zu arbeiten, und setzt dabei die Schwefelteilchen frei. Diese geben nicht nur einen starken Geruch ab, sondern sind auch sehr klein, was es ihnen ermöglicht, von dem schwitzenden Gesicht auch loszufliegen und im Raum herumzutrudeln, so daß die anderen anwesenden Personen mit dem ausgeprägten Geruch fertig werden müssen. Wenn der Verteiler dieser Knoblauch-Duftstoffe genug Fettflecken auf seinem Gesicht hat, werden natürlich zahlreiche Allicinmoleküle von diesem Fett aufgenommen, was schließlich zur Folge hat, daß die besprenkelte Person im Schutz dieser entstandenen Gasmaske in Ruhe, ohne von durchdringenden Gerüchen belästigt zu werden, essen kann.

Aber irgendwann haben alle guten Dinge einmal ein Ende. Es kommt der Moment, in dem der essende Gast gezwungen ist, eine Pause einzulegen. Er hebt sein verschmiertes Gesicht, wischt sich über sein fettiges Kinn und bittet demütig um Erlaubnis, dorthin zu gehen, was im Mittelalter *Necessarium* genannt worden ist. Unser

Folgende Doppelseite: Diese beiden Thermogramme machen deutlich, was geschieht, wenn man sich nach dem Essen einen Schnaps genehmigt. Links: Das Gesicht einer Person vor dem Trinken. Die Farbskala am unteren Bildrand geht von weiß, was die wärmsten Stellen anzeigt, bis hinunter zu blau und grün. Rechts: Das gleiche Gesicht nur wenige Sekunden nach der Einnahme eines Drinks. Es hat sich stark erwärmt – die Temperatur der Wangen ist um fast 3 Grad Celsius angestiegen.

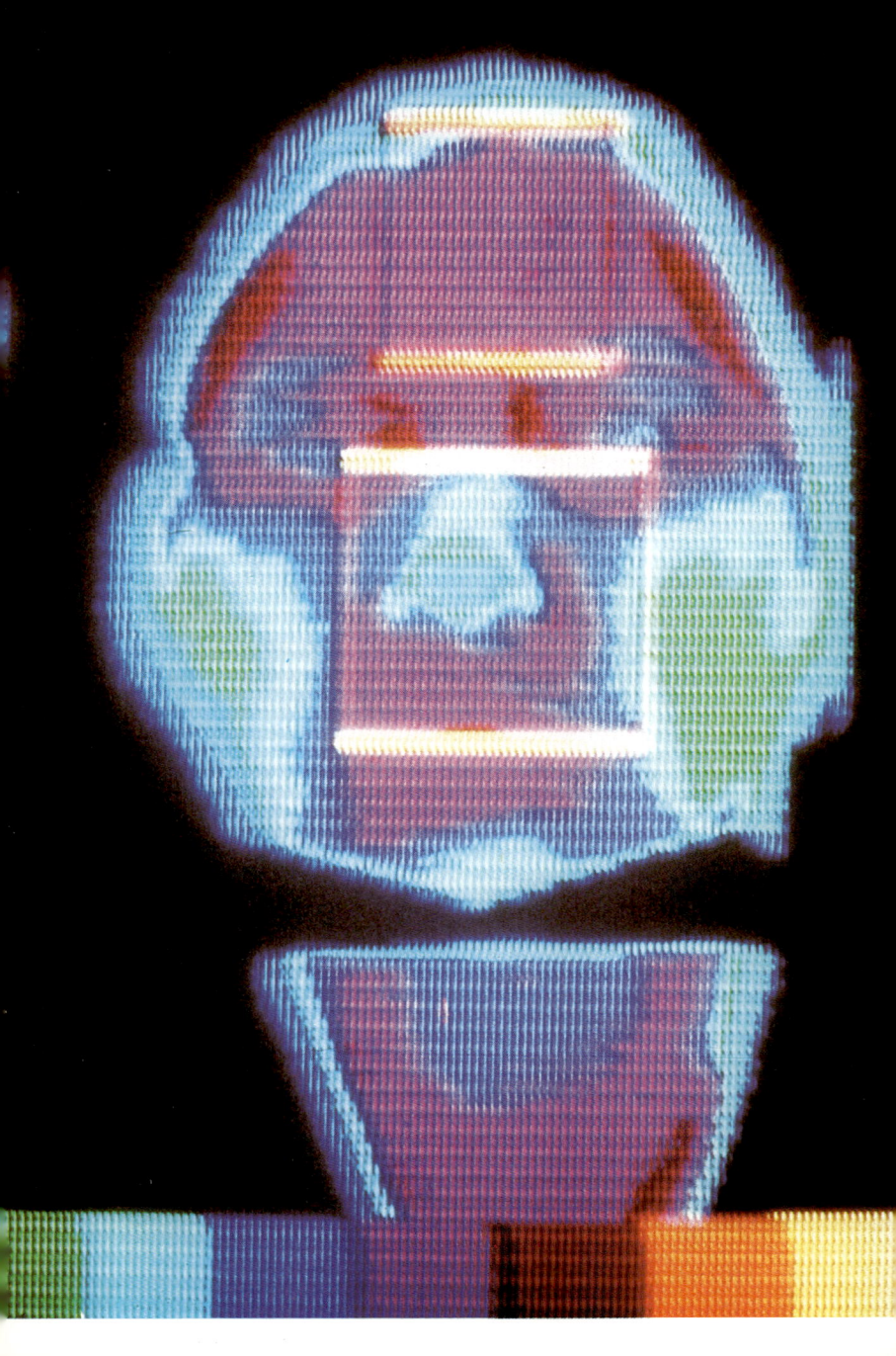

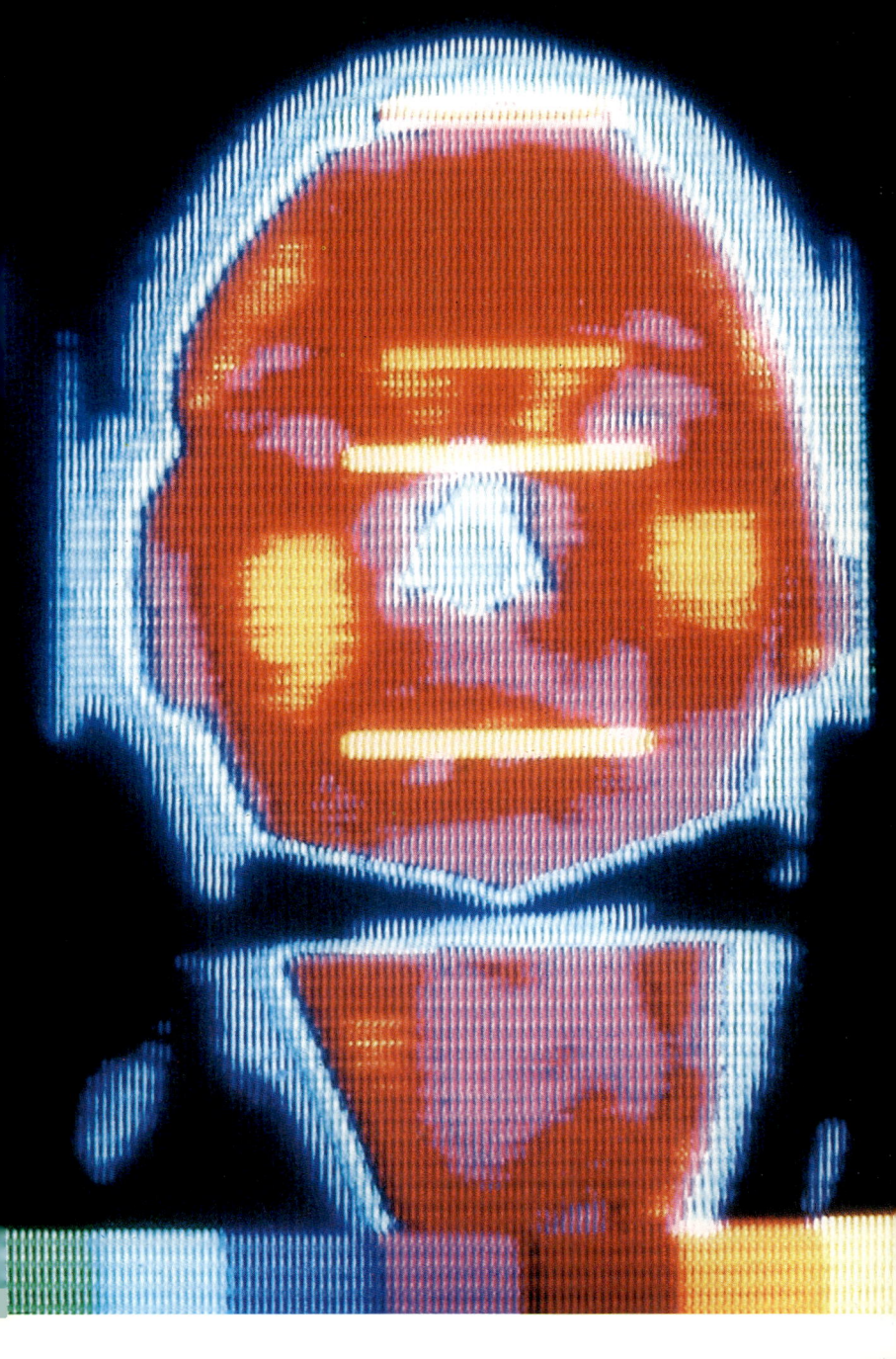

Interesse, ihn dorthin zu begleiten, während er durch den Hausflur irrt und auf der Suche nach dem richtigen Ort in die Besenkammer oder sonstwo hineinschaut, ist nicht von lüsterner Natur. Was der Gast dort drinnen tut – besonders wenn es sich um jemand handelt, der eine Erkältung hat –, ist vielmehr von äußerster mikrobiologischer Wichtigkeit für die Hausbewohner, die im Anschluß daran weiter mit ihm an einem Tisch essen und außerdem nach seinem Weggang weiterhin in diesem Haus leben.

Wenn die Spülung einer Toilette betätigt wird, dann verschwindet der größte Teil des Wassers mitsamt Inhalt normalerweise wirbelnd im Abflußrohr, doch durch dieses Gewirbel entsteht auf der Wasseroberfläche für einen kurzen Augenblick eine mit Luft durchsetzte Schaumschicht. Sie ist nur wenige hundertstel Zentimeter dick, aber genau weil sie so dünn ist, verharrt sie nicht an ihrem Ursprungsort. Dieser durch das Spülen entstandene Schaum trennt sich auf dem Weg nach unten von dem übrigen Wasser, schwebt kurz in der Luft und gleitet dann nach oben. Er steigt als feiner Aerosolnebel auf, der weder sichtbar noch fühlbar ist, aber dennoch schätzungsweise fünf bis zehn Milliarden winzige Wassertröpfchen enthält.

Die Tröpfchen dieses feinen Nebels sind so klein, daß die Schwerkraft nur sehr wenig Einfluß auf sie ausübt. Sie werden von den Luftmolekülen, die aus ihrer Sicht die Größe von kleinen Kieselsteinen haben, von allen Seiten – auch von unten her – bombardiert, so daß sie weit nach oben bis unter die Zimmerdecke getrieben werden.

Die meisten Tröpfchen bestehen aus reinem Wasser, aber da das Innere eines soeben benutzten Toilettenbeckens nicht gerade der hygienischste Ort ist, handelt es sich auch bei recht vielen der aufsteigenden Tröpfchen nicht gerade um die hygienischsten Objekte. Die reinen Wassertröpfchen lösen sich schnell auf und verdunsten, doch diejenigen, die Bakterien oder Viren enthalten, bilden eine winzige Kugel um diesen lebendigen Mikrobenkern und schweben weiterhin unversehrt in der Luft umher. Diese Bakterien sind, ganz im Gegensatz zu den vielen harmlosen Arten im Haus, pathogen, das heißt, sie sind krankheitserregend. Kurz vorher haben sie sich noch in den unteren Verdauungsorganen befunden. Der menschliche Kot enthält tatsächlich außerordentlich viele Viren, lebende Bakterien und auch tote Bakterienkörper. Man schätzt die Zahl der pathogenen Tröpfchen nach Betätigung der Toilettenspülung auf 60 000 bis 500 000.

Obwohl diese Mikrotröpfchen leicht sind und von der Luft nach oben gestoßen werden, kommen sie nach einiger Zeit wieder herunter. Einige landen bereits wenige Minuten nach dem Spülvorgang irgendwo, doch die meisten bleiben über eine Stunde lang in der Luft, und einige sind sogar noch am nächsten Tag dabei, langsam nach unten zu schweben. Der Aufprall bei der Landung wird durch das Wasser gedämpft, so daß die meisten Mikroben nach dem Aufsetzen noch am Leben sind.

Sie lassen sich auf dem Fußboden, im Waschbecken, auf der Zahnbürste und an den Wänden behaglich nieder. Einige landen auf dem Türgriff, manche auf der Lampe, wiederum andere halten sich am Handtuch fest, und fast alle haben keine Probleme damit, es sich gemütlich zu machen. Sie schaffen es so, bis zu elf Tage lang am Leben zu bleiben.

Womit wir uns wieder unserem Abendgast, der sich entschuldigt hatte, zuwenden. Da er eine Erkältung hat, ist wahrscheinlich auch sein Verdauungssystem nicht ganz in Ordnung. Die Bakterien, die dies bewirkt haben, schließen sich den Viren an – den Verursachern seiner Erkältung –, und als er die Toilettenspülung betätigt, steigen alle in dem feinen Aerosolnebel in die Luft auf.

Ebenso wie die anderen landen sie dann irgendwo im Raum. Nun ist es so, daß die beiden Gastgeber so gut wie immun gegenüber ihren eigenen Mikroben sind, jedoch wahrscheinlich nicht gegenüber diesen neuartigen Geschöpfen.

Dazu kommt, daß der Gast, der die Spülung betätigt, beim Hinausgehen von dem fein versprühten Nebel eingehüllt wird. Wenn er uns nun beim Erzählen einer Anekdote am Arm faßt oder, was noch schlimmer ist, wenn er den Servierlöffel ergreift, um sich eine zweite oder dritte Portion aufzutun, so läßt er einige seiner Mikroben dort zurück, die dann mit Sicherheit bald ihren Weg zu uns finden werden.

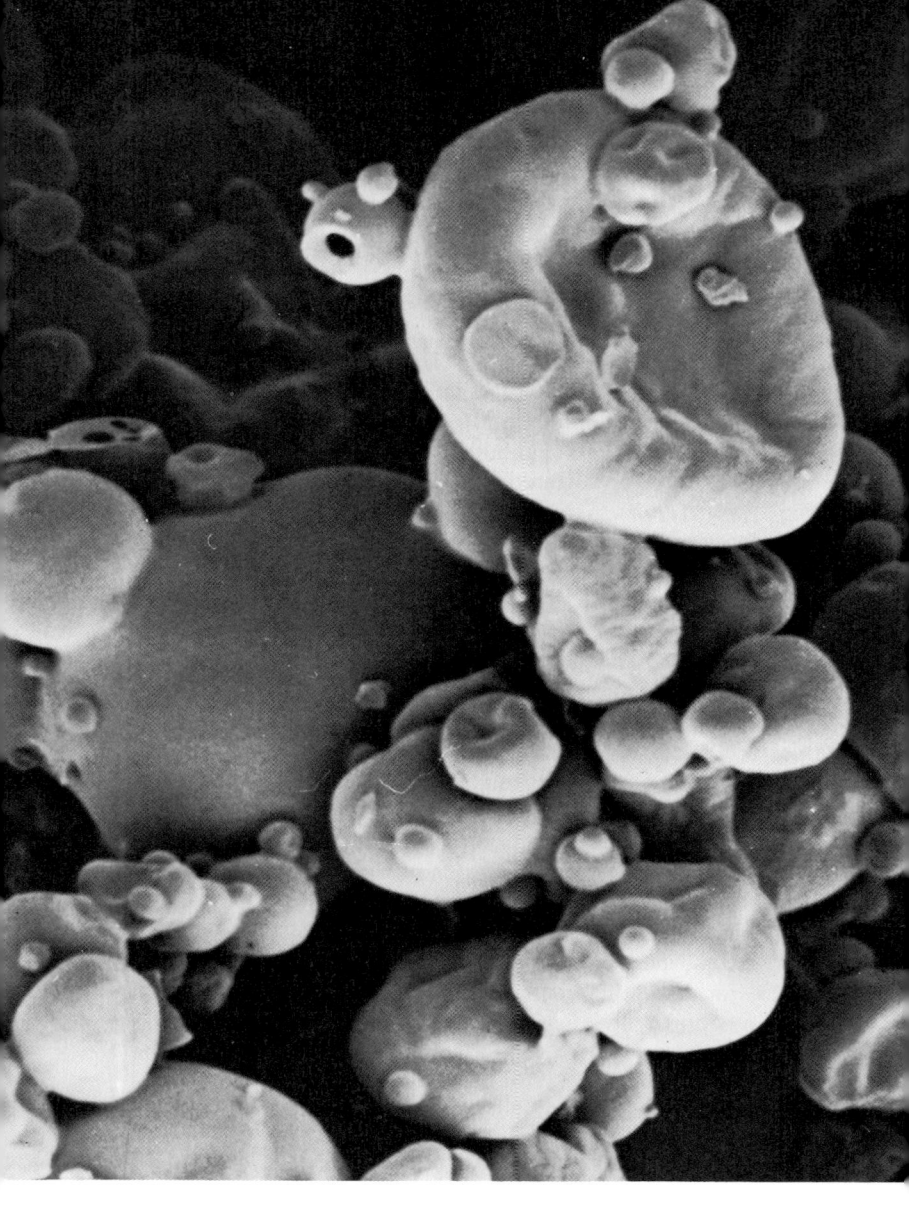

5. Kapitel
Das Abendessen wird fortgesetzt

Wieder im Speisezimmer angelangt, ist etwas äußerst Sonderbares zu beobachten. Während die in ständiger Bewegung befindlichen, essenden Personen am Tisch sitzen, steigt ein Luftstrom, der Teppichstaub, Pollen und Pilzsporen mit sich führt, vom Fußboden aus in die Höhe und saust mit hoher Geschwindigkeit in ihre Nasen hinein. Das ist wirklich seltsam. Wie kann dies in einem Speisezimmer geschehen, in dem keine einzige Luftdüse oder irgendeine Saugvorrichtung zu entdecken ist?

Die Ursache für dieses Phänomen ist erwärmte Luft. Der menschliche Körper sorgt dafür, daß er im Innern ständig eine Temperatur von 37°C hat; seine Außentemperatur ist etwas niedriger, aber immer noch recht hoch. Diese Wärme wirkt auf die Luft, die sich direkt an der Haut befindet; sie erwärmt die Luft, die dadurch an Dichte verliert. Schätzungsweise acht Liter Luft befinden sich zwischen der Haut und der Kleidung (eine bekleidete Fläche von 1,6 Quadratmetern mal eine Luftschicht von 5 Millimetern Dicke) und werden auf diese Weise erwärmt. Infolge des Dichteverlustes kommt die erwärmte Luft in Bewegung und zeigt ebenso wie die großen, durch einen Propanbrenner erhitzten Luftmengen in einem Heißluftballon die Tendenz an aufzusteigen.

Die über den Zehen befindliche erwärmte Luft entfernt sich einfach von den Schuhen und gleitet, einzelne Einheiten bildend, wie ein nach oben fallender Miniaturregen in die Höhe. Dieser Effekt wäre vielleicht von aeronautischem Interesse, doch er ist zu unbedeutend, denn diese einzelnen Lufteinheiten schweben voneinander weg und haben sich bereits vor dem Erreichen der Tischplatte getrennt. Bedeutsamer ist, was mit der von den Knöcheln erwärm-

Milchpulverkörnchen im heißen Kaffee. Sie schwellen an, brechen auseinander und lösen sich dann auf.

ten Luft geschieht. Sie taumelt in die Höhe, breitet sich aber nicht in der kühleren Luft des Raumes aus, sondern gerät in einen anderen warmen Luftstrom, der weiter oben von den behaarten Waden unter den Strümpfen ausgeht. Diese beiden Luftströme verbinden sich, schmiegen sich dicht an das Bein und schaffen es so, mit vereinten Kräften ihre aufwärts gerichtete Reise fortzusetzen.

Da ständig neue Schübe erwärmter Luft zu ihnen stoßen, während sie sich das Bein hinaufbewegen, wird die anfangs taumelnde Luftströmung beschleunigt und hat in Höhe des Knies bereits eine beachtliche Geschwindigkeit erreicht. Ein Teil der warmen Luft geht infolge der dortigen Kurve verloren, aber nur wenig, und die ständig stärker werdende Strömung wälzt sich am Oberschenkel entlang – ob unter dem Rock oder über der Hose, ist kein großer Unterschied –, nimmt die zweite Kurve an der Taille, und dann geht es erst richtig los. Die Anfangsgeschwindigkeit an der Ferse und an den Knöcheln hat 11 Zentimeter pro Sekunde betragen; hier an der Taille sind es nun bereits 25 Zentimeter pro Sekunde, und die Geschwindigkeit steigt weiter. Der Luftring, der den Bauch umgibt, wird schneller, saust über Unterhemden, Korsetts, Unterröcke oder gewagt frei gelassene Taillen hinweg und gelangt in die Höhe der Brustgegend. Dort ist wieder eine Abspaltung zu beobachten: Ein Teil des Luftstroms macht sich in horizontaler Richtung davon und gleitet über den Tisch; der Rest, der größte Teil, setzt seinen Weg nach oben weiter fort.

Zwei Dinge sind es wert, bei dem, was nun weiter geschieht, beobachtet zu werden. Bisher waren keine bedeutenden Hindernisse aufgetaucht, wodurch das ungestörte Aufsteigen der warmen Luftströmung ermöglicht wurde. Selbst ein stark gewölbter Bauch konnte ohne Schwierigkeiten umfahren werden. Doch sobald die Brustgegend erreicht ist, zeigen sich einige größere Hindernisse. Der Teil des Luststroms, der in die Achselhöhlen hineinschwebt, wird dort blockiert, ebenso die Teile, die zu den Ohrläppchen gelangen. Es handelt sich um die sogenannten Stagnationspunkte. Eine nochmalige Betrachtung des menschlichen Körperbaus macht deutlich, daß es außer den Achselhöhlen und den Ohrläppchen nur noch ein weiteres vorstehendes Hindernis gibt, daß einen Stagnationspunkt schafft. Bei einigen unserer Artgenossen hat dieser vor-

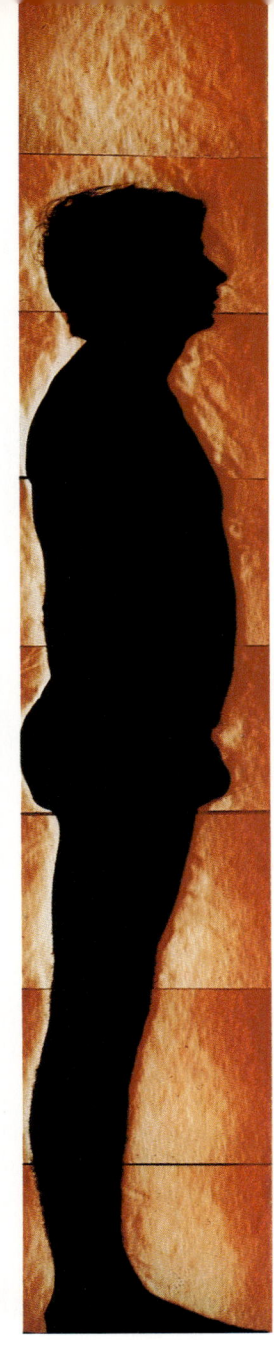

Fotografie eines Mannes im Profil, auf der die vom Körper in Gang gesetzten aufsteigenden Luftströmungen deutlich zu sehen sind.

stehende Körperteil edlere Proportionen als bei anderen, doch in allen Fällen ist er vorhanden, und die Luft saust dort hinein. Die Rede ist von der Nase, und der Grund, weshalb wir sie speziell behandeln, ist der, daß dieses edle Körperteil die ankommende erwärmte Luft nicht nur blockiert wie die Achselhöhlen und die Ohrläppchen, sondern sie auch noch einatmet.

Kommen wir zu unserer zweiten Beobachtung. Als der erste an Ferse und Knöchel entstandene Luftstrom aufzusteigen begann, rief er durch sein Verschwinden nach oben ein teilweises Vakuum hervor. Ein derartiges Vakuum knapp über dem Fußboden ist bestens dafür geeignet, Staub aufzunehmen. Der Schmutz wird also bis zu den Knöcheln angehoben, durch den nächsten Schub erwärmter Luft in die starke Strömung befördert und gleitet dann schließlich dicht am Körper entlang ebenfalls hinauf. Alles, was sich auf dem Fußboden befunden hat, steigt mit nach oben: Sandkörnchen, Blütenstaub, Pilzsporen, Asbestteilchen, Milbenkot, tote Milbenkörper, Schweißrückstände, winzige Krümel von Nahrungsmitteln. Für diese kleinen Teilchen handelt es sich um eine äußerst weite Reise; es ist geradezu so, als ob sie von einem Sturm erfaßt und nach Amerika hinübergetrieben werden. Das gleiche geschieht, jedoch in kleinerem Ausmaß, wenn wir unsere Hand – zum Beispiel über der Tischplatte – ausstrecken. Aufgrund der Wärme, die sie abgibt, wirkt sie wie ein Magnet. Der Staub auf dem Tisch, die Schimmelpilzsporen auf dem Käse, Salzpartikel; all dies taumelt nach oben, gleitet an den Fingern, an Hand und Arm entlang und erreicht Sekunden später den Nacken, wo es sich dann in den Hauptstrom hineinbegibt. Der Anteil, der bis zum Ohr gelangt, bleibt dort haften, was den ewigen Aufforderungen der wachsamen Mütter, auch diesen scheinbar abgelegenen Bereich zu waschen, recht gibt. Der Teil, der bis zum Stagnationspunkt der Nase vordringt, verschwindet in ihr – schätzungsweise 10 Prozent der Luft, die wir einatmen, wenn wir ruhig stehen oder sitzen, ist vom Fußboden aus an unserem Körper entlang hochgeströmt. Aber der größte Teil vom Fußboden aufsteigenden Luft setzt seine Reise nach oben ohne Verzögerung fort und gleitet in etwa zwei Zentimeter Entfernung am Augapfel vorbei. Sie strömt weiter in die Höhe, bis sie sich einen halben Meter über dem Kopf jeder am

Tisch sitzenden Person befindet, dann verteilt sich sich im Raum: Jeder trägt also einen unsichtbaren, brodelnden Heiligenschein.

Jetzt noch ein Donnerschlag, und die religiöse Szenerie wäre perfekt. Ein Unwetter, das sich den ganzen Tag über zusammengebraut hatte, beginnt nun, sich zu entladen.

Am Anfang eines Unwetters kommt meistens ein starker Wind auf. Wir erinnern uns, daß die Winde nicht nur einfach wehen, sondern auch angesaugt werden. Die Brise, die an einem sonnigen Nachmittag über unser Gesicht streicht, existiert nicht nur deshalb, weil sich uns eine große Luftmasse entgegendrückt: Die Luft allein verfügt nicht über die Fähigkeit, sich selbst voranzuschieben. Es ist noch eine Luftmasse in einiger Entfernung nötig, die sich möglicherweise mehrere Kilometer hinter uns befindet und weitaus mehr Vakuumbereiche enthält, als dies gewöhnlich der Fall ist; diese derart aufgebaute Luftmasse zieht die vor uns befindliche Luft zu sich hin.

Was natürlich ein wildes Durcheinander hervorrufen kann. Über jedem von uns erstreckt sich in der Atmosphäre eine Luftsäule mit einem Gewicht von ungefähr 1600 Pfund, genug, um jeden Quadratzentimeter der Hand, des Kopfes, des Fußes oder der Nase mit einem Gewicht von zwei Pfund zu belasten. (Der Grund, weshalb wir infolge dieses Drucks nicht zu einem backpflaumenartigen Gebilde zusammenschrumpfen, ist der, daß ein Teil dieser 1600 Pfund in uns eindringt und auf die gleiche mysteriöse Weise wieder hinausgelangt.) Wenn sich diese Luftmasse in Bewegung setzt, trägt sie alle möglichen Dinge mit sich fort. Einige davon wie zum Beispiel die Millionen mikroskopisch kleinen Kreaturen, die ständig eine Art Nebel bildend über unseren Köpfen schweben, haben so gut wie keinen Einfluß auf uns, so sehr sie dort oben auch umhergewirbelt werden. Aber andere Dinge wie beispielsweise die einzelnen Wassertröpfchen in der Luft bewirken schon mehr. Die weit oben wehenden Winde in einer Anhäufung von Gewitterwolken können 500 000 Tonnen Wasser und Eis mit sich führen. Dieses Eis hat zur Folge, daß die Luft in den Wolken kälter und schwerer wird als gewöhnliche Luft, und so fällt sie hinunter, sinkt erdwärts, irgendeiner gerade unter ihr befindlichen und bedauernswerten Stadt entgegen, ein frostiger, vertikal nach unten wehender Wind, der nicht innehält, wenn er den Boden erreicht hat, sondern seine Reise nach außen hin fortsetzt, sich ausbreitet wie fließender Honig, der auf einen Teller gegossen wird. Für uns Sterbliche, die wir auf der Erdoberfläche leben, zeigt sich eine Wirkung, die von den Römern *ventus* genannt wurde, eine Bezeichnung, die noch in unserem Wort »Ventilation« auftaucht und die über das altdeutsche *wint* zu unserem heutigen Wort »Wind« geworden ist.

Wenn sich das Unwetter genau über uns befindet, wirkt ein Luftsog, der stark genug ist, unser Haus anschwellen zu lassen. Die Fenster wölben sich leicht nach außen, die Wände dehnen sich nach außen hin aus, und die Luft im Innern, die diesen unwiderstehlichen Sog deutlich spürt, versucht, mit aller Macht zu entweichen. Handelt es sich um ein leichtes Gewitter, dann schwebt die Luft unter unserem Eßtisch und über dem dampfenden Schmorgericht lediglich die Treppe hoch und durch die dort oben geöffneten Fenster oder auch durch winzige Risse in den Wänden hindurch nach draußen. Wenn es sich jedoch um ein schweres Unwetter handelt und alle Fenster und Türen fest verschlossen sind, dann ist es der Luft nicht möglich, nach außen zu gelangen, und sie drängt und stemmt sich folglich gegen die Außenwände. Diese Situation gleicht dem Versuch, das Abendessen in einem anschwellenden Ballon fortzusetzen, und die daraus resultierenden Kopfschmerzen, über die dann viele Leute klagen, sind somit nicht weiter verwunderlich.

Es gibt noch ein drittes Stadium, das jedoch glücklicherweise nur sehr wenige von uns miterleben müssen. Immer weiter anschwellende Ballons platzen nach einiger Zeit, ebenso verhält es sich mit immer weiter anschwellenden Häusern. Wenn das Gewitter wirklich äußerst ungestüm ist und es sich direkt über uns entlädt, dann wirkt der Aufwärtssog mit einer Kraft von bis zu 1 Newton pro Quadratzentimeter. Ein Dach, das 10 Meter mal 6 Meter groß ist, hat eine Fläche von 600 000 Quadratzentimeter, folglich beträgt die nach oben ziehende Kraft ungefähr 600 000 Newton. Dies entspricht dem Gewicht von fünf großen Lastwagen. Das Resultat ist, daß das Dach wegfliegt, daß es infolge des starken Aufwärtssogs losgerissen wird.

Ein plötzliches, sehr lautes Geräusch kann die gleiche Zugkraft hervorbringen wie ein Gewitter, weshalb die Soldaten der Artillerie die Anweisung erhalten, ihren Mund offenzulassen, wenn eine Granate abgefeuert wird: eine Vorsichtsmaßnahme, um zu verhindern, daß die Luft im Innern gegen das Trommelfell oder gegen die Augen drückt – bei geschlossenem Mund die einzige Möglichkeit, die der Luft zum Entweichen bleibt.

Geht man während eines Unwetters hinaus, so kann man eine weitere interessante Beobachtung machen, die mit dem Wind zusammenhängt. Für dieses Abenteuer benötigen wir einen Partner. Unser mit Fett beschmierter Gast, der mit hinauskommt, um dabei zu helfen, die Autofenster hochzukurbeln, ist genau der richtige dafür. Wenn wir beim Spurt über den Rasen in Richtung Auto etwas zu unserem Gast sagen, ist er wahrscheinlich nicht in der Lage, uns zu hören. Das liegt nicht daran, daß der Wind unsere Worte zu uns zurückgeweht hat. Um dies bewirken zu können, ist er viel zu schwach. Wenn wir sprechen, kommen die Worte mit einer Geschwindigkeit von knapp 1200 Stundenkilometern hervor, was bedeutet, daß selbst ein starker Wind der Stärke 9, der sich mit 80 Kilometern pro Stunde fortbewegt, die Geschwindigkeit der Worte lediglich um weniger als 10 Prozent verlangsamen kann. Was jedoch geschieht, ist, daß der heftige Sturm die Luft ab Schulterhöhe viel leichter hochzieht als die weiter unten befindliche Luft, die am Boden etwas zurückgehalten wird.

Wenn wir beim Spurt über den Rasen sprechen, werden die von uns erzeugten Schallwellen vom Sturm also leicht angehoben. Sie erreichen die Nähe unseres Freundes, ohne in ihrer Lautstärke beeinträchtigt worden zu sein, doch als sie bei ihm ankommen, sind sie bereits so weit angehoben worden, daß sie mehrere Zentimeter über seinem Kopf vorbeischweben. Bei einem sehr heftigen Sturm nützt es nicht einmal mehr etwas, wenn man schreit, da die Schallwellen bei derartigen Windverhältnissen noch schneller und steiler hochgezogen werden. Unseren Gast mit Stelzen auszurüsten würde in dieser Situation recht hilfreich sein; noch besser wäre es, ihn zu überreden, aufs Dach zu klettern: Während eines Sturms kann unsere Stimme oben auf dem Dach meistens klar und deutlich wahrgenommen werden.

Mit dem Wind kommt auch der Regen. Er ist das Ergebnis einer Gewitterwolke, die sich selbst zerstört. Bei einer normalen Wolke ist die Ansammlung von Wassertröpfchen, durch die sie so weiß und flauschig wird, zu diffus und nicht schwer genug, so daß sie sich lediglich etwas in der Luft auf und ab bewegt. Deshalb gleiten gewöhnliche Wolken auch ohne weitere Probleme am Himmel entlang. Bei einem Unwetter verwandeln sich diese Wolken jedoch. Ihre Dichte nimmt zu, so daß nur noch wenig Licht hindurchdringen kann; in extremen Fällen nimmt die einstmals weiße Wolke eine tiefschwarze Färbung an. Und auch die Ansammlung von Wassertröpfchen im Innern, die einige tausend Tonnen schwer sind und von den Winden oben gehalten werden, verhält sich anders als vorher. In gewöhnlichen Wolken bildet sich das Wasser um kleine, feste Partikel herum, die in die Wolken hineingeraten sind. Es ist kein Problem, wenn einige tausend Wassermoleküle einen derartigen Kern umschließen; die Wolke schwebt dann immer noch mühelos weiter. Selbst wenn sich einige Millionen Wassermoleküle um jeden Kern herum versammeln, verändert sich noch nichts. Aber in einer Gewitterwolke bildet sich immer mehr Wasser; die Tröpfchen werden größer, plumper und schwerer – und schon bald sind sie zu schwer, um sich noch in der Wolke halten zu können. Sie fallen hinunter; Teile der Wolken lösen sich also von ihrem bisherigen Aufenthaltsort in der Luft, und was herunterkommt, nennen wir Regen.

Aus dünnen, breiten Wolken (die mehrere Schichten bilden und daher Stratuswolken genannt werden) kann es stundenlang heraus regnen, da von der Straße oder vom Boden aus ständig winzige Wölkchen nach oben steigen, so daß die großen, sichtbaren herunterkommenden Tropfen sogleich wieder ersetzt werden. Im Innern der schmalen, bisweilen hoch aufgetürmten Wolken (die sich vertikal anhäufen und daher Kumuluswolken genannt werden) kann sich so viel Wasser ansammeln, und folglich können so viele Regentropfen herunterkommen, daß die Feuchtigkeit angesichts dieses heftigen Ansturms keine Möglichkeit mehr hat, nach oben zu

Ein Wassertropfen fällt in eine Pfütze. Er schnellt als Fontäne noch einmal hoch, wobei er eine vollkommen geformte Kugel bildet.

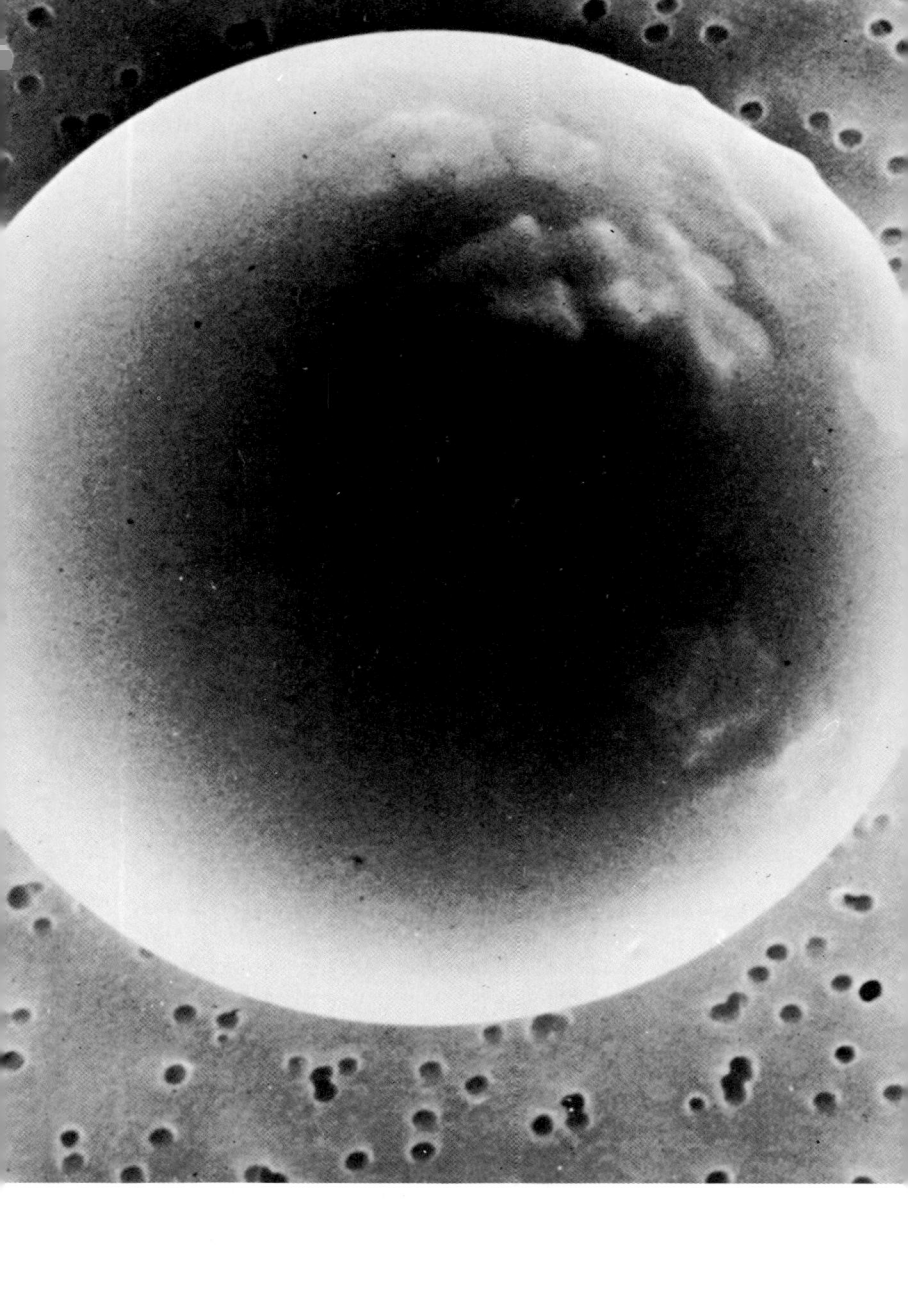

schweben. Aus diesen Wolken kommt ein heftiger Schauer hervor, der jedoch nur von kurzer Dauer ist, da sie schnell leer werden. Derartige Wolken sind über den weit im Norden gelegenen Städten im allgemeinen selten zu entdecken; es ist das unglückliche Los der Bewohner dieser ungünstig gelegenen Ortschaften, das aus den sanfteren Stratuswolken kommende schier endlose, sich ständig selbst verlängernde, monotone Tröpfeln erdulden zu müssen.

Aber wo kommen die festen Partikel eigentlich her, um die sich die Feuchtigkeit in einer Wolke ansammeln kann, bis ein Tropfen entsteht, der schwer genug ist, um hinunterzufallen? Wie sich herausstellt, schweben in der Atmosphäre viele Substanzen herum, die für diese wichtige Rolle geeignet sind. Da gibt es den gewöhnlichen Staub aus der Nachbarschaft, und da gibt es den umherirrenden Sand, der aus den weit entfernten Wüsten hierhergekommen ist. Doch am ungewöhnlichsten sind vielleicht die Partikel, die nicht aus der Nachbarschaft stammen und nicht einmal aus einer auf der anderen Seite der Weltkugel gelegenen Wüste, sondern einen viel, viel weiteren Weg hinter sich haben: Partikel, die fünf Wochen vorher noch ganz zufrieden durch die Dunkelheit des leeren Weltraums geglitten sind. Es handelt sich um die Mikrometeoriten.

Diese Meteoriten sind sehr lange im All umhergereist, heutigen Schätzungen nach über viereinhalb Milliarden Jahre lang, eine Zeitspanne also, die das Alter unseres Planeten Erde, auf dem wir leben, etwas übersteigt. Die Meteoriten scheinen tatsächlich Fragmente der Ursubstanz zu sein, aus der die inneren Planeten unseres Sonnensystems entstanden sind. Während ihre Verwandten eifrig damit beschäftigt waren, sich zusammenzutun, um Erde, Venus und Mars zu bilden, wurden diese winzigen Fragmente nicht beachtet, vergessen und im Dunkel des Alls zurückgelassen. Einige bestanden aus Metall, wären also in den Erzlagern gelandet und später dann zu Gürtelschnallen, Türgriffen, Innenteilen von Rechenmaschinen oder zu Schneebesen verarbeitet worden; andere

Außerirdisches im Innern eines Regentropfens: eines von vielen Billionen Kometenstaubteilchen, die in unsere Atmosphäre gelangen, nachdem sie Milliarden von Jahren im Weltraum verbracht haben, und um die sich oftmals Regentropfen bilden.

bestanden aus basischen Silicaten und wären zu Kieseln in unserem Garten, Teilen des Mount Everest oder zu anderen Gebilden, die steiniger Natur sind, geworden. Von der Schöpfung der Erde ausgeschlossen, blieb ihnen jedoch keine andere Wahl, als einfach die Sonne zu umkreisen, leicht exzentrische Bahnen beschreibend, die sich den Planeten manchmal nähern, aber meistens weit von ihnen entfernt im leeren Raum verlaufen.

Durch Zufall kann es passieren, daß sich die Erde manchmal in einige dieser einsamen Fragmente hineinbewegt und sie somit nach all der langen Zeit zu dem Planeten bringt, den sie beinahe mit erschaffen hätten. Für die größeren Meteoriten ist es eine spektakuläre, jedoch sehr kurze Heimkehr. Sie treten schneller in die Atmosphäre ein als das zurückkehrende Space-Shuttle, und da sie nicht über die Keramikplatten verfügen, die sich auf der Unterseite dieses Raumgleiters befinden, ist ihr Niedergehen auch nicht so sachte wie das des Raumfahrzeuges. Statt dessen werden sie so heiß, daß sie die Temperatur erreichen, bei der sich Metall oder Stein entzünden, und verglühen, verbrennen oder verdampfen unmittelbar nach ihrem Eintritt in die Erdatmosphäre, wobei sie zu den Sternschnuppen werden, die wir in klaren Nächten deutlich sehen können. Mit einer relativen Geschwindigkeit von 75 000 Stundenkilometern sind diese Sternschnuppen wahrscheinlich die schnellsten Objekte, die wir in der Umgebung unseres Planeten beobachten können. Einige der größten von ihnen überleben in diesem flammenden Inferno und schlagen auf der Erdoberfläche auf: Sie erfahren eine Namensänderung und werden nun erst Meteoriten genannt.

Die Ankunft ihrer kleineren Geschwister auf der Erde geht nicht mit einer derartigen Schnelligkeit vor sich, ist aber auch nicht so spektakulär. Bevor sie Zeit haben, sich zu erhitzen, werden sie von der Erdatmosphäre abgebremst, als ob sie plötzlich kleine Fallschirme benutzen würden. Innerhalb weniger Minuten verringert sich ihre Geschwindigkeit von 75 000 Stundenkilometern auf nicht gerade beeindruckende 25 Kilometer pro Stunde, und einige weitere Minuten später legen sie nur noch wenige hundert Meter pro Stunde zurück.

Bei dieser Geschwindigkeit scheint die Atmosphäre der Erde

zähflüssig zu sein – vergleichbar mit dickflüssigem Shampoo, in dem eine Perle im Zeitlupentempo nach unten sinkt –, und so brauchen sie ungefähr vier Wochen, um ganz nach unten zu kommen. Die Anzahl dieser Mikrometeoriten ist allerdings überraschend hoch. Man schätzt, daß die Gesamtmenge, die täglich in unsere Atmosphäre eintritt, über 3000 Kilogramm schwer ist; ein enormes Gewicht also, das sich auf viele, viele Billionen einzelne Partikel verteilt. Wenn sich ihnen nichts in den Weg stellt, landen sie auf der Erdoberfläche; mit der geeigneten Ausrüstung kann man sie auf dem Dach unseres Hauses und sogar auf dem Glas unserer Fenster entdecken, wo sie gelandet sind und einen dünnen Film bilden. Doch sollten sie unterwegs in einen durch eine entstehende Wolke hervorgerufenen Aufwind geraten, so verlangsamen sich die im Durchmesser 0,002 Millimeter großen Meteoriten, auch wenn die Luftbewegung nur unscheinbar ist, und bleiben schließlich in einer Höhe von noch immer mehreren tausend Metern ganz stehen. Sie werden von den weißen, feuchten Wolken, die wir so besorgt betrachten, wenn sie über uns hinwegziehen, eingefangen, wo sie dann als geeignete, feste Kerne dienen, um die sich dann durch Kondensation die Regentropfen bilden können. Erst wenn die Menge des umhüllenden Wassers groß und schwer genug ist – erst wenn sich die Wolke in eine dunkle Regenwolke verwandelt –, fallen sie hinunter. Wenn wir unsere Hand ausstrecken, um einige Regentropfen aufzufangen, befindet sich schon bald ein Teilchen darin, das älter als die Erde ist, Billionen Kilometer zurückgelegt hat und gerade vor einigen Wochen aus dem Weltraum gekommen ist.

Wenn dieser so mühsam konstruierte Regen auf die Erde fällt, bringt er die Bewohner des Gartens dazu, aktiv zu werden. Die Regenwürmer schlängeln sich mit Höchstgeschwindigkeit an die Oberfläche, damit sie in ihren unterirdischen Gängen, die sich schnell mit Wasser füllen, nicht ertrinken. Ameisen hasten in den unter der Erde gelegenen Teil ihres Nestes, suchen nach den schutzbedürftigen Ameisenkindern, schnappen mit dem Mund nach ihnen und bringen sie so, durch die unzähligen Gänge des Nestes kletternd, an einen sicheren Ort. Bei einem Haus, das von einem sturzbacharti gen Wolkenbruch bedroht wird, würde sich der sichere Ort oben befinden; aber in einem unterirdischen Ameisennest, das von oben her überflutet wird, befindet sich der sichere Ort weiter unten. Sind die Kinder im unteren Bereich untergebracht, drehen sich die Ameisen wieder um und fangen an, mit dem Kopf gegen die Wände zu stoßen. Es handelt sich nicht etwa um ein exzessives, durch Streß hervorgerufenes Verhalten, durch das sich einige Leute vielleicht Befriedigung verschaffen, da sie sich dann freuen, wenn der Schmerz wieder aufhört, sondern es handelt sich um eine Methode zur Verfestigung der aus Sand und Schmutzteilchen bestehenden Wände. Da die Ameisen keine Fäuste besitzen, ist es für sie die effektivste Methode. In ihren Köpfen befindet sich nur eine sehr geringe Gehirnmasse, die durch die Schläge beeinträchtigt werden könnte; die einzigen sichtbaren Zeichen der Anstrengung sind ihr schnellerer Atem und die Feuchtigkeit, die sich auf ihren glatten Körpern bildet, während sie unterhalb des Unwetters mit Begeisterung gegen die Wände rennen.

Und mit dem heftigen Wind und dem Regen kommen die Blitze. Als das Gewitter noch dreißig Kilometer entfernt war, begann das ständige Rieseln des unsichtbaren »elektrischen Regens«, den wir bereits im ersten Kapitel kennengelernt haben, abzuebben. Einen Moment lang hörte es ganz auf, und dann, als das Gewitter näher herankam, machte sich der elektrische Regen über unserem Haus und über unserem Garten wieder bemerkbar, wobei er jedoch seine Gleichmäßigkeit vollkommen verloren hat. Anstatt hinabzufallen, steigt er vom Boden auf und gleitet an dem draußen stehengelassenen Gartenstuhl vorbei nach oben; nach einiger Zeit ändert er seine Richtung und fällt wieder nach unten. Doch ist er weitaus stärker als sonst, aber bereits einige Augenblicke später ist eine erneute Umkehrung zu beobachten. Um derartige Umkehrungen zu bewirken, muß sich etwas äußerst Kraftvolles in den Wolken befinden, etwas, das in der Lage ist, all diese vielen elektrischen Teilchen an sich zu ziehen – zum Beispiel ein im Entstehen begriffener Blitz. Die Gewitterwolke wird zu einem schwebenden Influenzgenerator, der die im Innern befindlichen positiven und negativen Ladungen voneinander trennt, bis schließlich das elektrische Feld zwischen einem der aufgeladenen Wolkenteile und der Erde so stark wird, daß die dazwischen befindliche Luft es nicht mehr aushalten kann. Es entsteht ein kurzzeitiger Stromfluß – den wir als Blitz bezeichnen.

Wenn ein Blitz aus einer Wolke heraus auf die Erde hinabsaust, nimmt er nicht den kürzesten Weg. Das können wir bei der Betrachtung eines niedergehenden Blitzes deutlich erkennen: Er verläuft niemals geradlinig, sondern mit Zacken und ungleichmäßig, was den Eindruck erweckt, daß er eher herabtaumelt als herabstürzt. Durch den Einsatz von High-speed-Kameras kann man feststellen, was dort vor sich geht. Zunächst streckt der Blitz zögernd einen Fühler nach unten aus, der, vom Wolkenboden ausgehend, nur etwa 20 Meter lang und nicht breiter als ein Finger ist. Dieser schmale Fühler hält sich einige Mikrosekunden lang fast regungslos in der Luft, bis er genug Kraft gesammelt hat, und legt dann nach einigem nervösen Herumsuchen nach dem besten Weg hastig eine weitere Strecke von etwa 20 Metern zurück, die im leichten Winkel zur ersten steht, so daß der glühende Pfad, der von der Wolke ausgeht, nun insgesamt 40 Meter lang ist. Es entsteht eine weitere Pause, dann wird eine weitere ungefähr 20 Meter lange Strecke hinzugefügt. Auf diese Weise, mit zögernden und ruckartigen Schritten, bewegt sich der Blitz voran und gelangt *fast* bis auf den Boden.

Der niedergehende Blitz macht infolge seiner zeitlupenartigen Bewegungen einen recht unbeholfenen Eindruck, doch eine noch genauere Beobachtung – unter Verwendung einer computergesteuerten Ausrüstung – offenbart, daß er in den Momenten, in denen er voranschreitet, von äußerst wilder Natur ist. Einige der Blitzverlängerungen entstehen dadurch, daß von oben kommende elektrisch geladene Teilchen in den glühenden Pfad hineinfallen wie Wasser, das in einen Abzugskanal hineinfließt. Außerdem setzt der Blitz seinen Weg fort, indem er den vor sich befindlichen Raum mit seinem intensiven ultravioletten Licht verbrennt, wodurch die Luft in Ladungsträger verwandelt wird, die auf den Blitz zurasen und sich mit ihm verbinden. In der Nähe herumschwirrende Teilchen kosmischer Strahlung, die ursprünglich aus weit entfernten Galaxien stammen, werden ebenfalls mit einbezogen und für das weitere Wachstum verwendet. All diese Möglichkeiten nutzt der torkelnde Blitz, um so lang zu werden, daß er *fast* den Boden erreicht.

Wenn sich die niedergehende Ladung mehrere Meter über dem Boden befindet, etwa in der doppelten Höhe unseres Hauses, fängt der Blitz erst richtig mit seinem Feuerwerk an. (Trotz der vielen Pausen und Zwischenspurts hat dieser ganze Vorgang bisher nur $\frac{1}{10000}$ Sekunde lang gedauert.) Es scheint so, als ob es eine der Aufgaben des Blitzes ist, das unter ihm befindliche elektrische Feld, das bei gutem Wetter die Bewegung der geladenen Partikel – den elektrischen Regen – erzeugt, auszugleichen. Er sorgt dafür, daß die verlorengehenden Ladungsträger, die wir an jedem sonnigen Morgen, wenn wir das Fenster öffnen, wahrnehmen können, wieder durch neue ersetzt werden. Wenn der nach unten verlaufende Blitz einfach über dem Boden verharren oder aber seinen Weg fortsetzen und auf ihn auftreffen würde, so könnte er diese Aufgabe nicht erfüllen. Statt dessen würde das Ungleichgewicht noch größer werden, da noch mehr Ladungsträger nach unten gelangt sind. Der gerade entstandene Blitz muß daher, wenn er sich in Bodennähe befindet, wieder in den Himmel zurückkehren und auf seiner Rückreise ein ausreichendes Maß an überschüssiger Elektrizität mitnehmen, um den üblichen Energiefluß nach unten in Form des unsichtbaren elektrischen Regens auszugleichen.

Und das tut er auch. Heftig entlädt sich ein Blitzstrahl, der nach oben zur Wolke zurückkehrt. Er folgt demselben Pfad wie der vorher niedergehende Blitz, aber hier hat der Vergleich bereits ein Ende. Der nach unten verlaufende, erste Blitzstrahl bewegte sich mit mehreren zehntausend Stundenkilometern voran, was ungefähr der Geschwindigkeit eines zurückkehrenden Raumfahrzeugs beim Eintritt in die Erdatmosphäre entspricht. Der umgekehrte, nach oben verlaufende Blitzstrahl saust dagegen mit nahezu hundert Millionen Stundenkilometern durch die Luft – mit fast einem Zehntel der höchsten im Universum erreichbaren Geschwindigkeit. Dieser nach oben rasende Blitz nimmt so viel Elektrizität mit sich, daß er eine Temperatur von 25 000°C erreicht. Das ist außerordentlich heiß; die Sonnenoberfläche hat dagegen lediglich eine Temperatur von 5000°C. Was *wir* sehen, ist der zweite Teil des Blitzes, der nicht von einer Wolke aus nach unten saust, sondern vom

Boden aus nach oben rast, um die bestehende elektrische Spannung auszugleichen.

Da sich der Blitzstrahl derart schnell und mit einer enormen Wucht voranbewegt, wird die ihn unmittelbar umgebende Luft nach außen gestoßen; daraufhin wird die Luft, die an der umhüllenden Schicht angrenzt, ebenfalls nach außen gestoßen, und so geht es weiter, bis schließlich eine nach außen gestoßene Luftschicht die Stelle erreicht, an der wir uns gerade befinden: In diesem Augenblick nehmen wir das wahr, was wir als Donner kennen. In einer Entfernung von drei Kilometern hört sich der Donner wie ein dumpfer Schlag an, der von einem Rumpeln gefolgt wird. Wenn man das Pech hat, weniger als fünfzig Meter von einem einschlagenden Blitz entfernt zu sein, hört sich die stürmisch ausbreitende Luft zunächst wie ein scharfes Klicken an, das dann in einen fürchterlichen Donnerschlag mündet, als ob direkt neben unserem Kopf eine überdimensionale Peitsche knallt. In diesem Fall entspricht die Peitsche dem mehrere Kilometer langen Blitzstrahl; die vorübergehende Taubheit, die sich nach solchen Situationen oft einstellt, ist also nicht weiter verwunderlich.

An der Stelle, wo der herunterkommende Blitzstrahl einschlägt und der aufsteigende losrast, entsteht eine fürchterliche Entladung. Ein Teil des feurigen Strahls verschwindet im Boden; auf die Bakterien und Würmer, die sich dort gerade aufhalten, hat dies mit Sicherheit eine tödliche Wirkung. Die Blitzschläge sind so gewaltig, daß man an den Stellen, an denen sie niedergegangen sind, versprühte Kalziumteilchen gefunden hat, die von zerschmetterten Steinen oder von vernichteten Kleinstlebewesen stammen müssen. Es kann auch sein, daß die Blitze, die wir während eines Gewitters beobachten, einige der im Boden befindlichen Nährsubstanzen versengen und sie dadurch in Aminosäuren und andere Urstoffe des Lebens verwandeln. Dummerweise kommt aus dieser Schöpfungsarbeit wahrscheinlich nichts heraus, denn die ersten Pilze oder Bakterien, die diese verkohlte Region wenig später wieder besiedeln, werden diese neuen Substanzen gierig verschlingen und somit die Chance, zu beobachten, welche neuen Lebensformen darauf wohl entstehen könnten, zunichte machen. Auf unserem Planeten entladen sich in jedem Moment schätzungsweise 1800

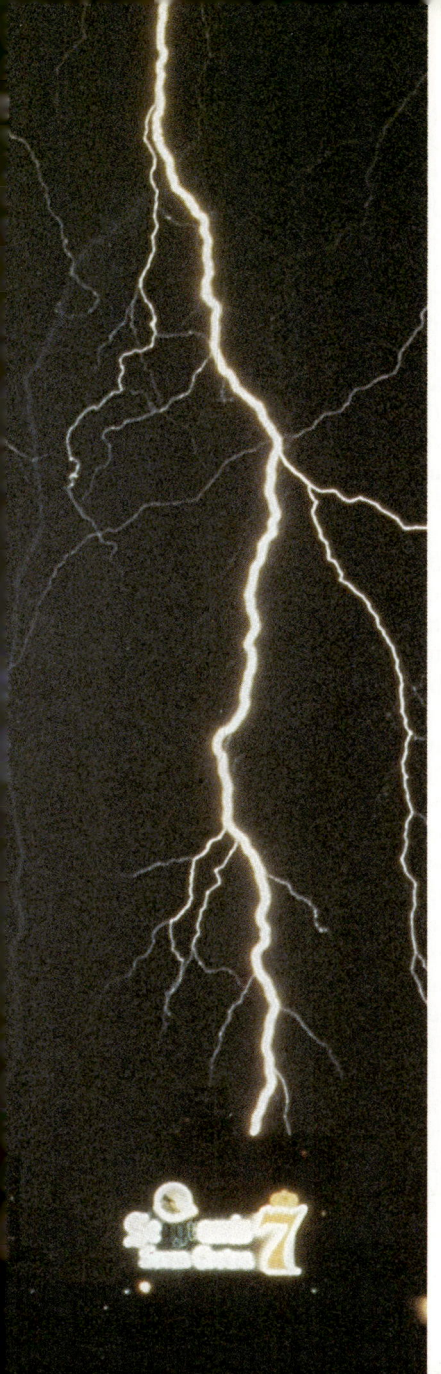

Blitze. Die helleren Hauptstrahlen rasen tatsächlich vom Boden aus himmelwärts nach oben, wobei sie die fünffache Temperatur der Sonnenoberfläche erreichen. Im allgemeinen steigen sie von hochgelegenen Punkten aus auf; oftmals schlagen die Blitze zweimal an der gleichen Stelle ein.

Gewitter, was bedeutet, daß diese Zerstörung von neuen evolutionären Möglichkeiten also sehr häufig geschieht.

Eine derartige Ungastlichkeit gegenüber Neuankömmlingen scheint auf unserem Planeten gang und gäbe zu sein. Heutzutage besitzt jedes Lebewesen – wir, unsere Abendgäste, Kühe, Walfische, Narzissen und Milben – Aminosäuren, die das Licht nach links hin polarisieren. Auf Grund bloßen Zufalls müßten sich in den damaligen riesigen Meeren unzählige Urformen des Lebens entwickelt haben, die das Licht nach rechts hin polarisierten und somit eine Art Spiegelbild darstellten. Die Tatsache, daß nirgendwo Nachkommen dieser Geschöpfe gefunden worden sind, weist darauf hin, daß unsere Vorfahren – Bakterien oder andere Lebewesen – diese Neuankömmlinge vernichtet haben, bevor diese sich weit genug entwickeln konnten, um sich zu wehren.

Wenn der Blitz einen Baum in unserem Garten trifft, hängt die Stärke seiner Wirkung auf den Baum davon ab, wie lange es vorher geregnet hat. Ist der Baum bereits vollkommen naß, so landet der Blitz auf den obersten Ästen und gleitet dann in der dünnen Wasserschicht den Stamm hinunter, bis er in den Boden hinein verschwindet. Ist der Baum jedoch noch nicht überall naß geworden, hat der einschlagende Blitz eine vernichtende Wirkung. Zunächst bewegt er sich, ohne Schaden anzurichten, an den Ästen und am Stamm entlang; doch an der Stelle, an der sich keine schützende Wasserschicht mehr befindet, springt er auf den zuckerhaltigen Saft im Innern des Baumes über und versucht, diesem bis in den Boden hinein zu folgen. Der Saft im Innern eines Baumes fließt jedoch in schmalen Röhren entlang; wenn der Blitz, der fünfmal heißer als die Sonnenoberfläche ist, nun auf den Saft trifft, bringt er ihn sogleich zum Verdampfen, und da er nicht genug Platz hat, um sich auszubreiten, sprengt er den Baum auseinander. Auf den Überresten kann man dann noch eine dünne Karamelschicht entdecken, die aufgrund der in Sekundenbruchteilen vor sich gegangenen Erhitzung des in dem Saft befindlichen Zuckers entstanden ist. Eichen leiden unter den Blitzschlägen mehr als andere Bäume, da sie eine stark aufgerauhte Rinde haben und es daher viel länger regnen muß, bis sich das Wasser über den ganzen Stamm verteilt und einen durchgehend, schützenden Feuchtigkeitsfilm bildet.

Nicht nur wegen dieser spaltenden Wirkung sollte man sich während eines Gewitters davor hüten, sich unter einen Baum zu stellen. Selbst wenn der Blitz am Stamm entlang bis nach unten geht, ist es wahrscheinlich, daß er sich an den dicksten Wurzeln entlang in horizontaler Richtung weiterbewegt. Da die Wurzeln oftmals dicht unter der Erdoberfläche verlaufen, wird derjenige, der sich über ihnen befindet, unter Strom gesetzt – zumeist mit tödlichen Folgen. Die Elektrizität dringt in einen Fuß ein, saust das Bein hoch, rast durch den Körper, fließt das andere Bein wieder hinunter und springt dann auf eine andere dicht unter der Erdoberfläche befindliche Wurzel über. Dies erklärt viele Todesfälle, die sich jährlich besonders auf Golfplätzen ereignen. Es wird aber auch von Fällen berichtet, bei denen die derart vom Blitz getroffenen Personen überlebt haben; manchmal offenbart lediglich ein geschmolzener Nylonreißverschluß, daß der Strom, ohne weiteren Schaden angerichtet zu haben, von einem Bein zum anderen geflossen war.

Im Auto ist man sicher vor einem Gewitter, da der durch einen Einschlag entstehende Strom ungefährlich in der metallenen Karosserie umherfließt; solange keiner der Insassen auf die Idee kommt, ein Experiment durchzuführen und den Erdboden berührt, bleibt der Strom im Metall, bis er seine Energie aufgebraucht hat. Das gleiche gilt für Flugzeuge, die sehr oft von Blitzen getroffen werden, wenn sie sich in der Luft befinden. Man schätzt die Zahl der jährlichen Blitzeinschläge pro Linienflugzeug auf über 100. Auch in diesen Fällen verbraucht sich der Strom, ohne Schaden anzurichten; die einzigen hinterlassenen Spuren dieser elektrischen Anschläge aus der Luft sind die Ansammlungen winziger Vertiefungen, die wir vorne auf dem Bug oder an den Tragflächenenden entdecken können, wenn wir vor dem nächsten Flug genau hinsehen.

Ein Blitzschlag in unser Haus verläuft oftmals auf die gleiche ungefährliche Art und Weise: der Blitz geht in die Fernsehantenne, rast durch die unter Putz liegenden elektrischen Leitungen und von da aus in den Boden hinein. Aber trotzdem ist ein Blitzableiter immer noch eine vernünftige Investition, zumal das Argument dagegen – benutzt von den Pastoren in Philadelphia, als Benjamin Franklin im Jahre 1752 den ersten Blitzableiter präsentierte –, daß der

Schutz gegen Gottes grimmigen, elektrischen Zorn pietätlos wäre, heutzutage nur noch von sehr wenigen Leuten vorgebracht wird.

Nur die Bewohner von Häusern, auf denen ein Blitzableiter montiert ist, können das vergnügliche Spiel, herauszufinden, wie weit das Gewitter entfernt ist und ob es sich nähert, richtig genießen. Die Spielregeln sind einfach: Man zählt die Sekunden, die vom Aufblitzen bis zum Donner vergehen, teilt die Zahl durch drei und enthält somit die Entfernung des Blitzes in Kilometern. (Der Donner braucht wie alle Geräusche drei Sekunden, um einen Kilometer zurückzulegen.) Zählt man die Sekunden vom ersten Donnerschlag bis zum letzten Gegrummel, kann man ebenfalls im Kopf ausrechnen, in welcher Höhe sich die Wolke befindet, von der der Blitz ausgegangen ist: Ein etwa drei Sekunden andauerndes Rumpeln bedeutet, daß sich die Wolke ungefähr in tausend Meter Höhe aufhält. Wird das Gegrummel kürzer, ist die Wolke etwas herabgesunken. Gewinner des Spiels ist diejenige Person, die als erste das Klicken eines direkt über sich befindlichen Blitzes hört – doch in diesem Stadium ist es wahrscheinlich am besten, nicht direkt neben einer Fensterscheibe zu stehen.

Begeben wir uns wieder ins Eßzimmer. Die beiden Männer haben ihren stürmischen Spaziergang überlebt und können wieder ihre sozialen Rollen übernehmen. Der Tisch ist bereits abgeräumt, so daß die Nachspeise aufgetragen werden kann. Es handelt sich um einen kritischen Augenblick. Als man vor dem Hauptgericht gesessen hatte, gab es genug zu kauen; die Gäste waren beschäftigt und verschlangen die Speisen mit der durchschnittlichen Kaugeschwindigkeit, bei der die Zahnreihen hundertmal pro Minute aufeinandertreffen. Dies wirkte beruhigend auf sie und stimmte sie versöhnlich, außerdem verursachte es wahrscheinlich – wie Nahrungsmitteltechniker, die den Kauvorgang eingehend studiert haben, aufzeigen – einen »Rückgang der durch Nervosität hervorgerufenen Aktivitäten wie mit den Fingern zu trommeln, die Beine hin und her zu bewegen und mit der Hand durch die Haare zu streichen . . .«. Doch nun, ohne Speisen auf dem Tisch und besonders nach der erregenden Unterbrechung durch das Gewitter kann es sein, daß sie »wild« werden. Irgend etwas muß her, um sie zu besänftigen, und zwar schnell. Da das Brot bereits verzehrt ist, bleibt nichts anderes übrig, als ihnen Kuchen oder Kekse anzubieten.

Wenn man dieses Gebäck in seine Bestandteile zerlegt, würde man eine Schüssel voll Wasser, in dem Fettklümpchen herumschwimmen, erhalten. Außerdem würde man noch eine Zuckerschicht und Mehlrückstände entdecken können. Jedes Gebäck ist so aufgebaut, zumindest jedes Stück Kuchen, das man aus einer der üblichen Bäckereien holt, denn bei diesen Kuchen handelt es sich eigentlich nicht um Nahrungsmittel, sondern um eine Möglichkeit, gewöhnliches Leitungswasser mit billigen Fetten zu vermischen und die sich daraus ergebende Masse ausreichend zu tarnen, so daß sie mit einem Profit, der mehrere hundert Prozent über den reinen Materialkosten liegt, verkauft werden kann.

Der ganze Herstellungsprozeß beginnt damit, daß sich die Kuchenproduzenten oft das billigste Fett besorgen, das sie bekommen können. Olivenöl wird niemals verwendet, da es eine angenehme Konsistenz und einen gefälligen Geruch hat und deshalb schon so zu einem guten Preis verkauft werden kann. Die Rohstoffe, die lastwagenweise in die Kuchenfabriken gefahren werden, sind von weniger angenehmer Natur. Es handelt sich meistens um große Mengen Schweinefett, um große Mengen Öl aus zerdrückten, überalterten Fischkörpern und vielleicht auch noch um etwas Palmöl. Diese Fette und Öle werden miteinander vermischt, gekühlt, bis sie eine höhere Festigkeit bekommen; dann wird Luft in die entstandene Masse hineingeblasen.

Flügel, die so groß sind wie Flugzeugpropeller, treiben die Luft in die Fettkammer hinein. Da Schweinefett und Fischöl recht klebrige Substanzen sind, bleibt die Luft in dem Gemisch stecken und bildet dort kleine Blasen. Wenn das Gebläse ausgestellt wird, hat man einen riesigen, mit Luft durchsetzten Fettblock vor sich. Dabei handelt es sich natürlich nicht um eine Substanz, die man, in kleine Teile geschnitten, erfolgreich verkaufen kann.

Deshalb muß als nächstes eine Möglichkeit gefunden werden, diesem Kuchenvorläufer, der viel zu schwer ist, eine leichtere Konsistenz zu verschaffen. Das Schweinefett und das Fischöl sind nicht sehr teuer gewesen, doch wenn man ihr Volumen irgendwie verdoppeln könnte, dann würde sich auch der Profit – ganz gleich, wie hoch er sein wird – verdoppeln. Aus diesem Grunde wird dem Fett eine Substanz hinzugefügt, die Glycerinmonostearat genannt wird. Dieser Stoff ist chemisch gesehen der Seife sehr ähnlich. Wird nun Wasser in die Kammer gespritzt, so bildet es keine Perlen auf der Fettoberfläche, wie es normalerweise der Fall ist, sondern wird von dem seifenartigen Glycerinmonostearat in die Masse hineingezogen. Diese Fähigkeit dieses Zusatzes ist derart ausgeprägt, daß eine Tonne von dem Fettgemisch, das in den Lagerräumen darauf wartet, sich in Kuchen zu verwandeln, mehrere hundert Liter Wasser aufnehmen kann. Der kompakte Fettblock schwillt an, wenn das Wasser hineingesprüht wird, er wächst, dehnt sich aus und hat am Ende schließlich sein Volumen verdoppelt.

Befindet sich das Wasser erst einmal sicher in der Fettmasse, muß die nächste Zutat hinzugefügt werden: Zucker. Säckeweise wird der raffinierte, weiße Zucker hineingeschüttet und verrührt. Da sich Zucker in Wasser auflöst, kann er sich nun überall im Fett verteilen, überall dort, wo sich das Wasser durch die Hilfe des Glycerinmonostearats ausgebreitet hat. Der Zucker bewirkt, daß dieses aus Fett und Wasser bestehende Gemisch einen süßlichen Geruch bekommt, doch hauptsächlich dient er dazu, die ganze Sache etwas schwerer zu machen – was sehr wichtig ist, denn das lufthaltige Gemisch aus Fett und Wasser war mittlerweile zu leicht geworden! Man hat herausgefunden, daß Zucker einer der billigsten Stoffe ist, die man ohne Bedenken den Nahrungsmitteln hinzufügen kann, um den Endprodukten ein beträchtliches Gewicht zu verleihen. Kies und Zement wiegen zwar mehr, haben jedoch eine tödliche Wirkung, wenn man sie in Mengen zu sich nimmt; Mehl, Proteine und andere Nährstoffe können den Nahrungsmitteln natürlich auch ohne Bedenken zugefügt werden, doch sie haben keine derart große Dichte und sind folglich auch nicht so schwer. Der Zucker bietet die beste Lösung zwischen diesen beiden Extremen; gefahrlos schafft er wieder das Gewicht, das vom Wasser geschluckt worden war. Das hört sich alles etwas umständlich an, doch es hat seine Logik.

Die zarten Blüten des kristallisierten Zuckers, sichtbar gemacht durch ein Polarisationsmikroskop. Genauso sieht der Zucker aus, der sich in unseren Nahrungsmitteln befindet.

238

In diesem Stadium enthält der zukünftige Kuchen bereits 90 Prozent der Bestandteile des Endprodukts, das wir dann essen werden. Die bisherigen Zutaten sind Schweinefett, Öl aus zerdrückten Fischen, viel Wasser und viel Zucker. Es handelt sich um eine nicht gerade wohlschmeckende Masse, die eine blaßgraue Färbung hat und recht schmierig ist, wie man sich angesichts der verwendeten großen Menge an alten Fetten gut vorstellen kann, doch wenn man noch einige leichte Veränderungen vornimmt, kann man auch mit diesen lästigen Mängeln klarkommen. Zunächst wird etwas Mehl hinzugefügt. Da sein Geschmack durch die großen Mengen an Fett, Zucker und Wasser sowieso überdeckt wird, ist es nicht nötig, Mehl von besonders guter Qualität zu verwenden. Daher nimmt man oftmals die anfallenden Reste aus den Brotfabriken. Aber selbst dabei handelt es sich noch um ein teures Rohmaterial – zumindest im Vergleich zum Leitungswasser und zu dem lufthaltigen Fett ist es teuer –, weshalb nur geringe Mengen davon hineingemischt werden. Das Mehl hat lediglich die Aufgabe, als Füllstoff zu dienen, der in die Fettschichten, die sich um die Luftlöcher herum gebildet haben, eindringen soll; eine zugesetzte Menge, die etwa 4 bis 5 Prozent des Gesamtgewichts ausmacht, reicht dafür normalerweise aus. Manchmal verzichtet man auch ganz auf das Mehl und benutzt statt dessen einfache Zellulosederivate, zum Beispiel aufbereitete Holzspäne. Diese haben zwar nicht den geringsten Nährwert, dringen aber fast ebensogut in die dünnen Fettschichten ein. Besonders Schaumgebäck wird oftmals mit diesen Ersatzstoffen versehen.

Das Glycerinmonostearat, das ursprünglich hinzugefügt worden ist, damit es dafür sorgt, daß sich Wasser und Fett verbinden, muß nun noch eine andere Rolle übernehmen. Das zugesetzte Mehl würde normalerweise auseinanderbröseln und kleine Klümpchen bilden. Das seifenartige Glycerinmonostearat strömt nun um diese Mehlteilchen herum, bevor sie sich zusammenballen können, so daß der werdende Kuchen eine gleichmäßige Konsistenz beibehält und klumpenfrei bleibt.

Jetzt sind nur noch wenige Mängel zu beheben. Der Kuchen sieht noch immer wenig appetitanregend aus, weshalb auf Steinkohlenteer basierende Farbstoffe zugesetzt werden: außerdem schmeckt er äußerst unangenehm – seifig, ölig und fettig trotz des vielen Zukkers –, weshalb er mit einem aromatischen Geschmacksstoff versehen wird, den man aus einigen hundert zur Verfügung stehenden, starken synthetischen Aromastoffen auswählen kann.

Durch all diese Stoffe, die der Fettmasse seit der Luftbehandlung zugesetzt worden sind, bekommt der Kuchen wahrscheinlich wieder eine recht kompakte Konsistenz. Nun muß noch Natron hinzugefügt werden, damit der Kuchen aufgeht, damit die vom Fett umschlossenen Luftblasen größer werden. Das billigste Natron läßt als Nebenprodukt Bleichsoda in dem Gemisch entstehen, was wiederum einen äußerst widerlichen Geschmack hervorruft, weshalb es nur für Kuchen und Gebäck verwendet wird, die am Ende einen Schokoladengeschmack erhalten – dieser Aromastoff ist stark genug, um fast alle anderen Inhaltsstoffe zu überdecken. Hierbei handelt es sich um eine gängige Praxis in vielen Nahrungsmittelfabriken: Wird ein Schub während des Produktionsprozesses irgendwie verdorben, so macht man ihn durch Zusetzung von starkem Schokoladenaromastoff wieder schmackhaft, so daß er doch noch abgesetzt werden kann. Für die anderen Geschmacksrichtungen wird ein etwas teureres Backpulver verwendet, in dem sich aber eine Säure befindet, die unerwünschte Nebenprodukte auflösen kann. In beiden Fällen wird im Innern des Kuchens auf chemischem Wege Kohlensäure erzeugt, die ein Anschwellen der dünnen, mehlgestärkten Fettschichten bewirkt. Aus der einfachen, aus Schweinefett, Fisch- und Palmöl bestehenden Masse ist nun ein leichter, lockerer, appetitlicher Kuchen geworden – eine Freude für jeden Genießer.

Hier noch eine Anmerkung zum Verbraucherverhalten. Als die ersten Fertigbackmischungen, die das magische Glycerinmonostearat enthielten, in den USA auf den Markt gebracht wurden, ließen sie sich nur schwer verkaufen. Die Verbraucher hatten das Gefühl, daß ein unscheinbares Pulver, dem man nur etwas Wasser beigab und dann in den Backofen schob, kein richtiger Kuchen sein konnte. Sie hatten recht, aber das war nicht der Punkt. Die Hersteller hätten sagen können, daß die Backmischung zumindest qualitativ besser war als der Kuchen aus der Fabrik, doch dies schien auch kein empfehlenswertes Vorgehen zu sein, zumal es wahrscheinlich sehr von Vorteil war, nicht darüber zu sprechen, was in den Fabriken vor sich ging. Es sah so aus, als ob dieses Produkt zurückgezogen werden müßte, doch dann hatte ein findiger Werbefachmann den Einfall, darauf hinzuweisen, daß es unumgänglich war, der Mischung ein frisches Ei hinzuzufügen. Natürlich brauchte man eigentlich kein frisches Ei hinzuzufügen – die chemischen Eigenschaften des Glycerinmonostearats reichten völlig aus –, doch es gab den Hausfrauen das Gefühl, unentbehrlich zu sein, ein natürliches Nahrungsmittel herzustellen und etwas Gutes für ihre Familie zu tun: Der Absatz der Fertigbackmischung war gesichert!

Zusammen mit dem Kuchen wird den Gästen nun auch noch die vielleicht genialste Erfindung der Nahrungsmittelhersteller überhaupt serviert: die Eiscreme. Das Entscheidende beim Speiseeis ist nicht das Wasser, das mit einem ungeheuren Profit verkauft wird – obwohl das Eis immerhin zu 30 Prozent aus gewöhnlichem Leitungswasser besteht. Das Entscheidende sind auch nicht das Fett (was 6 Prozent der Eiscreme ausmacht) oder der Zucker (7,5 Prozent). Das Bemerkenswerte am Speiseeis ist vielmehr die Tatsache, daß es sich um das einzige bedeutende Produkt im Nahrungsmittelbereich handelt, bei dem die Luft den Hauptbestandteil bildet. Die Eiscreme, die wir kaufen, besteht zu 50 Prozent aus einfacher Luft, die den Hersteller natürlich überhaupt nichts kostet.

Dies wird durch die raffinierte innere Struktur der Eiscreme ermöglicht. Ebenso wie beim Kuchen fängt alles mit einer Fettmasse an, die voller Luft gepumpt wird; aber beim Speiseeis ist das Fett zäher, fast gummiartig gemacht worden, so daß es viel größere Luftlöcher als die Kuchensubstanz bilden kann – ein Vorgang, der einen unangenehmen Anblick bietet. Er findet in Kühlräumen statt, wo die Schichten der frisch entstandenen Fettblasenmasse fortwährend von den Wänden der Gefriermaschinen geschabt und dann zwecks Verpackung in einen anderen Kühlraum gebracht werden. Es gibt Geschichten darüber, daß die frische Eiscreme während des Abschabens oftmals auf den Fußboden fällt; sie wird später wieder aufgesammelt und wie zu erwarten mit einem besonders starken Aromastoff versehen, damit der Geschmack, den sie infolge des stundenlangen Liegens auf dem Metallrost angenommen hat, überdeckt wird. Dies wird dann als Schokoladeneis verkauft.

Um die mit Luft durchsetzte Fettmischung (die Lebensmittel-
techniker nennen sie »Eiscrememasse«) in etwas zu verwandeln,
das Speiseeis ähnelt, reicht es nicht aus, sie einfach gefrieren zu lassen. In diesem Fall würde man nur schaumige, billige Margarine
erhalten. Irgend etwas muß getan werden, damit die dünnen Fettschichten ins Fließen kommen, damit das Gemisch cremig wird,
am Löffel haftenbleibt und all die anderen Eigenschaften bekommt, die man vom Speiseeis erwartet. Dieses Etwas ist eine
subkutane Einspritzung von – Klebstoff. Hergestellt wird dieser
Klebstoff, indem die Teile von Rindern und Schweinen, die niemand essen will (wie Euter, Nasen, Schwänze, die Oberhäute der
Mastdärme) verkocht werden. Wenn er injiziert worden ist, fließt
er durch die Eiscreme und breitet sich um jede Fettmembran
herum aus. Dieser Klebstoff bewirkt, daß das Speiseeis cremig
wird. Wenn unser Gast nun mit der Unterseite des Löffels an dem
Speiseeis entlangstreicht, fängt das Klebstoffnetzwerk an zu vibrieren, als ob es sich um unzählige winzige Gummibänder handeln
würde. Die Eiscreme bringt ein unscheinbares, sahniges Flattern
hervor, und das befriedigende, verträumte Spiel mit dem Löffel
kann weitergehen.

Aber der Klebstoff bewirkt noch mehr. Wenn der gefrorene Bissen vorsichtig in den Mund befördert wird, ist es nämlich auch der
Klebstoff, der sicherstellt, daß die Eiscreme auf angenehm sanfte
Weise schmilzt, was unbedingt erforderlich ist. Ein Nahrungsmittel
der weichen, sinnlichen Kategorie wird nur dann als solches akzeptiert, wenn es anfängt, langsam zu fließen, sobald es sich zwischen
Zunge und Gaumen befindet. Dieses sofortige langsame Fließen
ist die Stärke der Eiscreme. Das gummiartige Klebstoffnetzwerk
ist derart klebrig, daß selbst das Wasser, das während des Produktionsprozesses hineingleiten wird, daran haftenbleibt. Als die
Masse zum Einfrieren gebracht wurde, gefror das Wasser genau
dort, wo es sich gerade befand; an sämtlichen Klebstoffasern brei-
tete es sich, winzige Kristalle bildend, aus. Wenn der Klebstoff
nicht gewesen wäre, hätte sich das Wasser beim Einfrieren einfach
in Eiswürfel verwandelt. Das Ergebnis wäre klar gewesen; ebensogut hätte man sich eine Ladung Eiswürfel in den Mund stecken
können. Doch mit den an den Klebstoffasern haftenden Eiskristal-

len sieht die Sache ganz anders aus. Befindet sich die Speiseeisportion im warmen Mundraum, so lösen sich die winzigen Eiskristalle erst nach und nach, tauen auf und bilden dann unzählige winzige Wassertröpfchen und machen erst so den Genuß unwiderstehlich.

Das Abendessen ist nun beendet und die letzte Eiscremeportion verspeist, doch der Anstand verlangt es, den Gästen im Wohnzimmer noch einen weiteren Gang anzubieten. Schwitzende Körper rutschen unruhig auf unserem Sofa herum; unüberhörbare Forderungen nach Schokolade, Salzbrezeln und Früchten werden laut, was auf eine beachtenswerte, robuste Gesundheit schließen läßt. Aber selbst die neu aufgetragenen Köstlichkeiten reichen nicht aus, sie nun vollends vollzustopfen, denn aus ihrem Mund – aus dem Raum, in dem sich unten die matschigen, zerkauten Brezelstücke befinden, oben aber noch etwas Platz ist – kommen Worte heraus: Fluten und Ströme bedeutungsloser Worte, Gefasel und völliger Unsinn – mit alldem werden wir direkt konfrontiert, bis die Gäste irgendwann endlich damit aufhören. Meist wird jetzt zu einer Zigarette gegriffen.

Das Rauchen einer Zigarette verkürzt die Lebenserwartung statistisch gesehen um 1½ Minuten. Das hört sich nicht allzu beunruhigend an, bis man bemerkt, daß sich dieser Berechnung zufolge das Leben eines professionellen Rauchers, der mehrere Schachteln pro Tag verqualmt, um ganze acht Jahre verkürzt. Das klingt sehr verheißungsvoll. Dummerweise haben Raucher die seltsame Angewohnheit, die Sachen, die ihre brennende Zigarette bietet, nicht zu inhalieren. Manchmal hat es tatsächlich den Anschein, als ob sie versuchen, so gut wie überhaupt nichts zu inhalieren. Videos zeigen, daß eine gewöhnliche Raucherin (in Großbritannien und in den USA gibt es mehr Raucherinnen als Raucher) von ihrer Zigarette nicht mehr als elf Züge nimmt. Jeder davon dauert nur zwei Sekunden lang. Den Rest der Zeit, 300 Sekunden lang oder auch länger, während sie spricht, den Qualm ausatmet, etwas trinkt oder einfach eine Armbewegung macht, um etwas zu verdeutlichen, steigen die Verbrennungsprodukte der Zigarette in die Luft und schweben durch den Raum.

Um zu verdeutlichen, was sich alles in diesem so freigebig verteilten Qualm befindet, ist es hilfreich, sich einen wirklich wahnsinnigen

Gast vorzustellen, der einen großen, glänzenden Aluminiumkessel und einen mit Chemikalien beladenen Handwagen mitgebracht hat, um seinen Gastgebern einige Zauberkunststücke vorzuführen. Zunächst wirft er einige Metallspäne in den Kessel hinein, dann gießt er etwas Ätznatron hinterher, was eine Reaktion bewirkt und eine aufregende, wogende Wolke aufsteigen läßt. Eine derartige Vorführung ruft Applaus hervor, vielleicht sogar einen Beifallsruf, aber ein von der Chemie besessener Gast wird in diesem Stadium natürlich noch nicht aufhören. Er gibt einen Spritzer Farbenbeize in den Kessel, dann die interessante Substanz Methan (das Gas, das aus verrottenden Sümpfen emporsteigt) und noch etwas Ammoniak. Selbst ein überaus gut erzogener Gastgeber wird nun geneigt sein, dem Treiben Einhalt zu gebieten, doch bevor er dazu kommt, stellen wir uns wieder unseren Gast vor, der sich gerade teuflisch grinsend eine Gasmaske überstülpt und daraufhin weitere Gefäße entkorkt, die mit dem international bekannten Giftsymbol – ein schwarzer Totenkopf über zwei gekreuzten Knochen – markiert sind. So werden also weitere Substanzen in den Kessel geschüttet: Stickstoffoxid, Formaldehyd und andere. Die Gastgeber und die anderen Gäste wären mittlerweile wohl auf dem Fußboden zusammengebrochen, ihre Hände vom verschütteten Brandy besudelt, doch der fanatische Amateurchemiker ist noch nicht fertig. Weiterhin teuflisch grinsend, öffnet er nun eine kleine Flasche, die besonders gut verschlossen gewesen war, und läßt aus ihr tödlichen Zyanwasserstoff – Blausäure – herausströmen.

Unser wirklicher Gast setzt nun auch ohne Zuhilfenahme eines Kessels genau diese Mischung von Chemikalien frei, wenn er – oder sie – sich nach dem Abendessen in unserem Wohnzimmer eine Zigarette anzündet. In einer brennenden Zigarette befinden sich reagierende Metallfragmente, Ammoniakdämpfe, das Lösungsmittel für Lackfarben Azeton, Schwefelwasserstoff, Methan, Blausäure, Stickstoffoxid, Formaldehyd, Mosaikviren und über tausend andere Annehmlichkeiten von Reizmitteln bis zu Giften, von Nervengasen bis zu Mutagenen und viele, viele krebserregende Stoffe. Der Grund dafür, daß Zigaretten die Quelle derart vieler unliebsamer Substanzen sind, liegt nicht darin, daß all diese Substanzen in der Fabrik hinzugesetzt werden, sondern darin, daß die brennende

Zigarette sie selbst produziert. Meistens ist einem nicht bewußt, wie heiß das glühende Ende der Zigarette sein kann. Während der Inhalation erreicht es eine Temperatur von fast 1000°C; somit ist es also heißer als ein glühendes Brandeisen. Diese Hitze löst die Tabak- und die Papierverbindungen zunächst in ihre Bestandteile auf und setzt diese Grundsubstanzen dann wieder zusammen, so daß die bereits genannten komplexen, giftigen Chemikalien entstehen. Dies wird ermöglicht, weil die brennende Zigarette in ihrem Innern kochendes Wasser erzeugt (wenn gewöhnlicher Wasserstoff und Sauerstoff unter Hitzeeinwirkung zusammenkommen, bildet sich H_2O). Dieses überhitzte Wasser verwandelt sich in Dampf mit der Folge, daß in der Zigarette unseres Gastes ein dampfendes Destillationslabor in Betrieb genommen wird.

Es ist nicht überraschend, daß diese Chemikalien auftauchen. Die Tabakpflanzen haben die Fähigkeit entwickelt, durch einfache Umwandlung der Substanzen, aus denen das Blatt besteht, Nikotin – ursprünglich als Schädlingsbekämpfungsmittel eingesetzt – zu erzeugen. Mit Hilfe der Hitze und des Dampfes in der brennenden Zigarette kann der Raucher diese Umwandlungen bis zu einem gewissen Grad ebenfalls bewirken und sogar noch viele andere hervorrufen. Es handelt sich um ideale Bedingungen für eine Fabrik: Hohe Temperaturstöße entstehen durch das Inhalieren und bringen die ganze Sache in Gang; es folgt eine Abkühlzone, wo der Dampf kondensiert und die neuen Chemikalien gebildet werden können. Die Gewohnheit, kurze Züge zu nehmen und lange Pausen einzulegen, bietet genug Zeit, um Hunderte von chemischen Synthesen stattfinden zu lassen. Der Bereich der Zigarette, in dem dies alles vor sich geht, wird Pyrolysezone genannt; es handelt sich um die glimmende Region, die sich im Innern der Zigarette gleich hinter dem rotglühenden Ende befindet.

Die neu erschaffenen Giftstoffe schweben nicht als einzelne Moleküle im Raum umher. Es ist vielmehr so, daß sie sich in dem Qualm, den wir langsam kräuselnd davondriften sehen, zusammentun und Gebilde entstehen lassen, die winzigen Tennisbällen ähneln. Diese Gebilde sind extrem klein, etwa $\frac{1}{5000}$ Millimeter im Durchmesser. Man müßte zehn Stück davon nebeneinander hinlegen, damit sie genauso lang werden wie eine der Pseudo-Monaden, die wir heute morgen auf dem Küchentisch angetroffen haben. Etwa 200 Milliarden von diesen zusammengesetzten chemischen Bällen springen aus einer Zigarette, während sie zwischen zwei Zügen vor sich hin glimmt; pro Sekunde werden also ungefähr 6 Milliarden von ihnen freigesetzt. Da die chemischen Bälle hohl sind, schweben sie in der Luft umher, weshalb sich der Zigarettenqualm auch nach oben bewegt und nicht nach unten. Trotz dieser riesigen Anzahl sind nur wenige der Bälle genau gleich aufgebaut. Einige von ihnen sind beispielsweise besonders reich an konservierendem Formaldehyd, das durch Synthese in der heißen Zigarette entstanden ist; andere bestehen mehr aus Ammoniak und Azeton. Wenn die Zigarette unseres Gastes zur Hälfte abgebrannt ist, springen Miniaturtennisbälle hervor, die besonders reich an Blausäure sind.

Mit der Zeit taumeln die vielen chemischen Blasen nach unten, eher infolge der Luftströmungen als durch die Anziehungskraft, und überall dort, wo sie landen, bleiben sie haften. Die Haare bieten ein gutes Ziel, besonders wenn sie vor kurzem gewaschen worden sind und daher eine negative elektrostatische Ladung bekommen haben. Von Wänden werden sie leicht aufgenommen, und Gewebe wie Kleidung und das Polstermaterial der Sitzmöbel sind ebenfalls angenehme Landeplätze. Die chemischen Substanzen, die der Raucher bzw. die Raucherin herausströmen läßt, kommen nun auch noch hinzu. Mehrere Milliarden winzige, hohle Säure-, Ammoniak-, Zyanid- und Formaldehydkügelchen wirbeln aus dem Mund des Rauchers hervor, wenn er nach einem Zug wieder ausatmet und dabei den Qualm in die Luft bläst. Es sind fast die gleichen zusammengesetzten Stoffe, die direkt aus der glimmenden Zigarette hervorquellen – aber nur fast, denn es gibt doch einige Unterschiede. Zunächst einmal sind all diese ausgehauchten Partikel größer als die anderen und somit auch schwerer, was bedeutet, daß sie zu den ersten gehören, die auf uns herabregnen. Sie enthalten mehr Mutagene, mehr ätzende Säuren und, wenn die rauchende Person die Angewohnheit hat, durch die Nase auszuatmen, auch eine größere Menge verbrannten Zucker und Schleimteilchen, die sich dann noch zusätzlich in der freundlichen Spende, die uns dargebracht wird, befinden.

Das alles ist mehr, als man ertragen kann; es wird höchste Zeit, die Flucht zu ergreifen. Für den guterzogenen Gastgeber bedeutet dies nicht, mit besorgt hochgezogenen Augenbrauen auf die Armbanduhr zu blicken und ein laut hörbares Gähnen folgen zu lassen. Die bessere Lösung ist – eine Lösung, zu der wir sicherlich alle schon hin und wieder Zuflucht gesucht haben –, den Anschein zu erwecken, als ob wir noch in unserem Sessel sitzen, wobei wir weiterhin den Kaffee umrühren oder mit den Fingern leicht auf den Tisch klopfen können, dann aber immerhin unseren Geist entfliehen zu lassen. Nun ist es an der Zeit, in Gedanken zu versinken, zu träumen und sich einige Millionen Kilometer weit vom Wohnzimmer zu entfernen. Trotz allem gibt es ja so viele interessante Dinge, über die man nachsinnen kann, so viele Theorien, aufgestellt von großen Denkern, die vorher genauestens über sie nachgedacht haben . . .

Betrachten wir noch einmal das einfache Umrühren des Kaffees, den wir nach der Abendmahlzeit in der Tasse vor uns stehen haben. Wenn sich der Löffel herumbewegt, dann bewegt sich der Kaffee genauso mit, und der Rand der Flüssigkeit steigt etwas an der Wand der Tasse hoch. Auf den ersten Blick scheint es sie um eine simple Tatsache zu handeln: Die Tasse steht still, und der Kaffee kreist darin herum. Wie ein Jahrmarktbesucher, der in einem schnell herumwirbelnden Karussell nach außen gedrückt wird, muß die Flüssigkeit an der Tassenwand leicht nach oben steigen. Doch woher weiß der Kaffee, daß dies von ihm erwartet wird? Aus der Sicht des Kaffees könnte es ebensogut sein, daß er stillsteht und das Universum um ihn herumkreist, zu vergleichen damit, daß wir, wenn wir in einem stehenden Zug sitzen, vielleicht denken, daß wir fahren, während der Stationsvorsteher weiß, daß es nur der Zug neben uns ist, der gerade abfährt. Und wenn es nun der Kaffee ist, der sich nicht in Bewegung befindet, während das Universum um ihn herum rotiert, dann gibt es für die Flüssigkeit doch eigentlich keinen Grund, an der Tassenwand nach oben zu steigen. Wer ist denn in diesem Fall der Stationsvorsteher?

Wunder in der Kaffeetasse. Ein symmetrisches Muster auf der Oberfläche des Kaffees, das auf die in der Luft umhergleitenden Schallwellen reagiert und sich dadurch stetig verändert.

Bei diesem Gedanken handelt es sich nicht etwa um Spitzfindigkeiten, denn sie haben den bedeutendsten Wissenschaftlern der Geschichte verwirrende Rätsel aufgegeben. Newton präsentierte eine Lösung, indem er behauptete, daß eine derartige Tasse bezüglich des feststehenden Raums um sie herum stillsteht. Seine Meinung war es, daß wir in irgendein »von draußen her« kommendes absolutes Koordinatensystem einbezogen sind, das uns wissen läßt, wann wir uns herumdrehen und wann es der Rest des Universums ist, der sich bewegt. Obwohl die meisten Wissenschaftler diese Theorie annahmen – zumal der berühmte Newton sie aufgestellt hatte –, meldete ihr Erfinder selbst jedoch Zweifel daran an, wie aus seinen privaten Aufzeichnungen hervorgeht. Diese Zweifel konnte er niemals ganz beseitigen. (Möglicherweise sind sie die Ursache für seine Nervenzusammenbrüche, für seine Abkehr von der Physik und für seine Flucht in mystische Spekulationen gewesen.)

Erst im letzten Jahrhundert wagte sich wieder jemand an das Problem heran, nämlich der österreichische Naturwissenschaftler und Philosoph Ernst Mach (sein Name findet sich noch in der Bezeichnung für die Schallgeschwindigkeit: Mach 1). Er behauptete, daß nichts aus dem Weltraum oder von weit entfernten Sternen kam, was sich bis in unsere umherkreisende Flüssigkeiten hineinsenkte und sie wissen ließ, wann sie es waren, die sich bewegten; vielmehr sollte es ausschließlich etwas mit der Beschaffenheit der Flüssigkeit, die sich in der Tasse befindet, zu tun haben. Was es nun genau war, konnte er jedoch nicht weiter spezifizieren. Seine Überlegungen wurden recht bekannt, aber da sie so vage waren, beschäftigte sich niemand eingehender mit ihnen, bis der berühmteste Mitarbeiter des Patentamtes, den die Schweiz jemals gehabt hat, sie aufgriff. Konnte man vielleicht zu der Lösung kommen, indem man sich in die Frage vertiefte, was geschehen würde, wenn man *weder* die Perspektive des Kaffees *noch* die des sich umgebenden Universums bevorzugte? Der junge Mitarbeiter des Patentamtes, Albert Einstein, dachte sich, daß es dieser Ansatz wert war, weiterverfolgt zu werden, und seine Relativitätstheorie, nach der alle Bezugssysteme, in denen keine Beschleunigung stattfindet, die gleiche Gültigkeit besitzen, war das Ergebnis davon.

Zu einer weiteren tiefsinnigen Überlegung kann man kommen, wenn man die nach dem Umrühren umherwirbelnde Sahne in einer Kaffeetasse eingehender betrachtet. Der niederländische Mathematiker L. Brouwer drückte diese Überlegung im Jahre 1913 als erster exakt aus: Ganz gleich, auf welche Weise wir unseren Kaffee auch umrühren, egal, wie stark wir ihn verquirlen und durchrühren, immer wird es mindestens einen Punkt an der Oberfläche geben, der sich nicht bewegt. Brouwers Lehrsatz bildete einen wichtigen Grundbaustein für die in diesem Jahrhundert entstandene Topologie, ein Teilgebiet der Mathematik, das sich unter anderem mit der Erforschung des Phänomens, daß sich bestimmte Merkmale auf stark verzerrten Oberflächen nicht verändern, befaßt. Wenn wir das nächste Mal unseren Kaffee umrühren und dabei genau hinsehen, können wir das Resultat aus dem Jahre 1913 bestätigen, indem wir den einen unbeweglichen Punkt auf der Oberfläche entdecken. Finden wir ihn nicht, so sehen wir entweder nicht genau hin, oder Brouwers Lehrsatz ist falsch, was denn bedeutet, daß die Grundlage der Topologie einschließlich all ihrer Anwendungsmöglichkeiten zusammenbricht.

In diesem Augenblick schwebt ein Dämon ins Wohnzimmer hinein, ein sehr berühmter Dämon, der erstmals von dem schottischen Physiker James Clerk Maxwell heraufbeschworen worden war. Wie ist es zu erklären, daß der Kaffee jedesmal den Löffel zu erwärmen scheint? Wir könnten uns leicht vorstellen, daß der heiße Kaffee in der Tasse langsam herumkreist und der darin befindliche metallene Löffel davon unberührt bleibt, seine niedrige Temperatur also beibehält. Es braucht sich nur ein aufmerksamer, schelmischer Dämon auf der Löffeloberfläche zu befinden, der – vielleicht noch mit der Hilfe von zahlreichen ihm untergebenen Dämonen – alle heißen Moleküle, die den Löffel erwärmen könnten, wegstößt, bevor sie zu dicht herankommen. Ein derart beschützter Löffel würde niemals heiß werden, egal, wie lange er im Kaffee eingetaucht ist. In der Wirklichkeit geschieht dies natürlich nicht, aber warum? Was genau ist es im Aufbau der Materie, das die Wärme immer wieder dazu bringt, vom Kaffee zum Löffel zu fließen? Vielleicht weitere Dämonen, die den anderen entgegenarbeiten?

So etwas Ähnliches. Auf den Grübeleien von Maxwell und anderen aufbauend, stellten Physiker des 19. Jahrhunderts die Theorie von der Entropie auf, die besagt, daß sich alles in unserem Universum so verhält, daß sich hochkomplizierte Systeme unausweichlich in weniger komplizierte Systeme umwandeln. Ein Aufbau, bei dem sich zwischen dem heißen Kaffee und dem kalten Löffel ein trennender Bereich bildet, ist tatsächlich ein sehr kompliziertes System. Für die im Kaffee und in dem Löffel enthaltenen Wärmeenergiemengen ist es daher viel weniger kompliziert, miteinander zu verschmelzen; der Kaffee gibt etwas Wärme ab, der Löffel nimmt etwas auf, so daß schließlich alles, was sich in der Tasse befindet, die gleiche mittlere Temperatur angenommen hat.

Wenn sich dieser Vorgang nur auf Kaffeetassen beschränken würde, bräuchte man nicht viel Aufhebens darum zu machen, doch die Wissenschaftler behaupten, daß dieses Gesetz von der Entropie für alles, was sich im Universum befindet, gültig ist. Wenn man zwei komplexe Systeme zusammenbringt, dann findet – einfach ausgedrückt – sogleich eine Entladung statt, die Systeme verschmelzen miteinander und bilden schließlich zusammen ein Ganzes, das jedoch bei weitem nicht mehr so differenziert aufgebaut ist wie seine beiden ursprünglichen Teile. Dies geschieht beim Menschen – die Wärme, die von unseren auf komplizierte Weise arbeitenden Gehirnzellen ausgeht, verflüchtigt sich einfach formlos in der Luft, die unseren Kopf umgibt –, und der Entropie-Theorie nach muß das auch für Städte, Planeten, das Sonnensystem und in der Tat auch für unser ganzes Universum zutreffen. Die Sonne im Zentrum unseres Sonnensystems wird sich mit der Zeit abkühlen, ebenso wie all die anderen Sterne unserer Galaxis. Mit der Zeit wird sich alles im Universum ausgleichen, es wird keine Temperaturunterschiede mehr geben, nur noch ein einziges undifferenziertes System, das sich dann niemals wieder verändern kann und somit nicht mehr in der Lage ist, Sterne oder Leben in irgendeiner Form hervorzubringen. Diesen Endzustand nennt man den Wärmetod des Universums. Wenn das Gesetz von der Entropie stimmt, ist er unausweichlich.

Diese allmählich stattfindende Erschöpfung geht in einer Welt vor sich, in der die gesamte Materie – alles, was wir um uns herum sehen können – aus Atomen besteht. Die zentralen Kernregionen der Atome werden durch außerordentlich große Zwischenräume von den winzigen Elektronen, die den äußeren Bereich eines Atoms bilden, isoliert. Der Kern eines der vielen Kohlenstoffatome, aus denen unser Körper, der Kaffee, unsere Möbel und unser Haus zusammengesetzt sind, hat einen Durchmesser, der weniger als ein Zehntausendstel der Strecke bis zur von den Elektronen gebildeten Außenhülle des Atoms groß ist. Hätte der Kern die Größe einer Billiardkugel, so würden die Elektronen einige Dutzend Kilometer weit von ihm entfernt um ihn herumschwirren. Zwischen den Elektronen und dem Kern befindet sich ein riesiger leerer Raum. Der Kaffeelöffel, der so stabil zu sein scheint, der eine sehr feste Struktur zu haben scheint, besteht im Grunde genommen fast nur aus leerem Raum, in dem sich hier und da Atomkerne mit ihren weit von ihnen entfernten Elektronenwolken befinden. Was wir für einen Löffel halten, ist nichts anderes als leerer Raum, der durch die vereinzelt auftretenden, äußerst weit voneinander entfernten Atomkerne eine gewisse Struktur erhält. Bei Fingern, die planlos auf den Tisch trommeln, handelt es sich also um einen Bereich nahezu absoluter Leere, der sich hinunterbewegt und mit einem anderen Bereich nahezu absoluter Leere, der sich nur sehr geringfügig von ihm unterscheidet, zusammentrifft, woraus sich eine vage gegenseitige Beeinflussung ergibt.

Dies mag vielleicht eine etwas trübsinnige Betrachtungsweise sein, doch sie birgt eine überraschende, trostspendende Wirkung. Wenn wir ihr lange genug nachgehen und dann schließlich wieder von unserer Kaffeetasse aufsehen, so stellen wir, Wunder über Wunder fest, daß unsere Gäste verschwunden sind.

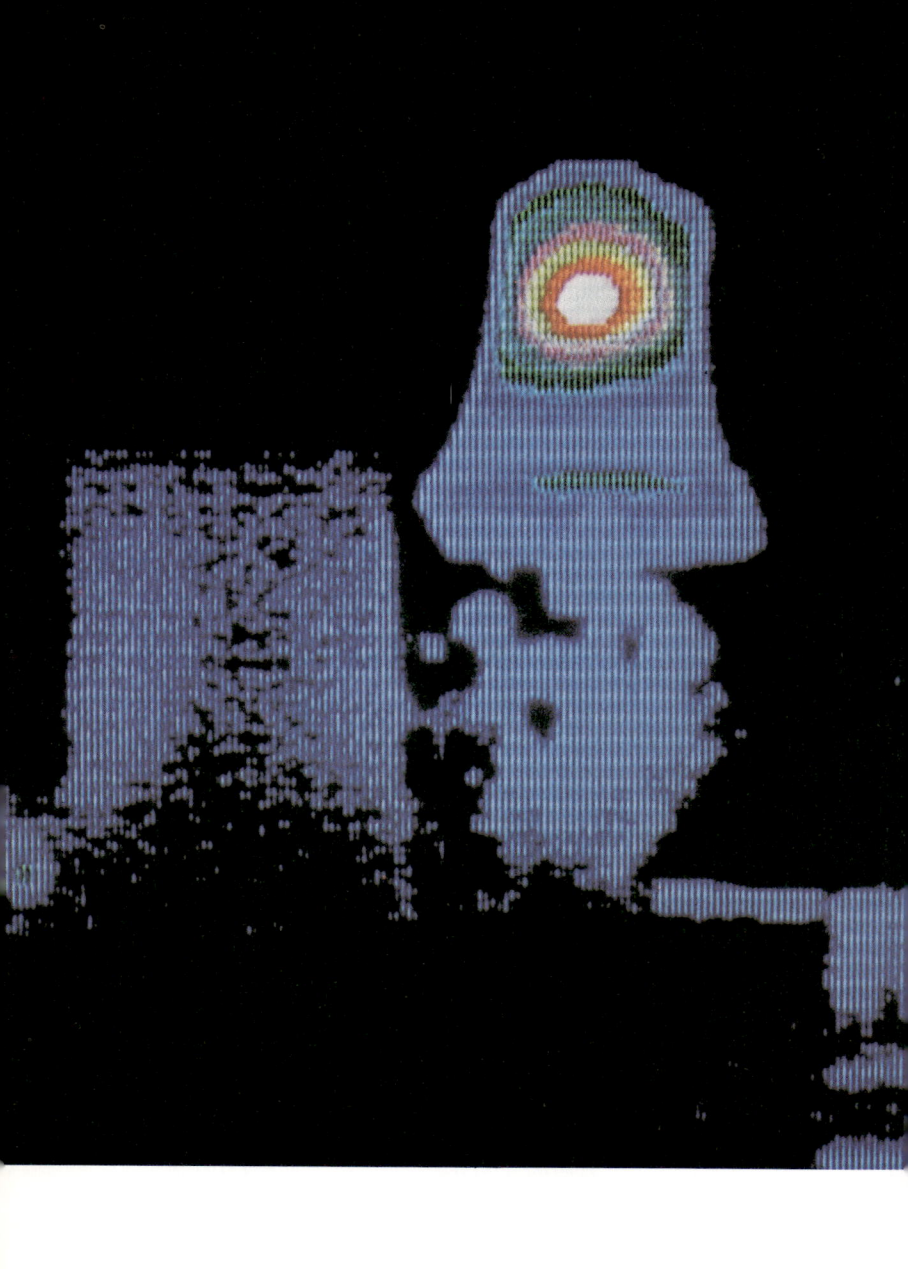

6. Kapitel
Bad und Bett

Am Ende des Tages, wenn die Gäste gegangen sind, nach dem Be-
wirten, Stehen, Sitzen, Lächeln, Sprechen, Abräumen und dem
Erdulden des niedergehenden Zigarettenqualms ist es an der Zeit,
all dies abzustreifen und eine Reinigungsaktion durchzuführen.
Die Kleidung, die vorher mit äußerster Sorgfalt angelegt worden
war, wird nun hastig vom Leib gerissen und auf den Boden geworfen; Uhren, Armbänder und vielleicht ein Brusttoupet landen
dicht daneben, und dann trifft der Mann im rosigen Adamskostüm
sogleich Anstalten – ohne noch einmal die Temperatur des aus den
Hähnen hervorströmenden Wassers zu regulieren –, in die Wanne
zu springen, wo ihn ein wohliges, heißes Bad erwartet.

Kann man dies eigentlich bedenkenlos tun? Wäre das Wasser lediglich eine in der Wanne umherschwappende, leicht schäumende
Flüssigkeit, so würden keine Probleme auftreten. Aber dies ist
nicht der Fall, denn bei dem Wasser, das sich in unserer Badewanne befindet, handelt es sich nicht um eine gewöhnliche Flüssigkeit, es ist keine Ansammlung von separaten Molekülen, die sich
ständig umeinander herum bewegen, wie wir es von Flüssigkeiten
erwarten. Es handelt sich vielmehr um ein Ding, um einen sehr
großen, mehr oder weniger miteinander verketteten, badewannen-
förmigen Klumpen. Jedes Wassermolekül in der Wanne besitzt an
seiner Außenseite, jeweils gegenüberliegend, zwei Elektronenver-
bindungsstellen, und überall, wo sich zwei Wassermoleküle tatsächlich nahe genug nebeneinander befinden, haken sie sich an
diesen Stellen, etwa nach dem Prinzip des Klettverschlusses fest.
Die Verbindungen sind nicht allzu starr – sie sind geschmeidig,
biegsam und können, wenn sie etwas stärker beansprucht werden,
sogar wieder auseinanderreißen –, doch sie bewirken, daß sich in

Wärmebild einer gerade ausgehenden Nachttischlampe.

der frisch gefüllten Badewanne nun das möglicherweise größte »Molekül« befindet, das wir jemals gesehen haben. Das aus dem Hahn herausströmende Wasser war auf diese Weise miteinander verkettet und fiel als ständig größer werdender Klumpen in die Wanne hinein. Da unser Wasser wahrscheinlich aus einem natürlichen See oder aus einem Staubecken kommt, können wir uns den Inhalt unserer Badewanne als pseudopodienartige Verlängerung des zentralen »Wasserorganismus« vorstellen, der seine Gliedmaßen, einer Riesenamöbe gleich, durch das Rohrleitungslabyrinth hindurchgleiten läßt und sie bis in unser Haus hineinstreckt.

In diese zusammenhängende Masse bewegt sich nun der behutsam auf die Hitze achtende Zeh des Mannes hinein. Wenn die Wassermolekülverbindungen um wenige Prozent fester wären, würden die einzelnen Teilchen des Wasserklumpens so eng miteinander verkettet sein wie Eisen, und der Zeh würde auf einer glänzenden, eisenharten Metalloberfläche zu stehen kommen. Wenn die Festigkeit der Verbindungen nach dem Hineinsenken des Zehs in den Klumpen nur um 2 Prozent zunehmen würde, müßte man eine Lötlampe zu Hilfe nehmen, um ihn wieder zu befreien. Aber glücklicherweise sind die Verbindungen biegsam; der Zeh senkt sich hinab, zieht die in seiner unmittelbaren Umgebung befindlichen Verschlüsse auseinander und dehnt sie wie Brotteig, bis die Belastung schließlich zu groß wird, so daß in dem zusammenhängenden Badewasserbrocken ein winziger Riß entsteht, in den sich der leicht windende Zeh hineinbewegen kann. Beim weiteren Hinabsenken wird die Ansammlung von Wasser fortgesetzt gedehnt und zerrissen, doch da die Risse sofort wieder verschwinden und sich neue Verbindungen bilden, schließt sich das Wasser sogleich um den Zeh, umhüllt ihn, dann den Fuß und schon bald den ganzen nun in der Wanne ausgestreckt liegenden Körper. Der in einer sanften Umklammerung befindliche Badende kann sein Bein nach oben strecken, mit seinen Händen herumplanschen, mit einer Ente spielen oder sogar, sich halb verrenkend, nach der Seife suchen, die immer wieder die unangenehme Eigenschaft hat, zu schwer erreichbaren Orten hinabzutauchen. Scheinbar deutet alles darauf hin, daß die einhüllende Wassermasse überhaupt keine Kraft auf den Badenden ausübt und ihm keinerlei Widerstand entgegenbringt, aber in Wirklichkeit ist es so, daß all diese Bewegungen nicht durch die wohlwollende Gnade des Wasserklumpens ermöglicht werden, sondern lediglich dadurch, daß der Badende stark genug ist, die monolithische Wassermasse ständig aufzureißen und in die entstandenen Lücken vorzustoßen, wenn er sich bewegen will. Sollte er aus irgendwelchen Gründen zu schwach werden, gäbe es kein Entrinnen mehr für ihn.

Der Badende wird sich aber höchstwahrscheinlich wieder aus der Umklammerung befreien können, während die Sache für das auf der Oberfläche schwimmende Badeöl nicht so gut aussieht. Wenn es sich um ein dickflüssiges, schweres Öl handelt, wird es durch die schwachen Stellen im Wasser absinken, dann aber auch die in der Wanne liegende Person mit einer schmierigen Schicht überziehen. Handelt es sich um ein leichteres Öl, das dem Badenden nicht das Gefühl vermittelt, sich in einem Ölfaß zu befinden, hat das Wasser Gelegenheit, auf es einzuwirken. Das Wasser verhindert die Ausbreitung eines dünnen Ölfilms, indem es ihn sogleich in einzelne linsenartige Kügelchen verwandelt, was den Genuß der badenden Person nicht gerade fördert. Es ist keine einfache Angelegenheit, ein tatsächlich angenehm wirkendes Badeöl herzustellen.

Und doch etwas gleitet durchs Wasser: der Schwamm. Einige Leute verwenden diese rechteckigen Exemplare, die aus der Fabrik stammen, aber wirkliche Kenner bestehen darauf, beim Baden Naturschwämme zu benutzen. Die meisten natürlichen Schwämme, mit denen wir uns waschen, die Finger dabei fest in die Löcher gesteckt, sind ursprünglich – als sie noch gelebt haben – weiblich gewesen, obwohl es in den Läden auch viele zweigeschlechtige zu kaufen gibt. Die Löcher sind jedoch nicht das, was man vielleicht denken mag. Die Schwämme haben sie, weil sie keine Beine besitzen und daher nicht auf dem Meeresgrund herumklettern können, um an die im Wasser frei umherschwimmende Nahrung heranzukommen. Sie mußten also andere Fähigkeiten entwickeln, um nicht zu verhungern. In den größeren Löchern leben unzählige Geißelzellen, die durch Flimmerbewegungen dafür sorgen, daß ständig Wasser in den Schwamm hineinfließt; fest an ihren Standort gebunden, gleichen sie neuzeitlichen Galeerenskla-

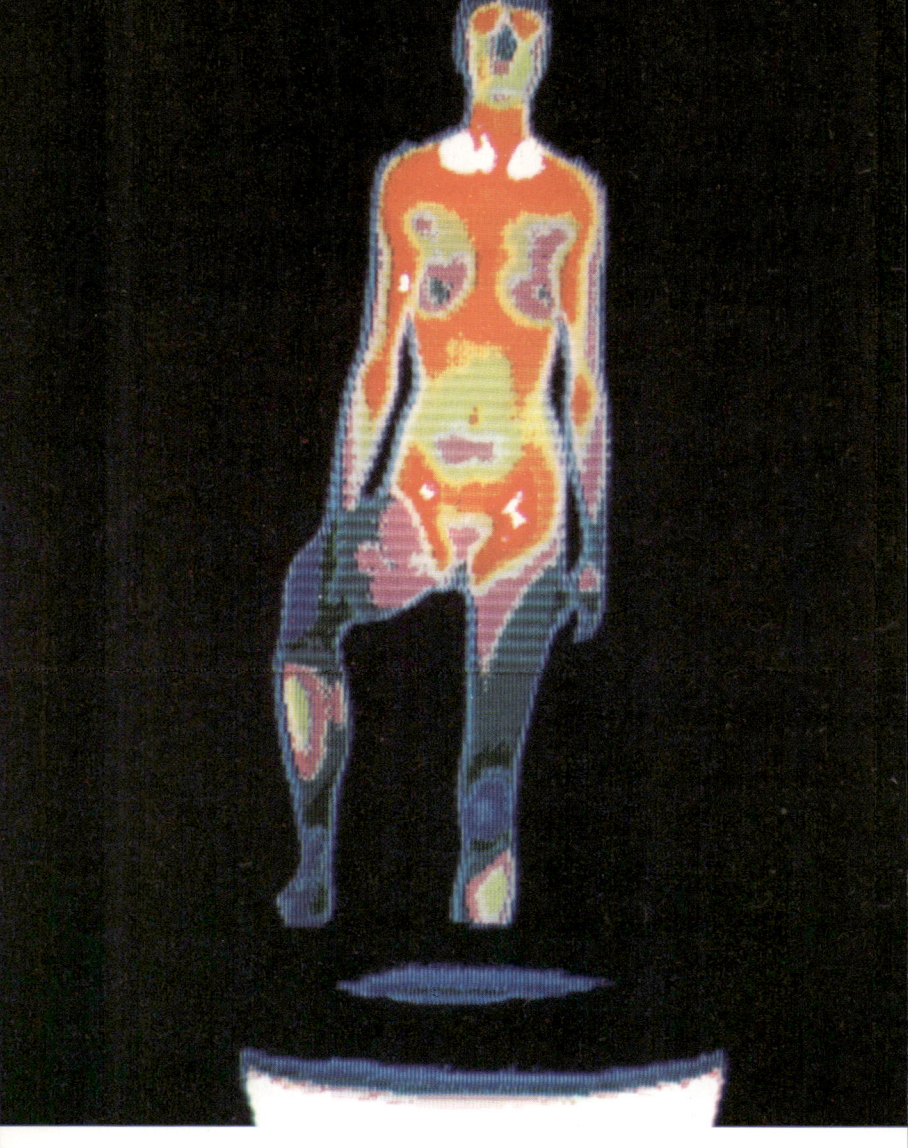

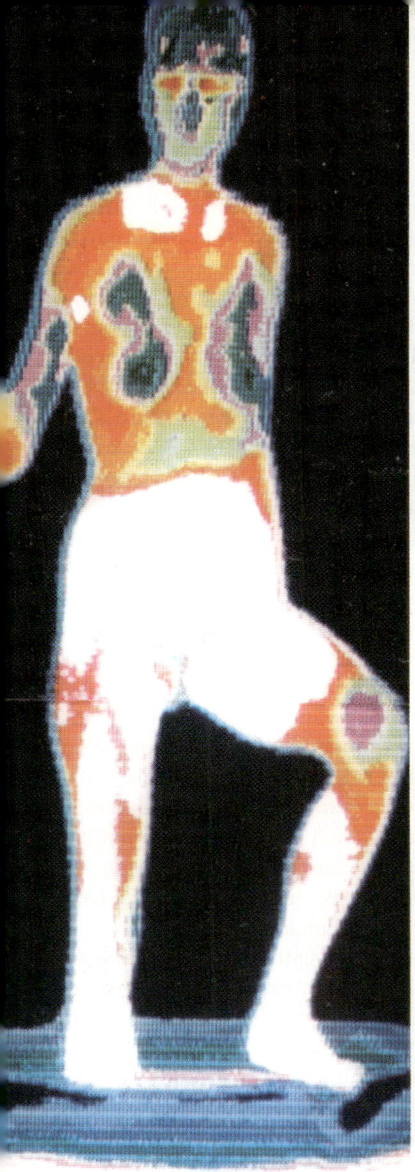

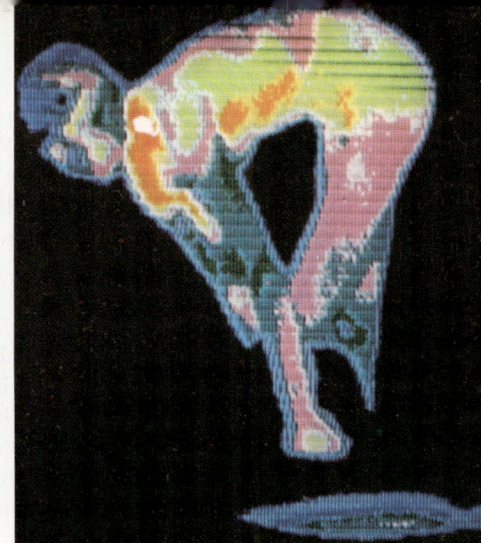

Von links aus im Uhrzeigersinn: Wärmebilder von einer Frau, die in einen Badezuber steigt, wieder herausgeht, sich abtrocknet und im Wasser sitzt. Die weißen und roten Stellen sind am wärmsten, die grünen und blauen am kältesten.

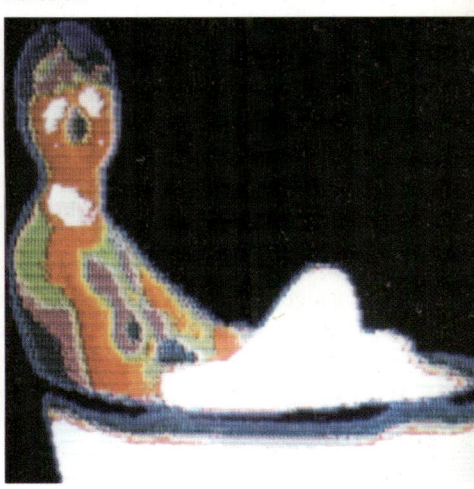

ven, die dazu verdammt sind, ihr ganzes Leben lang mit rudernden Bewegungen das notwendige Wasser heranzuschaffen. Tiefer in den Poren verborgen, befinden sich weitere Bewohner – bewegliche, amöbenartige Wanderzellen –, die sich auf jedes Nahrungsteilchen stürzen, das von den weiter vorne schuftenden Zuarbeitern hereinbefördert worden ist.

Wäre dies bereits der ganze Aufbau, so würde der Schwamm wirklich erbärmlich aussehen. Man könnte ihn dann am ehesten mit einem von Pockennarben übersäten Gummiball vergleichen. Die Schwämme, die ihre lange Reise in unserer Badewanne beenden, sehen aber nicht aus wie Gummibälle, die Akne haben, denn wenn sie auf dem Meeresgrund nur damit beschäftigt gewesen wären, Wasser aufzunehmen, hätte es nicht lange gedauert, und sie wären angeschwollen, hätten schon bald einem Ballon oder einem Unterwasserzeppelin geglichen und wären dann schließlich geplatzt. Die Schwämme vermeiden dieses scheußliche Ende, indem sie dafür gesorgt haben, daß sie über ebenso viele Ausgangs-Poren wie Eingangs-Poren verfügen, um das überschüssige Wasser wieder loszuwerden; außerdem befinden sich in ihrem Innern viele Gänge, die dazu dienen, das aufgenommene Wasser zu den Ausgangs-Poren zu leiten. Für einen Schwamm ist dies dann auch schon alles. Er hat weder ein Gehirn noch eine Leber, keine Schulterknochen, Muskeln, Zähne, keinen Kiefer, kein Lächeln, keine Augen oder sonst irgend etwas. Gelegentlich strömen aus einigen Exemplaren ein Schwarm Eier und auch so etwas wie entstellte Samenzellen heraus. Doch derartige Fortpflanzungsergüsse sind nur sehr selten. Was wir vor uns haben, ist ein Geschöpf, das lediglich Wasser aufnehmen und wieder abgeben kann.

Auf die Wohltat, entspannt im schaumigen, warmen Wasser zu liegen und die friedliche Ruhe zu genießen, nachdem die Gäste gegangen sind, folgt die Faszination, den Strudel des ablaufenden Wassers, das sich spiralenförmig den Abfluß hinunterwindet, zu beobachten; eine Faszination, die unwillkürlich begleitet wird von zahlreichen Fragen, die dem wißbegierigen, nun sauberen und gerade aus der Wanne steigenden Mann in den Sinn kommt. Warum erzeugt der Strudel dieses sonderbare, gurgelnde Geräusch? Wie ist es zu erklären, daß er sich sofort wieder neu bildet, wenn man ihn mit Hilfe des Fingers unterbrochen und das Wasser in andere Richtungen umhergewirbelt hat? Ist er von gleicher Natur wie die Strudel in den Meeren? Und, was noch interessanter ist, stimmt es wirklich, daß sich ein Badewannenstrudel in der nördlichen Hemisphäre in eine Richtung dreht und in der südlichen in die entgegengesetzte?

Um die letzte Frage zu beantworten, müssen wir uns etwas näher mit der Coriolis-Kraft beschäftigen, die nach dem französischen Physiker Gustave Gaspard Coriolis benannt worden ist. Diese Kraft beschreibt die Ablenkung, der alle sich bewegenden Objekte auf unserem Planeten unterworfen sind, da die Erde rotiert, während sie sich auf ihrer Umlaufbahn befindet. Am Äquator rotiert die Erde mit einer Geschwindigkeit von fast 1700 Stundenkilometern in Richtung Osten; je weiter man nach Norden kommt, desto mehr nimmt diese Geschwindigkeit ab. In Florida dreht sich die Erde noch mit 1470 Kilometern pro Stunde, in London und Warschau (beide Städte liegen ungefähr auf dem gleichen Breitengrad) mit 990 Stundenkilometern; nur am Nordpol ist die Rotationsgeschwindigkeit gleich Null – denn dort befindet sich die imaginäre Achse, um die sich alles andere dreht.

Das bedeutet also, daß man sich, wenn man in London ein genüßliches Bad nimmt, mit einer Geschwindigkeit von über 270 Meter pro Sekunde ostwärts bewegt; sitzt man während des Portugalurlaubs gemütlich in der Badewanne, saust man etwa 360 Meter pro Sekunde ostwärts. Wenn unser Bewegungsmoment von der Erde unabhängig wäre, hätte dies zur Folge, daß wir mit hoher Geschwindigkeit durch die Wand unseres Hauses oder unseres Hotels brechen und, lediglich mit einigen übriggebliebenen Schaumbadblasen bekleidet, gen Osten rasen würden. Da dieses Moment aber glücklicherweise nicht von der Erde unabhängig ist, bleiben wir von derartigen peinlichen Vorfällen meistens verschont. Wenn wir jedoch eine durch die Luft fliegende Granate wären, würde die Sache schon anders aussehen.

Feuern wir beispielsweise in Florida eine riesige Kanone ab, die genau auf New York zielt, so würde das Geschoß infolge der Erdrotation bei seinem Abschuß eine höhere Geschwindigkeit bekommen, New York verfehlen und viele Kilometer östlich von der Stadt im Atlantischen Ozean landen. (Diese zusätzliche Geschwindigkeit ist der Grund, weshalb die NASA ihre Abschußbasis in Florida gebaut hat – dem äquatornächsten Bundesstaat der USA –, was Jules Verne im letzten Jahrhundert bereits in seinem Zukunftsroman »Von der Erde zum Mond« vorausgesagt hatte.) Wenn ein Schiff eine Granate, die etwa 25 Kilometer weit fliegt, abschießt, so ist die Ablenkung infolge der Erdrotation nicht so groß, nur etwa 100 Meter, was jedoch ausreicht, um einen Volltreffer in ein folgenloses Aufwühlen des Wassers zu verwandeln, wenn diese Ablenkung nicht einberechnet worden ist. Da Großbritannien im Ersten Weltkrieg die bedeutendste Kriegsmarine besaß, wußten die Techniker der Konstruktionsabteilung natürlich von diesem Effekt und bezogen ihn in ihre Planung und Entwicklung von Kriegsschiffen mit ein, indem sie die Geschütztürme an Bord so konzipierten, daß diese beim Abfeuern automatisch weit genug nach Westen zielten, um die jeweils wirkende Coriolis-Kraft auszugleichen. Bei der Schlacht von 1914 gegen deutsche Streitkräfte vor den Falklandinseln, also in der südlichen Hemisphäre, wurden die Kanonen entsprechend umgekehrt ausgerichtet, etwas nach Osten, was zur Folge hatte, daß die deutschen Schiffe getroffen wurden und untergingen.

Dieser Effekt ist sowohl bei zwei Tonnen schweren Geschossen als auch bei Flüssigkeiten zu beobachten. Unser fiktives, von Florida aus in Richtung Norden abgefeuertes Geschoß würde also nach Osten hin abgelenkt werden, und das gleiche würde auch mit einem Wasserschwall passieren, den man vor der Küste Floridas auf dem Atlantik nordwärts treiben lassen würde. Der Unterschied ist nur der, daß es diesen Wasserschwall tatsächlich gibt: den Golfstrom. Vor der Küste Floridas beginnt er, fließt nordwärts und wird aufgrund der Coriolis-Kraft nach Osten hin abgelenkt, was zur Folge hat, daß es in England wärmer ist, als es sonst der Fall gewesen wäre. Würde sich die Erde in die entgegengesetzte Richtung drehen, so würde der Strom vor der Küste Ghanas seinen Anfang nehmen und bis zur Labradorhalbinsel fließen; dann wäre es in diesem Teil Kanadas wärmer, und die Engländer müßten frieren. Tornados und Orkane wirbeln in der nördlichen Hemisphäre im Uhrzeigersinn herum, in der südlichen Hemisphäre gegen den Uhrzeigersinn, ebenfalls aufgrund der Coriolis-Kraft.

Ist sie nun auch für die Richtung des Strudels über unserem Badewannenabfluß erforderlich? Stimmt es, daß sich der Strudel hier bei uns in eine Richtung und auf der anderen Erdhalbkugel in die entgegengesetzte Richtung dreht? Dummerweise zeigt sich die Wirkung der Coriolis-Kraft in unserer Badewanne nicht oft: In diesem begrenzten Maßstab ist sie meistens zu unscheinbar. Jedes Schwappen des Wassers, das wir hervorrufen, wenn wir in der Wanne aufstehen, oder sogar schon die Unruhe, die unser nun sauberer, durch das heiße Wasser faltig gewordener Fuß erzeugt, wenn er auf dem Boden der Wanne einen festen Halt sucht, reicht aus, um die Richtung des Strudels über dem Abfluß zu ändern und somit die Coriolis-Kraft zu überlagern. Nur wenn wir uns sehr, sehr vorsichtig erheben, ohne das Wasser auf einer Seite mehr aufzuwühlen als auf der anderen, hat diese Kraft, die Schlachtschiffgranaten und gewaltige Meeresströmungen ablenkt, eine Chance, unser abfließendes Badewasser dazu zu zwingen, einen perfekten, gurgelnden Coriolis-Strudel zu bilden, der sich im Uhrzeigersinn dreht. Wenn wir ihn staunend beobachten, können wir uns vor Augen halten, daß jemand, der in Australien das gleiche Experiment durchführt, sehen würde, wie sich sein Badewasser in die entgegengesetzte Richtung dreht und dann gurgelnd im Abfluß verschwindet.

Sollte uns dieses Experiment mißglückt sein, so können wir, wenn wir naß, ölbedeckt und erwärmt im Wasser herumpatschen, immer noch über die Tatsache nachdenken, daß uns die Coriolis-Kraft mit jedem Schritt, den wir ausführen, etwas zur Seite schiebt. Legen wir mit einem Schritt einen Meter zurück, so werden wir dabei um einige tausendstel Zentimeter zur Seite hin abgelenkt; bei einem Marathonlauf (42 Kilometer) wären es immerhin schon einige Zentimeter, und bei der Strecke von fünftausend Kilometern, die wir Schätzungen nach in einem Jahrzehnt zu Fuß gehen, beträgt die durch die Coriolis-Kraft hervorgerufene Ablenkung zur Seite immerhin mehrere hundert Meter. Für Fahrten mit dem Auto gilt das gleiche: Wenn wir mit unserem Wagen 300 000 Kilometer zurückgelegt haben, sind wir gleichzeitig, ohne es zu bemerken, einige Kilometer weit seitlich abgedriftet, was wir jedoch, ebenfalls ohne es zu bemerken, sofort ausgeglichen haben, so daß es zu keinen schwerwiegenden Folgen gekommen ist.

Während der Mann nach Beendigung des Bades mit frisch ge-
schrubbtem Körper aus der Wanne steigt, blickt die Frau in den
Spiegel, zieht ihre Augenbrauen hoch und versucht, mit den vor
ihr aufgereihten Materialien – Wattebäusche und verschiedene
chemische Lösungsmittel – etwas für ihr Gesicht zu tun. Das ist jedoch nicht einfach. Auf dem gewissenhaft hergerichteten Gesicht
kann sich ein sonderbarer Belag befinden, der sich aus vielen Substanzen zusammensetzt: Rouge bzw. rote Schminke, Wimperntusche, eine Grundierungscreme, dann das Make-up selbst und vielleicht noch andere Mittelchen; eine Schicht liegt über der anderen,
dünne, aus Ölen und Fetten bestehende Lagen bedecken gefärbtes
Talkum, alles in allem zum Verwechseln ähnlich mit geologischen
Formationen, die sich auf der menschlichen Haut gebildet haben.
Aber dies ist nur der Anfang, denn unter all diesen Verzierungen
befinden sich noch die Dinge, die das Gesicht im Laufe eines Tages
selbst produziert hat, Dinge, die man mit Hilfe eines Mikroskops
oder sogar schon mit einer guten Lupe erkennen kann: Hautzellen
und -schuppen, aus den Poren getretene Absonderungen und dazwischen gelegentlich Schorf. Aber mengenmäßig allem überlegen
sind die Gesichtsbakterien.

Sie haben sich bereits den ganzen Tag über auf unserem Gesicht
befunden, viele Millionen lebendige Bakterien, die einen weiteren
Doppelgänger von uns bilden, sich ohne Unterlaß ständig umher-
bewegen und von jedem Kollegen von uns, der ein Mikroskop da-
beihat, untersucht werden können. Einige hängen, sich an schwan-
kenden Haaren festklammernd, vor dem Gesicht, andere rollen
und hüpfen auf der Hautoberfläche entlang, während wieder andere wie die Pseudo-Monaden am Morgen mit aller Macht ihren
Propeller ankurbeln und versuchen eine riesige Distanz zurückzulegen, vielleicht zwei bis drei Zentimeter, um von einer Region des
Gesichts in eine andere zu gelangen. Die einzelnen Geschöpfe sind
erst wenige Stunden alt, obwohl die Populationen sich bereits seit
unserer Geburt dort aufhalten – und manchmal sogar noch länger:

**Eine Seifenblase. Es handelt sich um eine der dünnsten Substanzen, die unser Auge
wahrnehmen kann. Sie besteht aus zwei Fettschichten, zwischen denen Wasser ent-
langrieselt. Diese Schlierenfotografie macht die dabei entstehenden schillernden Farben deutlich sichtbar.**

264

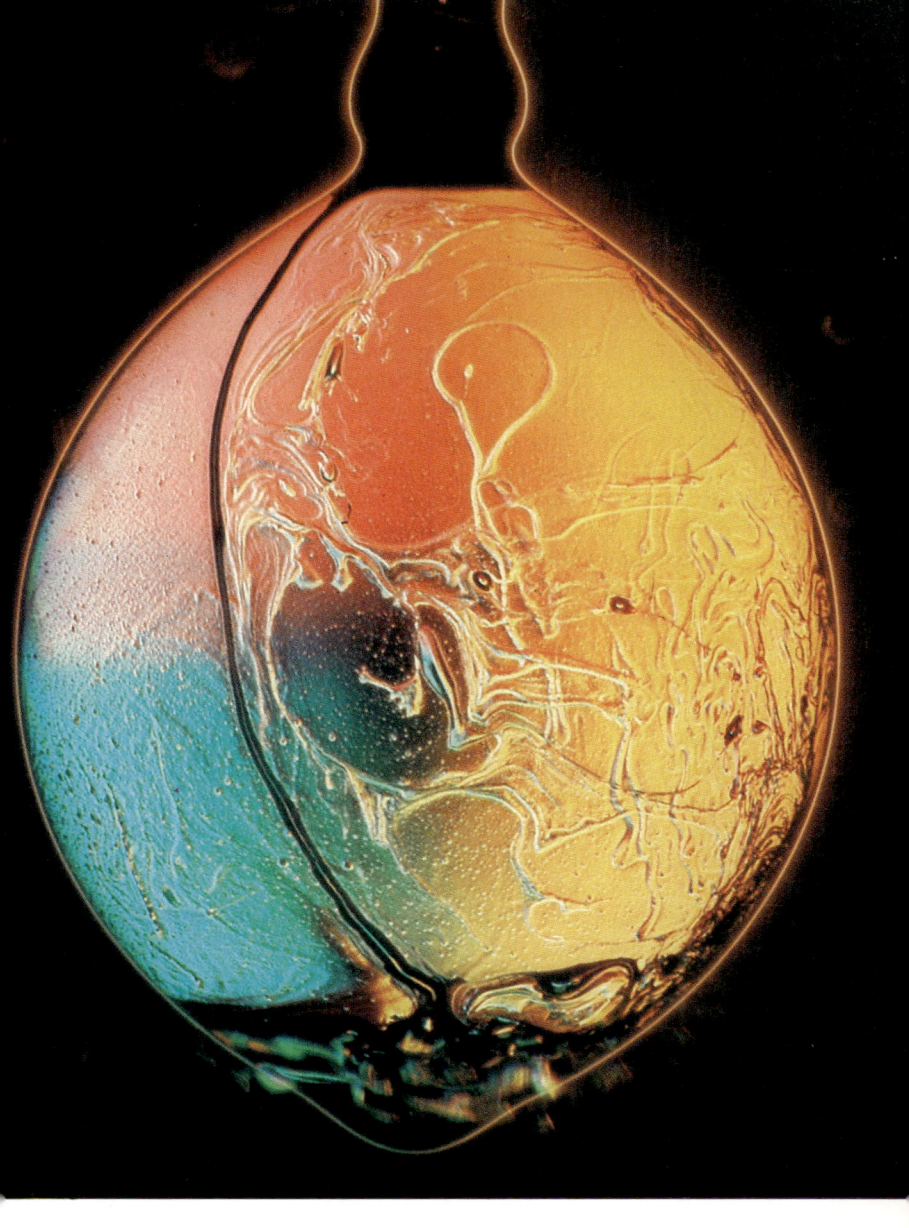

Bestimmte Bakterienarten, die sich in dem Geburtsweg unserer Mutter aufhalten, sind mit ziemlicher Sicherheit ebenfalls auf unserem Gesicht zu entdecken. Sie befinden sich auch an anderen Stellen unseres Körpers – auf unseren Beinen sind es über 1000 pro Quadratzentimeter, auf unserer Brust etwa 6000 pro Quadratzentimeter – doch auf dem Gesicht krauchen mit Abstand am meisten von ihnen herum; am Ende eines normalen Tages sitzen über 2 000 000 dieser Geschöpfe auf unserer Wange, auf unserem Kinn, auf unserer Nase und noch viel mehr auf unserer Stirn. Ihnen geht es gut, wenn es uns gutgeht, sie frieren, wenn wir frieren, und viele von ihnen werden sogar sterben, wenn wir sterben.

Gesichter sind sehr angenehme Aufenthaltsorte für die Bakterien, weil diese Geschöpfe dort genau die Bedingungen vorfinden, die sie brauchen. Die einzelnen Hautzellen, aus denen sich das Äußere unseres Gesichts zusammensetzt, haben einen Durchmesser von ungefähr 14 Mikron (= $^{14}/_{1000}$ Millimeter; Bakterien sind etwa ein bis zwei Mikron lang). Diese Zellen sind hart geworden und platt, wenn sie die Oberfläche erreichen, und genau sie sind es auch, die beim Anziehen abgescheuert werden und dann in großen Mengen im Zimmer umherschweben, wie wir bereits beobachtet haben. Würden diese hart gewordenen Hautzellen nun das Gesicht lückenlos bedecken, könnten die Bakterien dort nicht leben. Sie würden verhungern. Aber unsere Hautzellen sind, wenn sie schließlich an die Oberfläche gelangen, so ausgefranst, rissig und zerbröckelt, daß sie viele Lücken bilden, die bis in die tieferliegenden Schichten hinunterreichen. Durch diese Lücken hindurch dringt die Nahrung für die Bakterien nach oben. Zusammen mit der tropischen Luftfeuchtigkeit von 90 Prozent, die in der unmittelbaren Umgebung des Gesichts herrscht, ergeben sich die idealen Lebensbedingungen für diese Mikroorganismen.

Man stelle sich vor, wie bequem das Leben wäre, wenn wir in unserem Haus nur träge auf dem Fußboden liegen und uns jederzeit alle kulinarischen Wünsche erfüllen könnten, indem wir einfach die Köstlichkeiten ergreifen, die ständig durch die von Fußbodenbrettern gebildeten Spalte hindurch hervorkommen. Genau diesen Luxus erfahren die Bakterien auf unserem Gesicht. Die Nahrung, die aus den Rissen der Haut hervorquillt, ist nicht mit unserer Kost zu vergleichen – auf Schinken, Käse und Spaghetti Bolognese müssen die Bakterien verzichten –, aber es handelt sich um Substanzen, die für diese Geschöpfe geeigneter sind: etwas Salzwasser aus den Schweißporen, durchsetzt mit einigen stärkenden Stickstoffverbindungen, zu vergleichen also mit einem gesunden Mineralwasser, und überall, wo sich ein Haarbalg befindet, kommen schmierige Fette hervor, die genau die Aminosäuren enthalten, die unsere winzigen Bewohner brauchen.

Da sich all dies in einem sehr kleinen Maßstab abspielt, verhalten sich die Substanzen nicht ganz so, wie wir es gewohnt sind – beispielsweise können die scheinbar sehr tiefen Salzwasserseen plötzlich innerhalb von wenigen Sekunden verdunsten, so daß alle Bakterien, die zu langsam gewesen sind, um etwas daraus zu trinken, verdursten müssen – aber natürlich verhalten sich auch die Bakterien anders, als wir es erwarten. Um genauer zu erkennen, was vor sich geht, stellen wir uns einen Menschen vor, der 300 Kilometer lang ist, also einen Riesen mit Schilddrüsenproblemen, der seinen Kopf aus der Atmosphäre herausstreckt etwa in Höhe der Umlaufbahn vom Space-Shuttle und seine Füße etwa 150 Kilometer voneinander entfernt auf dem Boden stehen hat. Bei diesen Größenverhältnissen würden die Bakterien auf seinem Körper und seinem Gesicht 25 Zentimeter lang sein; sie wären also so groß wie gerade geborene Dobermannwelpen. Die Hautschuppen, auf denen die Mikroorganismen sich aufhalten, würden dann einem etwa 3,5 Quadratmeter großen betonierten Gelände entsprechen.

Einige Minuten lang würden sich diese Dobermann-Bakterien ziemlich normal verhalten; sie würden das Salzwasser, das aus den verkrusteten Schweißporen heraus auf die Hautoberfläche kommt, aufnehmen und vielleicht in dem klebrigen Talg, der sich ganz in der Nähe befindet, umhertollen. Doch dann, etwa nach zehn Minuten, würde ein Dobermann mit besorgter Miene seine Aktivitäten unterbrechen. Er würde tief einatmen, um seine Taille herum immer dünner werden und sich dann plötzlich teilen; der Vorderhälfte würden Beine wachsen, so daß ein vollständiger Dobermannwelpe entsteht, und der hinteren Hälfte würde ein Kopf wachsen, so daß ein zweiter Welpe zum Vorschein kommt. Bei einer Lebensspanne von 10 Minuten dauert diese Teilung etwa 30 Sekunden. Ohne zu zögern, würden die beiden neuen Dobermänner nun sofort damit beginnen, Salzwasser aufzunehmen und im Talg umherzutollen, genauso, wie es ihr gerade verschwundener Vorfahr getan hatte. Das gleiche geschieht auch mit all den anderen Bakterien; und diese rasante Wachstumsrate ist der Grund, weshalb die Geschöpfe das Gemetzel überleben können, das sich jedesmal ereignet, wenn wir uns unbewußt mit dem Finger am Kopf kratzen – zu vergleichen mit einem abstürzenden Flugzeug, das genau auf die Dobermänner fällt – oder noch schlimmer, wenn wir uns beim Blick in den Spiegel mit der Hand vor die Stirn schlagen.

Außerdem gibt es noch das Problem, daß die gesamte Gesichtslandschaft sehr unstabil ist. Ganz im Gegensatz dazu, was wir erwarten würden, wenn wir träge auf den Fußbodenbrettern liegen, verhält es sich mit den getrockneten Hautschuppen so, daß sie an allen Ecken und Enden losbrechen und davonfliegen. Es wäre geradezu so, als ob wir uns mit einigen Freunden auf den Steinplatten einer riesigen Terrasse ausruhen würden, während alle Augenblicke einige dieser Steinplatten einfach aufsteigen und, gelegentlich einige unserer Freunde mit sich nehmend, davonschweben würden. Derartige Hauteruptionen ereignen sich ständig. Beim Abendessen hat sich eine große Anzahl dieser mit Bakterien übersäten Hautschuppen von unserem Gesicht gelöst und ist nach kurzem Flug auf unsere Gäste niedergegangen – ebenso wie wir einige von unseren Gästen erhalten haben.

Einige Bakterien versuchen, diesem Problem aus dem Weg zu gehen, indem sie sich tief unter diese unstabilen, an der Oberfläche befindlichen Schuppen verkriechen. Diese Bakterienarten sind besonders interessant, da sie direkte Nachkommen der ersten Mikroorganismen sind, die sich entwickelt haben, als es sich bei dem Sauerstoff noch um eine seltene und im allgemeinen giftige Substanz gehandelt hat. Da sich unsere Stirnbewohner nicht weiterentwickelt haben, müssen sie sich auch heute noch vor dem Sauerstoff verbergen, was ein Grund dafür ist, daß sie die Stirn als Aufenthaltsort bevorzugen. Dort befindet sich nämlich eine Außenschicht, die aus Fett besteht; für uns ist sie dünn und unscheinbar, für die darunter wohnenden Bakterien jedoch ein dickes, gummiartiges Gewebe, das die ausgezeichnete Fähigkeit besitzt, den unerwünschten Sauerstoff nicht hindurchzulassen. Außerdem ist es unter dieser Fettschicht sehr sicher, denn die meisten anderen, möglicherweise feindlich gesinnten Bakterien würden ohne Luftzufuhr sofort ersticken. Daher ist es nicht verwunderlich, daß die Stirnbewohner zu den am zahlreichsten auftretenden Bakterienarten auf unserem Gesicht gehören; sie erreichen eine Bevölkerungsdichte von drei Millionen Bewohnern pro Quadratzentimeter. Tausende von ihnen ballen sich zusammen und bilden winzige, wimmelnde Häufchen, aber selbst diese gewaltigen Ansammlungen sind noch zu klein, um mit bloßem Auge wahrgenommen zu werden. Wenn wir viel Make-up auflegen, haben die den Sauerstoff meidenden Bakterien noch mehr Platz, um sich unter den schützenden Fettschichten zu entwickeln, und können gut gedeihen.

Sollten uns all diese Informationen ein unangenehmes Gefühl bescheren und uns vielleicht zu dem verzweifelten Versuch veranlassen, diese Geschöpfe wegzuwischen, bevor sie jemand anderes entdecken kann, so sei zur Beruhigung gesagt, daß dies überhaupt nicht nötig ist, denn diese Bakterien sind dort, wo sie sich befinden, völlig harmlos. Es könnte sogar gefährlich werden, wenn wir sie vertreiben oder vernichten, da sich dann andere Bakterienarten dort ansiedeln könnten, die sich uns gegenüber möglicherweise viel aggressiver verhalten. Aber so stark wir auch wischen und reiben, es würden nur einige unserer Stirnbewohner getötet werden, während sich die meisten von ihnen etwas unter die Oberfläche, nämlich in die Poren, aus denen ihre Nahrung hervorquillt, verkriechen und dort geduldig warten würden. Ist das heftige Unwetter vorübergezogen, kommen sie wieder hervor und breiten sich auf der freundlicherweise frisch gesäuberten Oberfläche erneut aus. Nach dem Waschen nimmt die Zahl der Bakterien oftmals sogar zu, wie Epidemiologen bei Untersuchungen der Hände von Chirurgen kurz vor dem Überstreifen der Handschuhe bestürzt festgestellt haben.

Sehr ergötzlich ist es auch, sich vorzustellen, wie erschrocken jeder sein würde, wenn er – vielleicht mit Hilfe eines Mikroskops – eine weitere Kreatur, die auf unserem Gesicht lebt, erblicken könnte. Im Vergleich zu den Bakterien handelt es sich geradezu um Giganten; die Rede ist von den gutgepanzerten Milben, die 30,

40 oder sogar 50 Mikron groß werden können. Ihr ständiger Wohnsitz befindet sich an der Basis unserer Augenwimpern; mit ihren acht starken, rauhen Beinen halten sie sich an jeweils einem der Haare fest. Da sie an einem derart sonderbaren Ort leben, sind sie erst 1972 wissenschaftlich klassifiziert worden, aber seitdem durchgeführte Untersuchungen haben bereits ergeben, daß so gut wie jeder von uns diese Geschöpfe mit sich herumschleppt. Trägt man die nahrhafte Wimperntusche oder Lidschatten auf, so gedeihen sie noch besser. Ständig hängen sie direkt über unseren Augen und bewegen sich bei jeder leichten Wendung unseres Kopfes schwerfällig mit. Da sie sehr vorsichtige Jäger sind, krabbeln sie kaum aus dem Schutz des Wimpernwaldes heraus – nur in der Nacht wandern sie manchmal auf unseren friedlich geschlossenen Augenlidern entlang, um eine andere Haarbalgwohnung aufzusuchen, wo sie sich dann vielleicht paaren. Am Tage, ganz gleich, wie bedrohlich unser Blick ist, rühren sie sich nicht vom Fleck.

Zwar ist es nicht möglich, die Bakterien loszuwerden, aber wir können immerhin das Make-up auf unserem Gesicht entfernen. Wasser und Seife reichen wegen den im Make-up enthaltenen Fetten und Ölen dafür jedoch nicht aus. Es wird etwas benötigt, das sich durch das Make-up hindurcharbeitet, diese Schicht ablöst und somit die darunter befindliche Oberfläche wieder zum Vorschein bringt; etwas, das die römischen Frauen, die gut geschützt ins Bett gingen, indem sie Slip *(strophium)*, Büstenhalter *(mamillare)*, Korsett *(capitium)* und Tunika anbehielten, *ceratum refrigerans* nannten und das wir heute einfach als Reinigungs- und Fettcreme bezeichnen.

Der Hauptbestandteil der Reinigungscreme, die die Frau nun aufträgt, ist Petroleum; die meisten Mixturen bestehen zu 50 Prozent daraus. Dieses relativ leichte Erdölprodukt – es schwimmt auf dem Wasser – gleitet beim Verreiben auf dem Gesicht um das fettige Make-up herum und hebt es hoch. Wäre es der einzige Bestandteil der Reinigungscreme, so würde schon bald ein Widerwille bei den Verbraucherinnen zu beobachten sein. Das Petroleum ist nämlich so leicht, daß schon bald das ganze losgelöste Fett wieder nach unten sacken würde. Das Ergebnis wäre dann eine höchst unangenehme, schmierige Schicht auf dem Gesicht. Es wird etwas benötigt, was das fettige Make-up weiterhin hochhält, so daß alles sauber abgewischt werden kann. Der zweite Bestandteil der Reinigungscreme ist daher Bienenwachs. Dieser Stoff, der wieder ausgespiene Mageninhalt der weiblichen Bienen, der Arbeiterinnen, wird im Bienenstock für den Bau der Nester verwendet, in denen die mit Schleim überzogenen Larven heranwachsen können. In der Creme enthalten, bindet das Bienenwachs das Petroleum und dann auch das Make-up auf dem Gesicht, so daß eine beständige, margarineartige Emulsion entsteht, die mit einem Papiertaschentuch leicht abgewischt werden kann.

Um die Reinigungscreme zu vervollkommnen, wird noch Lanolin hinzugefügt – ein weniger freundliches Wort für diese Substanz ist Schafschweiß. Das Lanolin wird nicht etwa als Duftstoff verwendet, sondern deshalb, weil seine Moleküle viele freie wasserbindende Bereiche enthalten, wie man sie auch auf der Rückseite einer Briefmarke finden kann. Benetzt man die Briefmarke mit der Zunge, so erzeugen die wasserbindenden Bereiche eine dünne, klebrige Schicht, mit deren Hilfe sie dann, einmal aufgeklebt, auf dem Briefumschlag haftenbleibt; wird dem Lanolin etwas Feuchtigkeit zugeführt, so erzeugen seine wasserbindenden Bereiche eine durchsichtige, elastische Schicht, die so beständig ist, daß sie die ganze Nacht über das gesäuberte Gesicht bedeckt. Für manche ist dies eine Wohltat.

Als der Mann endlich die Chance bekommt, das Waschbecken zu benutzen – nasse, verstreut herumliegende Handtücher und gestrandete Plastikenten hinter sich lassend und sich in das Reich offener Parfümfläschchen und diverser Wattebäusche begebend –, wird seine bevorstehende Gesichtsreinigungsaktion wahrscheinlich weniger dramatisch vor sich gehen. Einige behutsame Spritzer kalten Wassers werden es sein, möglicherweise noch eine Beimischung von etwas Seife, wenn er mutig ist. Eine verständliche Reaktion auf das in der Jugendzeit ständig aufgezwungene Schrubben der Ohren, die aber trotzdem nicht sehr wirkungsvoll ist. Wasser allein nützt nicht viel. Das liegt nicht daran, daß Leitungswasser von dem Fett der Haut abgewiesen wird – der Talg, den unser Gesicht ausströmen läßt, verbindet sich mit Wasser –, sondern daran,

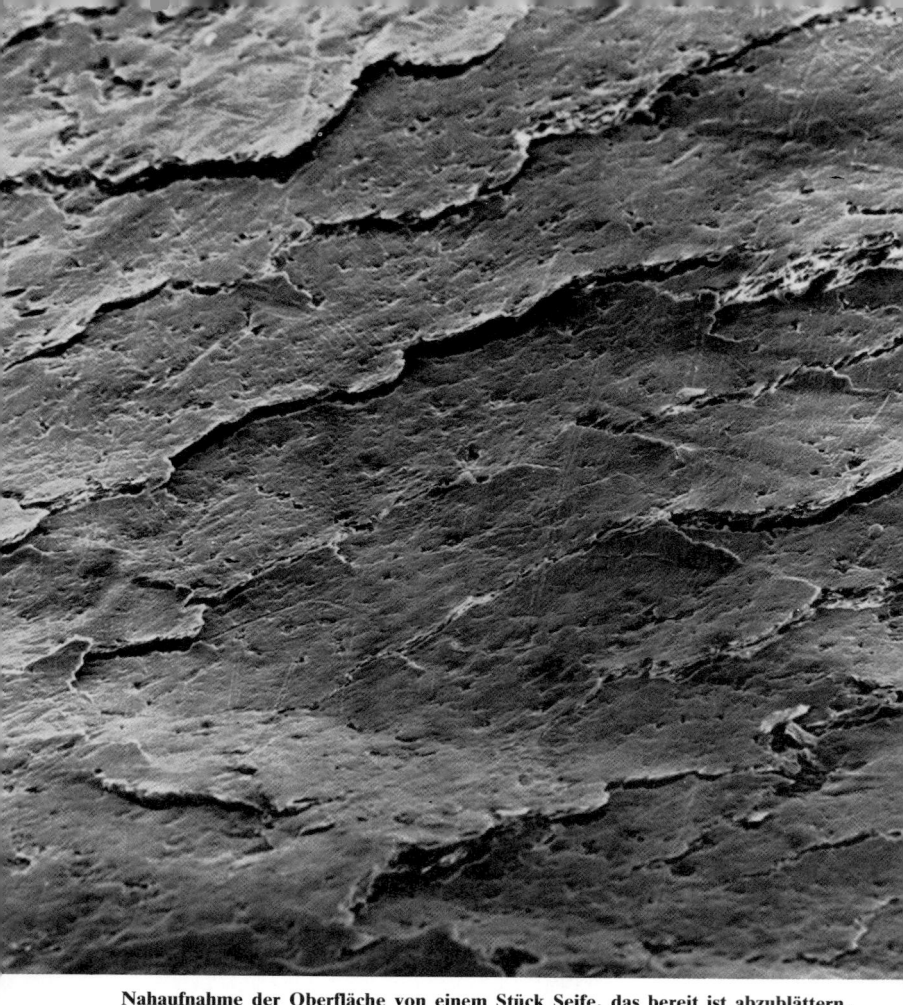

Nahaufnahme der Oberfläche von einem Stück Seife, das bereit ist abzublättern, wenn es benutzt wird.

daß Wasser sehr lange braucht, um in all die winzigen Vertiefungen der Haut, wo sich der Dreck am ehesten festsetzt, eindringen zu können. Und selbst wenn es den Schmutz dort erreicht, wird es nur sehr wenig davon tatsächlich auflösen können: Der Schmutz wird

eigentlich nur von einer Nische des Gesichts in die andere befördert, wird also im großen und ganzen lediglich neu verteilt, anstatt
entfernt zu werden. Mit den Bakterien verhält es sich ebenso, sie
werden nur auf dem Gesicht hin und her geworfen, wenn das Wasser in Aktion tritt.

Seife bewirkt dagegen schon mehr. Sie besitzt Mizellen; das sind
winzige, ringförmige Molekülgebilde, die sich in einer gewaltigen
Anzahl von dem Seifenstück lösen; mit jedem Scheuern sind es
viele Billionen. Zunächst zappeln sie im Wasser, das sich in der
Hand des Mannes befindet, wirkungslos herum, doch als diese
Handvoll Wasser ins Gesicht geschüttet wird, schreiten sie zur Tat.
Sie landen auf der Haut, umschließen den Schmutz, der sich dort
festgesetzt hat, und lassen ihn nicht mehr los. Zusammen mit dem
Wasser fallen die den Schmutz umklammernden Mizellen dann ins
Waschbecken. Der Mann nimmt noch mehr Seife, und nach eini-
gem Schrubben ist sein Gesicht, das kurz vorher noch mit zahlrei-
chen Hautzellen und -schuppen, fettigen Absonderungen aus den
Poren, Eiter usw. bedeckt war, viel reiner als vorher.

Ein sauberer Trick, der auch bei Achselhöhlen, Ohren, Zehen,
Textilien und vielen anderen Dingen funktioniert. Die Seife, die
diese Reinigungswunder vollbringen kann, wurde dementspre-
chend geschätzt, was jedoch lange Zeit auch Probleme aufwarf, da
es sehr schwierig war, sie herzustellen. Um Seife zu bekommen,
braucht man etwas Schmieriges wie zum Beispiel gekochte Fette in
Verbindung mit etwas, das diese Masse dazu bringt, diese wirkungsvollen Mizellen zu bilden. Gekochte Fette kann man leicht
erhalten; aber dieses andere »Etwas« war es, das Probleme verursachte. Jahrhundertelang besorgten sich die alten Ägypter das
abgelagerte Natron aus dem in der Libyschen Wüste gelegenen
Wadi en-Natrun. Dieses Natron verband sich mit den Fetten, so
daß sie Seife herstellen konnten, doch es handelte sich um eine
miserable Seife, da ein Gemisch aus Natron und Fett nur sehr
schwache Mizellen hervorbringt – zarte, zerbrechliche Gebilde,
die gleich verenden, nachdem sie etwas Schmutz herausgezogen
haben. Doch es war noch immer das beste Reinigungsmittel, das
zur Verfügung stand, und wenn es nicht gerade zum Einbalsa-
mieren benutzt wurde (Tutanchamun und andere Könige wurden

mit Natronseife einbalsamiert), exportierten die Ägypter es nach Europa.

In dem Wadi befand sich wahrscheinlich genug Natron, um sämtliche Europäer für lange Zeit sauberzuhalten, aber die ptolemäischen Machthaber erkannten eine gute Sache auf den ersten Blick und belegten die Natronexporte mit einer hohen Steuer, was natürlich zur Folge hatte, daß diese begehrte Substanz zum Luxusartikel wurde. Die begüterten Leute an den fremdländischen Höfen waren verrückt nach diesem Stoff; sie benutzten die altägyptische Seife einmal im Jahr oder auch zweimal und manche verwegenerweise sogar einmal im Monat. Die restlichen 99,99 Prozent der Bevölkerung, die sich kein Natron leisten konnten, mußten weiterhin mit kaltem Wasser oder aber einer Art Seife, die sie aus Holzasche herstellten, vorliebnehmen. Die Asche wurde in großen eisernen Pötten eingedampft, das Ergebnis war dann die Pottasche. Diese Seifenart ist noch miserabler als die auf Natron basierende Seife, da sie Mizellen bildet, die beim Kontakt mit Schmutzteilchen gleich auseinanderfallen. Aber da die Leute sowieso nicht oft badeten, war die schwierige Beschaffung der Seifenbestandteile kein großes Problem. Gelegentlich gab es ein Überangebot auf dem Seifenmarkt – aus Aufzeichnungen geht hervor, daß im 17. Jahrhundert einmal 1500 Kamele eingesetzt worden sind, um Natron aus einer gerade entdeckten Lagerstätte in der Nähe des Flusses Hermos nach Smyrna in die dortigen Seifenfabriken zu transportieren – aber meistens waren die Vorräte nur sehr begrenzt, worin jedoch niemand einen Grund zur Beschwerde sah.

Ende des 18. Jahrhunderts stand man dem mangelhaften Nachschub an Seifeninhaltsstoffen plötzlich nicht mehr gleichgültig gegenüber. Nicht etwa, weil einem die Körperpflege auf einmal über alles ging, weil man sich schämte, dreckverkrustet zu sein, und nun blitzsauber sein wollte, sondern ganz einfach deshalb, weil man herausgefunden hatte, daß man die Soda, die sowohl im Natron als auch in der Pottasche enthalten ist, zur Herstellung von Glas, zum Reinigen von Textilien und vor allem zur Produktion von hochexplosivem Sprengstoff verwenden kann. Ein Nachschubmangel im militärischen Bereich konnte natürlich nicht hingenommen werden, und da die aus der Pottasche und aus dem ägyptischen Natron gewonnene Soda nicht ausreichte, begannen die damaligen Großmächte sofort mit der verzweifelten Suche nach einer anderen Sodaquelle. (Eine derartige Panik könnte auch heute ausbrechen, wenn die Regierungen feststellen würden, daß ihre Uranvorräte zur Neige gehen.) Forscher fanden heraus, daß Kelp, die Asche von bestimmten Braunalgen, besonders reich an Soda war; daher bemächtigte man sich sofort all der Inseln, vor deren Küste sich große Tangvorkommen befanden, und zum großen Teil aus diesem Grunde hielt Großbritannien es gegen Ende des 18. Jahrhunderts für angebracht, Spanien wegen der Falklandinseln einen Krieg anzudrohen, wegen einer Inselgruppe, die viele bis dahin nur als trostlose, felsige Erhebung irgendwo im Meer angesehen hatten, die nun aber strategisch gesehen plötzlich äußerst bedeutsam war, da dort riesige Mengen von dem auf einmal so begehrten, sodareichen Tang wuchsen.

Die Dinge spitzten sich so sehr zu, daß die französische Regierung 1775 eine hohe Belohnung für diejenige Person aussetzte, die es als erste schaffte, Soda in einer Fabrik herzustellen, um die aufreibende Jagd nach den Algenvorkommen, die von der englischen Marine so gut beschützt wurden, zu beenden. Aber mit den Belohnungen ist es so eine Sache. Wenn ein kleiner Fabrikant eine Belohnung aussetzt, kann man nicht unbedingt sicher sein, daß er sie dann auch auszahlt. Doch wenn die französische Monarchie eine hohe Prämie aussetzte – diese Monarchie, die nahezu tausend Jahre lang ununterbrochen geherrscht hatte –, dann konnte man sichergehen – ganz gleich, wie lange man für die Lösung der gestellten Aufgabe brauchte, ganz gleich, in wie viele Sackgassen man geriet, und ganz gleich, wieviel eigenes Geld man vorher in das Projekt hineinstecken mußte –, daß diese Monarchie am Ende dasein würde, um die gefundene Lösung zu akzeptieren, gebührend zu würdigen, vielleicht ein Fest zu veranstalten und, was natürlich am wichtigsten war, die Belohnung auszuzahlen.

Diese Schlußfolgerung, die sich unglücklicherweise als völlig falsch herausstellen sollte, zog ein junger französischer Arzt namens Nicolas Leblanc. Gleich nach der Aussetzung des Preises begann er, sich eingehend mit der Herstellung von Soda zu beschäftigen. Er vergrub sich in die Studien der alten Alchemisten, besuchte Seifenfabriken und besorgte sich große Mengen von dem ägyptischen Natron; er tat alles, was ihm nur möglich war, um den Preis zu bekommen, und auch als seine Experimente, Soda im Labor herzustellen, nach einem Jahr zu keinem Ergebnis führten, gab er nicht auf, sondern forschte ein weiteres Jahr lang weiter, dann noch eins und noch eins mit der Gewißheit, daß er es schon schaffen würde. Und schließlich gelang es ihm auch. Im Jahre 1787, nach zwölfjährigen Bemühungen, vervollkommnete er ein Verfahren, nach dem man einfach und kostengünstig künstliche Soda produzieren konnte. Eifrig darauf bedacht, seine große Leistung zu schützen, suchte er sich einen königlichen Protektor – den Herzog von Orleans, für den er als Arzt gearbeitet hatte –, um sicherzustellen, daß es bei Hofe keine Schwierigkeiten gab und er seinen Preis in Empfang nehmen konnte. Leblanc baute ein Arbeitsmodell und demonstrierte Mitgliedern der königlichen Akademie der Wissenschaften sein Verfahren, die gebührenden Bestechungsgelder wurden diskret verteilt, dann kamen weitere Autoritäten, die das neue Verfahren überprüften, und dann, gerade als ihm der Preis verliehen werden sollte, gerade als seine jahrelange Arbeit belohnt werden sollte, im Sommer 1789, da kamen einige Narren auf die Idee, eine Revolution zu veranstalten.

Die Mitglieder der wissenschaftlichen Akademie entschuldigten sich, Leblanc müsse verstehen, sie persönlich würden ihm gerne helfen, doch solange sie nicht wüßten, wie es um ihre eigene Position bestellt war, könnten sie nichts tun. Alles deutete darauf hin, daß es sich nur um eine kurze Verzögerung handeln würde. In Paris wurden bereits Stimmen laut, die sich für eine Beruhigung der Lage einsetzten, Nachsicht gegenüber dem König forderten, zwar für eine eventuelle Maßregelung, aber gegen eine harte Verurteilung stimmten und ansonsten die Dinge so belassen wollten, wie sie vorher gewesen waren. Diese Gruppierung fand natürlich Leblancs feurige Unterstützung, und sie hätte auch beinahe die Oberhand gewonnen. Aber... der Herzog von Orleans, genau der, den sich Leblanc als Gönner ausgesucht hatte, sah die Dinge aus einem etwas anderen Blickwinkel: Wenn tatsächlich eine Revolution stattfinden sollte, so wollte er an ihrer Spitze stehen. Der König war gefangengenommen worden; er sollte auf die Guillotine gebracht werden, schrie der Herzog. Was auch geschah. Dies bedeutete eine weitere Verzögerung für die Ausbezahlung von Leblanc. Dann wurde aber auch der Herzog selbst auf die Guillotine gebracht; noch mehr Verzögerungen.

In diesem Stadium der Ereignisse geschah es, daß Leblancs Schicksal eine weitere entscheidende Wendung zum Schlechten hin machte. Warum, so hatte er sich zu Beginn der Revolution gefragt, sollte er den guten Absichten der neuen Regierung nicht vertrauen und bereits jetzt, bevor er die Belohnung bekommen hatte, eine Sodafabrik aufbauen? Was auch passieren sollte, es konnte ja nicht viel schlimmer werden, als es schon war. Um seine Interessen zu schützen, beantragte er bei der Revolutionsregierung ein neues Dokument, etwas, das »Patent« genannt wurde, und dann machte er sich daran, etwas außerhalb von Paris eine vollständige, großangelegte Sodafabrik zu bauen. Seine chemischen Forschungen waren vollkommen gewesen, und auch die schon bald fertiggestellte Fabrik funktionierte fehlerlos. Aber genau deshalb eignete sich die Regierung, kurz nachdem der Herzog getötet worden war, diese Produktionsanlage entschädigungslos an. Wenig später wurde die Sodafabrik dann, aus welchen Gründen auch immer, geschlossen.

Dies war keine kluge Entscheidung – der Sodamangel wurde im folgenden Jahr 1794 so akut, daß die Regierung anordnete, die ganze Vegetation Frankreichs, die nicht genutzt wurde, zu verbrennen, um mehr Pottasche zu bekommen – aber es handelte sich eben um eine Zeit, in der die klar denkenden, vernünftigen Leute nicht zum Zuge kamen. Leblanc war nun völlig ruiniert und hatte keine Möglichkeit mehr, etwas Neues anzufangen. Sein Pech war so groß, daß ein englischer Spion, der nach Paris gekommen war, um sich Informationen über das neue Sodaherstellungsverfahren zu verschaffen, sogar die falsche Person bestach – nämlich einen Konkurrenten Leblancs namens de Morveau, der an einem ähnlichen, aber nur zweitklassigen Verfahren arbeitete –, so daß Leblanc nicht einmal das Geld bekam, das er sich durch Verrat hätte verdienen können. Zwar erhielt Leblanc im Jahre 1800 seine Fabrik kurzzeitig zurück, doch sie war mittlerweile bereits völlig unbrauchbar, und er konnte nicht das Geld aufbringen, um sie wieder in Betrieb zu nehmen.

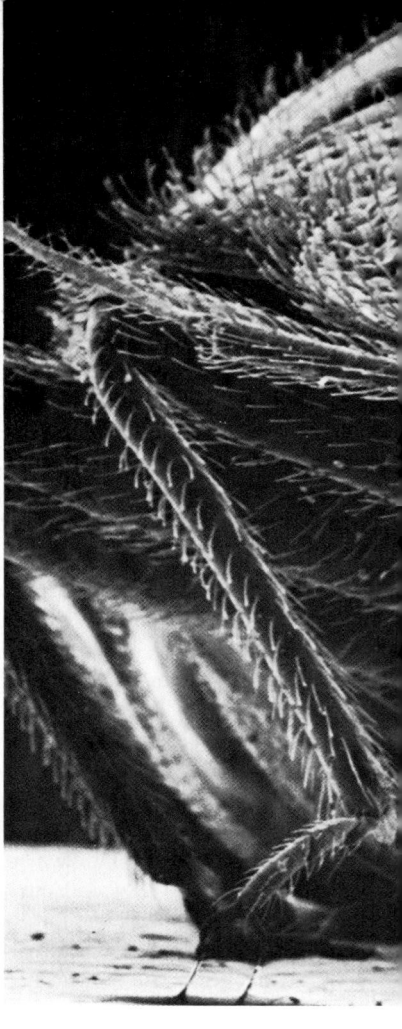

**Bettwanze im vollständigen Jagd-
gewand: Die Haare auf ihrem Körper
benutzt sie als Fühler, den langen
Stechrüssel zur Durchdringung der
Haut. Ihr Kopf ist winzig, ihr Körper
dagegen riesig – und dehnbar –, damit er das ganze aufgesaugte Blut
speichern kann. Die Bettwanze ist in
fast allen Ländern zu finden.**

Später wurde Leblancs Sodaherstellungsverfahren zur Grundlage von Europas chemischer Industrie des 19. Jahrhunderts und
half auch entscheidend, durch diese Verbesserung der hygienischen
Bedingungen Epidemien wie etwa Typhus und Tuberkulose, uralte
Geißeln der Menschheit, einzudämmen. Leblanc aber war ein ge-

278

brochener Mann; ohne Hoffnung auf eine Niederlage der Revolution beging er Selbstmord. Und selbst bei dieser Entscheidung
hatte er sich verkalkuliert. Er starb 1806 – nur neun Jahre vor der
Schlacht von Waterloo und der Wiederherstellung der Monarchie,
die, vertreten von der Akademie der Wissenschaften, bereit war,

die versprochene Belohnung für den edlen Wohltäter, der das Sodaherstellungsverfahren für Frankreich entdeckt hatte, nachträglich auszuzahlen . . . wenn er nur gefunden werden könnte.

Sich abends nach dem Waschen ins Schlafzimmer zurückzuziehen, scheint das Selbstverständlichste von der Welt zu sein, doch bis vor kurzem war dies überhaupt nicht möglich gewesen. Es gab damals nämlich keine Schlafzimmer, in die man sich hätte zurückziehen können, und dann mußte noch die Frage gelöst werden, was mit den Gästen geschehen sollte. Im Mittelalter und in der Renaissance konnte man von Abendgästen nicht erwarten, daß sie sich nach dem Dessert auf den Weg nach Hause machten: Dafür waren die Straßen viel zu unsicher. Gauner, ausgerüstet mit Dolchen, Schwertern, Halseisen, langen Holzknüppeln und den sonderbaren, mit Metallspitzen versehenen Keulen, kamen in jenen Tagen, als es keine Polizei und keine Straßenbeleuchtung gab, recht gut zurecht. Daher war es Sitte, daß die Gäste auch noch die Nacht im Haus des Gastgebers verbrachten (was in einigen Ländern selbst heutzutage noch angebracht ist), und da nur wenig Platz vorhanden war, schliefen sie in dem Raum, in dem sie ihr festliches Mahl eingenommen hatten. Und ihre Gastgeber streckten sich ebenfalls dort aus.

Dies hört sich etwas rauh an, doch selbst hier gab es noch Anstandsregeln. Ein großzügiger Gastgeber ließ seine Gäste auf der Bank oder vielleicht sogar auf dem Tisch schlafen. Nur ein selbstsüchtiger, nachlässiger Mensch nötigte seine Gäste dazu, sich auf den Fußboden auszustrecken, wo bereits die Diener lagen und wo sich auch die Reste des Abendessens befanden, Mäuse und Ratten umherliefen und es feucht und zugig war. Aus diesen uns chaotisch erscheinenden Zeiten stammt noch der Begriff »das Bett machen«: Stroh wurde verteilt, damit es die müden Gäste unter sich ausbreiten oder, wenn der Gastgeber sehr begütert war, es in Säcke stopfen konnten. Und schon war das Bett gemacht, denn auf diese Unterlagen legten sie sich dann schlafen.

Selbst wenn es möglich war, den Gästen separate Schlafräume zur Verfügung zu stellen, war es nicht einfach, alles so herzurichten, daß ein ruhiger Schlaf garantiert werden konnte. Die Dienerschaft mußte oftmals im gleichen Raum wie ihr Herr schlafen, wodurch häufig Probleme entstanden. In seinen Tagebüchern – 1660–1669 geschrieben – berichtete Samuel Pepys, daß sich seine Ehefrau wiederholt beschwert hatte, weil er sich weigerte, seine Augen zu schließen, bevor die jungen Dienstmädchen, die im gleichen Raum schliefen, sich fertig ausgezogen und sich hingelegt hatten. In Frankreich mußte die Dienerschaft oftmals in einem sogenannten Rollbett schlafen, das sich in der Nacht manchmal verselbständigte und wieder unter das Hauptbett rutschte. Die Frage, ob Paare zwei Einzelbetten oder ein Doppelbett benutzen sollten, kam nie auf, da der verschwenderische Bau von Einzelbetten sowieso niemals in Betracht gezogen wurde. (Nur im alten Rom waren Einzelbetten in Mode gewesen, da man sich ab und zu ins *Cubiculum*, ins Zimmer mit Ruhebett, zurückzog; populär wurden sie erst wieder, als amerikanische Produzenten erkannten, daß sie die doppelten Gewinne einstreichen konnten, wenn sie die Ehepaare dazu bringen würden, in getrennten Betten zu schlafen.)

Dadurch, daß man das Bett und das Schlafzimmer mit anderen teilte, waren die Sitten etwas lockerer. In seinem Werk »Brief Lives« berichtet John Aubrey von Sir Thomas More, der Sir William Roper in den Familienschlafraum führte, damit sich dieser eine Ehefrau aussuchen konnte. Es war früh am Morgen, und die beiden jugendlichen Töchter Mores schliefen noch. More nahm die Bettdecke zur Seite, so daß die beiden Mädchen, »ihre Hemden bis zu den Achselhöhlen hochgezogen«, bloßgelegt wurden. Schläfrig drehten sie sich langsam um, gaben sich aber nicht damit ab, erst ihr Hemd zurechtzurücken. »Ich habe beide Seiten gesehen«, meinte Roper, gab einer von Mores Töchtern einen leichten Klaps auf die Hinterbacken und sagte, daß er sie zur Ehefrau nehmen wollte.

Nachtgewänder als Schutz gegen die starren Blicke der Außenwelt hielt man erst etwa seit den letzten drei Jahrhunderten für notwendig. Daß wir uns ihrer neuerdings wieder entledigen, unterstützt von der Zentralheizung (und vielleicht auch von Marilyn Monroes Doppelgängerin, deren Manager sie dazu bewog zu sagen, daß sie nur mit Chanel No. 5 bedeckt zu Bett ging), ist lediglich eine Wiederaufnahme von alten Bräuchen.

Im Schlafzimmer angekommen, vor dem Doppelbett stehend, entledigen wir uns einiger, wenn nicht sogar aller Kleidungsstücke und sind nun bereit, unter die Bettdecke zu kriechen. In kalten Nächten benötigen diejenigen, die eine schwache Konstitution haben, möglicherweise eine Wärmflasche; in vielen britischen Häusern etwa ist sie zu einer festen Einrichtung geworden, was den in Ungarn geborenen Humoristen George Mikes zu der Bemerkung veranlaßte, daß sich die Engländer dort, wo die Festlandseuropäer Sex hatten, mit Wärmflaschen begnügten. Der ehemalige Premierminister Gladstone hatte die berechnende Angewohnheit, seine Wärmflasche mit gezuckertem Tee zu füllen, so daß er am nächsten Morgen gleich über eine praktische Versorgungsquelle verfügte.

Zu den unten liegenden Wärmflaschen gesellen sich vielleicht noch über dem Bett befindliche »Malereien ausschweifender Natur«, wie sie am französischen Hofe gebräuchlich waren, um *encourager les plus refroidis*. Diese optische Anregung war für den Mann gedacht, wenn er hilfesuchend nach oben blickte. In der Zeit Ludwigs XIV. wurden diese nützlichen Malereien durch die noch lebendigeren Spiegel ersetzt. Unglücklicherweise war diese Maßnahme etwas verfrüht, denn wie aus den Aufzeichnungen des arbeitsamen Lawrence Wright, dem wir diese Informationen über die Bettkultur verdanken, hervorgeht, war ein gewisser Monsieur de Calonne bei seinen nächtlichen Aktivitäten so wild gewesen, daß der über seinem Bett angebrachte Spiegel in Versailles infolge der Vibrationen herabfiel und ihn beinahe lebend sezierte. Die Herrschaften am Hofe besannen sich wieder auf die Gemälde, und die Spiegel mußten erst einmal auf Fortschritte in der Montagetechnik warten.

Auch die Frisierkommoden, in denen man Armbanduhren, Schmuck und andere Wertgegenstände verstauen kann, gibt es noch nicht sehr lange; sie haben erst auf die Erfindung der Schubladen warten müssen. Vor ihrer Zeit legte man die täglichen Ansammlungen in Kisten, die, mit einem Vorhängeschloß versehen, unters Bett geschoben wurden. Mittelalterliche Aufzeichnungen berichten von Geldstücken, Kleidung, Hüten, Bratpfannen, Sätteln – die damaligen Autoschlüssel –, Stiefeln, Büchern und anderen Wertgegenständen, die alle in der Bettkiste verschlossen worden sind.

Endlich geht unser Paar ins Bett. Doch die Frau will noch nicht schlafen. Ein deutliches, verschmitztes Lächeln weist darauf hin, was gleich passieren wird. Die Frau reckt ihren Arm unter der Bettdecke hervor, wobei eine entblößte Schulter sichtbar wird, streckt ihn verlangend zur Seite hin aus . . . und ergreift den leidenschaftlichen Roman, der auf dem Nachttisch liegt, um noch ein wenig zu lesen.

Vor einigen Jahrhunderten hätten die Seiten eines Buches noch aus Pergament bestanden, aus einem Stoff, von dem zunächst noch die Stoppeln abrasiert werden mußten, da er aus der Haut von Ziegen, Lämmern und anderen zottigen Tieren gewonnen wurde. Erst mit der Entwicklung der Papierherstellung glätteten sich die Seiten der Bücher.

Doch auf unseren heutigen haarlosen Papierblättern ist auch nicht alles in Ordnung. Ein sonderbares, in der Luft umhersausendes Geschoß rast heran und explodiert auf dem aufgeschlagenen Buch. Das Geschoß ist bei dem Angriff zerstört worden und baumelt nun, nutzlos geworden, von dem Papier herab, doch kurz nachdem es sich völlig aufgebraucht hat, stößt schon ein weiteres Teilchen herab und landet krachend auf einer anderen Stelle der Seite. Es handelt sich weniger um ein sanftes »Ping-ping«, sondern eher um ein wildes »Rat-a-tat-tat«; ständig treffen unzählige von diesen Kamikazegeschossen auf das Papier auf.

Die Bezeichnung für diese angreifenden Miniaturprojektile ist Sauerstoff. Unser Schlafzimmer ist voll davon; es ist mit mehreren Quintillionen dieser beweglichen Sprengladungen angefüllt. Jeder Aufprall ruft ein Auflodern hervor und setzt eine winzige Wärmemenge frei; infolge der großen Anzahl der herabstoßenden Sauerstoffgeschosse ist es für das Papier so, als ob es sich inmitten eines sehr langsam brennenden Feuers befindet. Dies ist keine maßlose Übertreibung, denn es verhält sich tatsächlich so. Wenn wir ein Stück Papier in ein Kaminfeuer werfen, wie es die Heldinnen in den leidenschaftlichen Romanen mit den erhaltenen Liebesbriefen zu tun pflegen, und es genau beobachten, dann werden wir sehen, daß es gelb wird, kurz bevor es sich zusammenrollt und schließlich in Flammen aufgeht. Diese gelbe Färbung wird durch die am Rande des Feuers umhersausenden Sauerstoffatome, deren Aktivitäten durch die Wärme beschleunigt werden, bewirkt. Bei dem im Bett aufgeschlagenen Buch ist der gleiche Effekt zu beobachten, nur daß er langsamer vonstatten geht.

Diese schleichende Verbrennung gilt für jede Papierart; das ist auch der Grund, weshalb die Seiten der billigen Taschenbücher so schnell vergilben. Die Seiten der kostbaren Bücher werden mit einer Kleieimprägnierung versehen, was den gleichen Effekt hat wie die dünne Plastikfolie, die den im Kühlschrank aufbewahrten Fruchtsalat überspannt, nämlich den angreifenden Sauerstoff nicht hindurchzulassen. Die Autoren bevorzugen natürlich diese Maßnahme, denn ein Buch mit derartigen, beschichteten Seiten hält über vierzig Jahre lang, während dem Taschenbuch nur eine Lebenszeit von zehn Jahren gegeben wird; die Verleger nehmen, möglicherweise unter starker Beeinflussung ihrer Buchhalter, in Anbetracht der unausweichlichen Vergänglichkeit sämtlicher vom Menschen hervorgebrachten Werke einen mehr philosophischen Standpunkt ein und verramschen die Bücher mit den unbeschichteten Seiten sowieso nach einiger Zeit. (Billiges Papier besitzt meist einen höheren Säuregrad, wodurch die Verbrennung durch Sauerstoff noch schneller vor sich geht.)

Der Sauerstoff, der in unserem Schlafzimmer verbrennt, ist nicht alt; vor nur wenigen tausend Jahren ist er dem nächst gelegenen Meer entstiegen, aus einer Pflanze oder aus dem Boden hervorgekommen. Frische Luft ist tatsächlich frisch. Als unsere Erde jung war, enthielt die Luft fast überhaupt keinen Sauerstoff, und so gab es auf den Landflächen noch keine Tiere, da sie ohne diese Substanz nicht leben konnten. Etwas Sauerstoff stieg aus großen Wasservorkommen, die sich tief unten in Felsenklüften befanden, empor; die größten Mengen davon wurden jedoch erst vor 400 Millionen Jahren freigesetzt, als die Pflanzen begannen, sich auf dem Land auszubreiten, und diese reaktiven Sauerstoffgeschosse als gefährliches Abfallprodukt in die Luft abgaben. Die Zeit war reif für die Landtiere, die dieses unerwünschte Nebenprodukt aufnehmen und sogar davon leben konnten. Zunächst erschienen abenteuerlustige, forschende Wesen wie die Hundertfüßer und die ersten Spinnen, später dann die weniger unternehmungslustigen Abkömmlinge wie wir, die es für selbstverständlich halten, dieses Gas, das die Pflanzen so sorgfältig produzieren, einzuatmen.

Heute besteht die Luft zu 20 Prozent aus Sauerstoff; in unserem Schlafzimmer wirbeln somit etwa 5000 Liter davon – also 40 Badewannen voll – unsichtbar umher. Wäre der Sauerstoffanteil der Luft größer, würde sich der Rost so schnell entwickeln, daß er schon bald regelrecht zu rieseln anfängt (beim Vorgang des Rostens verbindet sich Eisen mit Sauerstoff, bestrebt, seinen ursprünglichen Zustand, den es vor dem Einschmelzen gehabt hatte, wieder anzunehmen), Taschenbücher würden bereits nach einigen Wochen auseinanderfallen, und das Streichholz, mit dem man eine Zigarette anstecken will, würde einer aufflammenden Lötlampe gleichen. Selbst die Benutzung des Telefons, um Hilfe zu holen, würde sich als äußerst heikel herausstellen, denn die beim Wählen entstehenden Funken könnten dann sehr leicht einen Brand verursachen. Enthielte die Lufthülle der Erde mehr Sauerstoff, so würde ein Waldbrand sofort riesige Gebiete erfassen, und ein Feuer in der Stadt würde sich so immens schnell ausbreiten, daß die Feuerwehr überhaupt nicht mehr hinterherkommen könnte, zumal die winzigen Funken, die von den beschleunigenden Fahrzeugen erzeugt werden, sogleich neue Brände legen würden. Es wäre also geradezu so, als ob wir unter einem riesigen, die ganze Welt umspannenden Sauerstoffzelt leben würden – und in der Tat: Die Vorschriften für die Benutzung von Sauerstoffzelten im Krankenhaus sind äußerst streng.

Wie ist es denn nun zu erklären, daß wir das Glück haben, auf einem Planeten zu leben, dessen Lufthülle nur zu 20 Prozent aus Sauerstoff besteht, wo wir furchtlos ein Streichholz anzünden können, wo die Feuerwehrwagen nicht äußerst vorsichtig vorankriechen müssen und wo es keine riesigen Waldbrände, die möglicherweise einen ganzen Kontinent erfassen, gibt? Die Antwort auf diese Frage ist, daß derartige Feuersbrünste tatsächlich stattgefunden haben – und zwar immer dann, wenn der Sauerstoffanteil der Luft zu hoch geworden ist. Doch als Ergebnis dieser Brände gab es weniger Pflanzen und Bäume auf der Erde, so daß die Sauerstoffproduktion zurückging (wobei noch einige andere Faktoren eine

Rolle spielten) und wieder die stabilen 20 Prozent erreicht wurden. Aufgrund dieser damals verbrannten Landflächen haben wir nun die angenehme Sauerstoffmenge von 40 vollen Badewannen in unserem Schlafzimmer.

Die Entdeckung des Sauerstoffs hatte sich schon seit langer Zeit angekündigt, denn die Forscher von Aristoteles an betrachteten die Luft um sich herum als ein unsichtbares Nichts oder aber als wirre, chaotische Masse (das Wort »Gas« wurde von dem griechischen Wort *chaos* abgeleitet). Die Erkenntnis, daß Sauerstoff ein Element für sich ist, das die Dinge zum Brennen bringen kann, kam dem bereits erwähnten Joseph Priestley aus Yorkshire in den wissenschaftlich fruchtbaren siebziger Jahren des 18. Jahrhunderts. Unglücklicherweise war Priestley ein wohlwollender Mann, der jedem, der ihn danach fragte, etwas über seine Entdeckungen erzählte, was zu einem bedeutsamen Mord führte. Als sich Priestley in Paris aufhielt, hatte er keine Bedenken, einem französischen Forscher, Antoine Laurent Lavoisier, seine neue Entdeckung zu erläutern. Es scheint so, als ob Lavoisier ihn nach seiner Abreise betrogen hat, denn er veröffentlichte einen Bericht über die Entdeckung des Sauerstoffs unter seinem eigenen Namen, zumindest aber rechnete er sich dabei mehr Ruhm an, als er eigentlich verdiente. Dies war nicht sehr klug von ihm gewesen. Aufgrund seiner Publikationen über den Sauerstoff (und über andere von ihm ausgeführte Forschungsarbeiten) wurde Lavoisier zum angesehensten Wissenschaftler Frankreichs, und man übertrug ihm den Posten als Leiter der Akademie der Wissenschaften. Eine seiner Aufgaben war es, zu entscheiden, welche jungen Forscher an Vorlesungen teilnehmen konnten, und ein junger Mann, den er ablehnte, wobei er ihn als Spinner titulierte, war dummerweise Jean Paul Marat gewesen. Einige Jahre später während der Revolution wurde Lavoisier vor den Nationalkonvent gebracht, da er angeklagt war, Steuergelder gestohlen zu haben, als er für den König gearbeitet hatte. Die Anklage entsprach den Tatsachen, aber da die Richter ein derartiges Vergehen in manchen Fällen milde beurteilten, bestand für ihn durchaus die Chance, freigesprochen zu werden. Doch in diesem speziellen Fall sprachen die Richter unter dem Vorsitz des nun bereits älteren Jean Paul Marat (der sich für eine Karriere auf politischer Ebene entschieden hatte, nachdem er als Wissenschaftler zurückgewiesen worden war) kein mildes Urteil aus, denn Lavoisier wurde noch am gleichen Tage auf die Guillotine gebracht.

Die Anzahl der Sauerstoffmoleküle in der Luft ist erstaunlich hoch. Über 300 000 000 000 000 000 000 000 000 gleiten in unserem Schlafzimmer umher, sausen und taumeln durch die Luft, wenn wir die Seite unseres Buches umblättern. Sie attackieren nicht nur das Papier und andere Gegenstände, sondern kollidieren auch miteinander; durchschnittlich ereignet sich jede siebenmilliardstel Sekunde ein Frontalzusammenstoß. Die Sauerstoffmoleküle sind so winzig, daß sie von der Schlafzimmertür nicht aufgehalten werden könnten, auch nicht von dem geschlossenen Fenster oder von der Haustür, so daß sie also schnell aus dem Haus hinaus nach draußen gelangen können und die Straße entlangschweben. Gleichzeitig nehmen die draußen umherschwirrenden Sauerstoffmoleküle den umgekehrten Weg, dringen in unser Haus ein und sind schließlich bereit, unsere Buchseite anzugreifen, oder werden sogar nach einer am Anfang des Tages begonnenen Reise, in deren Verlauf sie möglicherweise 80 Kilometer zurückgelegt haben, von uns eingeatmet. Nach zwei Wochen werden die Sauerstoffmoleküle, die in unserem Schlafzimmer umhergesaust sind, einen festen Bestandteil der Atmosphäre bilden und über 1500 Kilometer weit von uns entfernt sein; und entsprechend werden wir nach diesen zwei Wochen von Sauerstoffmolekülen, die von ähnlich weit entfernten Orten stammen, umgeben sein und sie einatmen.

Für einen Büroangestellten in London bedeutet dies, daß die Sauerstoffmoleküle, von denen er umgeben ist und die er einatmet, einige Tage vorher in Paris gewesen sind. In einem Jahr legen die Sauerstoffmoleküle eine Strecke zurück, die größer ist als der Umfang der Erde; überall sind die rastlosen Teilchen anzutreffen. Interessant wird es, wenn man betrachtet, daß die Sauerstoffmoleküle eine sehr lange Lebensdauer haben. Einige von ihnen verbrauchen sich bei dem Angriff auf das Papier und bei anderen Aktivitäten, beispielsweise wenn sie eingeatmet werden, doch ein großer Teil von ihnen gleitet für sehr lange Zeit von einem Ort zum anderen. Ungefähr ein Sechstel der Sauerstoffmoleküle, die wir einatmen, wird beim nächsten Atemzug wieder freigesetzt, wobei sie von dem, was sich im Innern von uns abspielt, völlig unversehrt bleiben. Das gleiche geht bei allen anderen atmenden Personen vor sich – bei unserem Ehemann, unserer Ehefrau, unserem Chef, unseren Freunden, Feinden usw. –, und da an diesem Vorgang derart viele Moleküle beteiligt sind, da sie so leicht und so einfach zu verteilen sind, können wir, von der Statistik her gesehen, eigentlich sicher sein, daß wir im Verlaufe eines Jahres einiges von dem Sauerstoff, einige der Moleküle, die diese Personen vor einem Jahr aufgenommen und abgegeben haben, einatmen.

Wir können diese Betrachtung ausdehnen und die ganze Vergangenheit mit einbeziehen. In dem nächsten Atemzug, den wir nehmen, befindet sich mit ziemlicher Sicherheit ein kleiner Teil der Sauerstoffmoleküle, die bei *jedem* Atemzug, den irgend jemand in den letzten paar tausend Jahren getan hat, mitgewirkt haben: Sauerstoffmoleküle, die Lavoisier in seinen letzten Zügen aufgenommen und wieder abgegeben hat; Sauerstoffmoleküle, die um John F. Kennedy herumschwirrten und dann von ihm eingeatmet wurden, als er in sein Amt eingeführt wurde; Sauerstoffmoleküle, die von den Jüngern, als sie der Bergpredigt zuhörten, oder von unbekannten, Holz transportierenden Bauern im achten Jahrhundert eingesogen wurden. Es ist schon beeindruckend, einen Moment lang innezuhalten, dann tief einzuatmen und sich dabei vor Augen zu halten, daß sich von all dem Spuren in der Luft befinden, die wir gerade aufgenommen haben.

Was sich ereignet, wenn das vom Sauerstoff angegriffene Buch wieder auf den Nachttisch zurückgelegt wird, ist von Haus zu Haus verschieden. In einigen wird die Brille zurechtgerückt und das Buch durch die Aktentasche ersetzt, in der sich einiges an Büroarbeit befindet. In anderen wird noch ein kurzes Gespräch über die Bewältigung der anfallenden Hausarbeiten geführt, dann geht das Licht aus. Doch in einigen Häusern wird noch die Erinnerung an Monsieur de Calonne wachgerufen, und es beginnen die Aktivitäten – bei amerikanischen Ehepaaren durchschnittlich 2,5mal pro Woche –, die die Sprungfedern dazu bringen, zu vibrieren, sich zusammenzuziehen und wieder zu dehnen und – wie es dummerweise so oft und in genau den ungelegensten Momenten passiert – sich quietschend auf eine nicht zu überhörende Resonanzfrequenz einzuschwingen. Warum machen die Sprungfedern das mit uns? Sie sind nicht etwa pervers, böswillig oder puritanisch; sie veranschaulichen nur in konzentrierter Form, was vor sich geht, wenn wir eine feste Oberfläche mit einem Gewicht belasten. Gehen wir nach dem sittsamen Ausschalten des Lichts – in der Hoffnung, daß es sich heute um eines der 2,5 Male handelt – auf unserem Schlafzimmerfußboden entlang zum Bett, so ist es sehr unwahrscheinlich, wenn nicht gerade einige der Holzbohlen völlig morsch sind, daß wir durch den Fußboden hindurchbrechen. Dies geschieht deshalb nicht, weil der Fußboden, der unter uns scheinbar passiv und unbeweglich zu sein scheint, der Kraft, die wir infolge unseres Körpergewichts auf ihn ausüben, mit genau der gleichen Kraft entgegenwirkt. Das ist wirklich erstaunlich. Beschreiben wir – wenn wir behutsam vom Badezimmer zum Bett gehen – mit unserem rechten großen Zeh auf dem Fußboden so etwas Ähnliches wie eine Pirouette, üben also nur einen geringen Druck aus, so registriert der Fußboden dies und drückt sich mit genau der gleichen geringen Kraft nach oben; fangen wir plötzlich an zu hüpfen, so daß unser ganzes Körpergewicht auf einem Fuß lastet, so stellt sich der Fußboden genau an dieser Stelle sofort darauf ein und stemmt sich mit der Kraft, die unserem Körpergewicht entspricht, dagegen.

Nichts entgeht seiner Aufmerksamkeit: Der Nachschlag Stampfkartoffeln, die heimlich verschlungene dritte Portion Kuchen – all dies nimmt der Fußboden exakt wahr und drückt sich sogleich mit der entsprechenden Kraft nach oben. Es ist von entscheidender Bedeutung, daß er sich so verhält, denn wenn er irgend etwas, was wir essen, nicht registriert oder zu schwach darauf reagiert, würden wir allmählich durch die Holzbohlen hindurch nach unten sinken. Würde der Fußboden die Menge, die wir gegessen haben, aber überschätzen, so könnten wir seiner entsprechend übersteigerten Reaktion mit unserem Körpergewicht nicht mehr standhalten und würden wie ein Trampolinspringer nach oben befördert werden.

Doch glücklicherweise verschätzt sich der Fußboden nicht, denn immer, wenn wir ihn belasten, übermitteln wir ihm, wieviel wir gerade wiegen. Je mehr wir gegessen haben, desto mehr drücken wir die Moleküle des Fußbodens unter unseren Pantoffeln zusammen. Jedes einzelne Molekül des Bodens direkt unter unserem Fuß

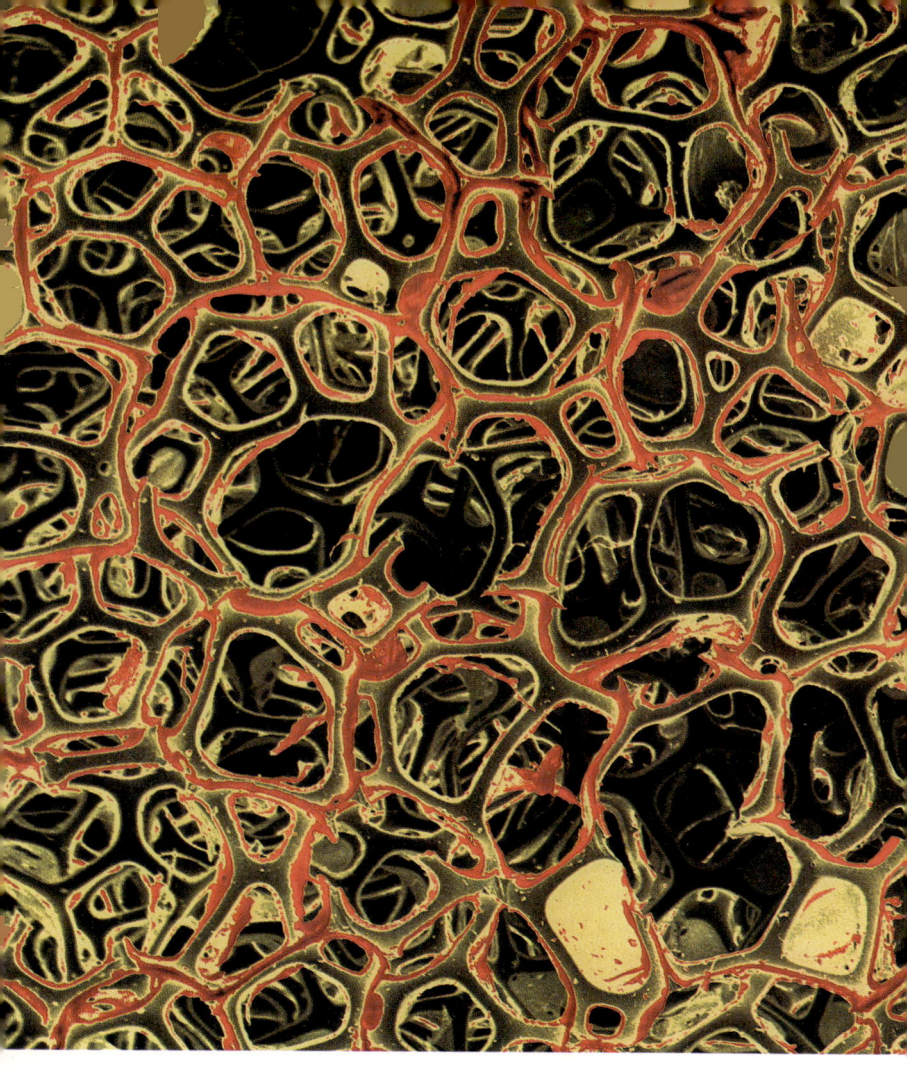

schnellt sofort nach oben, um den zermalmenden Druck auszugleichen. Ein einzelnes Molekül kann keine große Kraft aufbringen,
jedes von ihnen verfügt aufgrund seiner winzigen Größe nur über
ein sehr geringes Maß an Rückstoßenergie, aber da der Fußboden

Zwei Lösungen für das Elastizitätsproblem in der Nacht. Rechts: Blick in den von der Spirale gebildeten Tunnel einer gewöhnlichen Sprungfeder. Links: Verkettete Zellen des Schaumstoffs, der als Füllung für Matratzen und Kissen verwendet wird. Die Sprungfeder schwächt die Erschütterungen ab, indem sie sich in ihrer ganzen Länge verformt; der Schaumstoff dämpft die Erschütterungen, indem sich nur die empfindsame Zellstruktur des belasteten Bereichs verformt.

aus außerordentlich vielen Molekülen zusammengesetzt ist, kann das Gesamtergebnis schon sehr beachtlich sein. Je mehr die Moleküle zusammengedrückt werden, desto stärker stemmen sie sich dagegen und gleichen so – ganz exakt – unser Gewicht aus. Bei

Fußböden, die aus Eisen oder Beton bestehen, geht der Gegendruck der zusammengepreßten Moleküle fast im gleichen Moment vor sich, weshalb sich diese Oberflächen auch so hart anfühlen. Bei Holzfußböden reagieren die zusammengepreßten Moleküle mit einer etwas längeren Verzögerung, weshalb man das Gefühl hat, daß derartige Böden einerseits leicht nachgeben, andererseits aber, wenn man beispielsweise ausgelassen darauf herumspringt, ebenfalls hart und fest sind.

Nur für eine Metallsprungfeder sieht die Sache anders aus, denn sie ist so konstruiert worden, daß sie teuflische Spiralen aufweist, was zur Folge hat, daß sich dieses ganze Metallgebilde bei einer Belastung bis unten hin verformt, bevor die Moleküle die Chance bekommen zurückzuschnellen, bevor sie die Möglichkeit haben zu zeigen, wie leicht und exakt sie das sich über ihnen hin und her wälzende Gewicht abschätzen können. Erst wenn die Verformung den untersten Punkt der gekrümmten Sprungfeder erreicht hat, ist für die Moleküle der große Augenblick gekommen, das auf ihnen lastende Gewicht hochzuwuchten.

Was zu einem Problem führt. Sprungfedermoleküle, die am Ende des Verformungsstadiums nach oben schnellen, halten nicht an, wenn sie ihre ursprüngliche Höhe erreicht haben. Ihre Geschwindigkeit ist so groß, sie haben so viel Schwung, daß sie sich weiter aufwärts bewegen und alles, was auf ihnen lastet, mit nach oben nehmen. Deshalb sind die Sprungfedern so unruhig: Sie tun genau das gleiche wie ein gewöhnlicher Fußboden, nur eben verstärkt. Würden sie es nun dabei belassen, wäre es keine allzu große Schwierigkeit, ausgelassenen Aktivitäten auf dem Bett nachzugehen, ohne daß sich die Sprungfedern in eine unüberhörbar quietschende Lautsprecheranlage verwandeln. Wir bräuchten nur darauf zu achten, unsere eigenen Schwingungen auf das Mindestmaß einzuschränken, und die Sprungfedermoleküle würden es ebenfalls tun. Doch leider kommt noch etwas hinzu. Die Sprungfeder ist nämlich ein sehr sensibler Gegenstand. Wird sie zusammengedrückt, speichert sie in ihrem Innern die Energie der Kräfte, die vorher auf sie eingewirkt haben. Kommt eine weitere Kraft genau in dem Augenblick hinzu, in dem die Moleküle zurückschnellen wollen, sammelt die Sprungfeder noch mehr Energie in sich an, so daß sie kurz darauf entsprechend stärker hochschnellen wird. Eine kleine Energiemenge, die hinzugefügt wird, kann somit eine beachtliche Wirkung hervorrufen. Der gleiche Effekt ist es, wenn wir eine leichtschwingende Schaukel auf dem Spielplatz im richtigen Moment anstoßen und sie sich daraufhin wesentlich schneller bewegt. Sprungfedern sorgen für eine angenehme Unterlage, wenn wir ruhig daliegen, sie besitzen nämlich mehr Elastizität als ein harter Fußboden, doch genau deswegen haben sie auch die Eigenschaft, jede neu hinzukommende Kraft aufzunehmen und zu verstärken, wenn diese die richtige Frequenz trifft, was nicht schwierig ist, da die modernen Sprungfedern viele Resonanzfrequenzen haben. Die Federung von Kraftfahrzeugen, die Halterung der Flugzeugmotoren und andere Vorrichtungen dieser Art haben ebenfalls die Neigung, in Eigenschwingungen zu verfallen. Nur wenn man die grundlegenden Gesetze der elastischen Verformung sorgfältig beachtet, kann man es schaffen, diese Eigenschwingungen zu verhindern.

Der Mann, der diese Gesetze der elastischen Verformung herausgefunden hatte, war Robert Hooke, der Sohn eines Priesters, ein vielbegabter Mensch, der als Mitbegründer der modernen Naturwissenschaft gilt und für das Stadtbild Londons verantwortlich ist, da er nach dem großen Brand von 1666 die Planung des Wiederaufbaus der Stadt geleitet hatte. Dummerweise waren seine vielfältigen Begabungen mit bestimmten anderen Charakterzügen durchsetzt. Die freundlichste überlieferte Personenbeschreibung – von einem wohlgesinnten Biographen verfaßt – war, daß Hooke, wenn »ihm seine Häßlichkeit und seine chronischen Leiden nicht so sehr zu schaffen gemacht hätten, nicht ein derartig schwieriger, argwöhnischer und rechthaberischer Mensch gewesen wäre...«. Nichtsdestotrotz wurde er reich; wodurch er es sich in der damaligen englischen Gesellschaft erlauben konnte, zum Schürzenjäger zu werden. Dienstmädchen, die Freundinnen der Dienstmädchen, die Freundinnen seiner Frau, die Dienstmädchen der Freundinnen seiner Frau – sie alle mußten offenbar zu bestimmten Zeiten aufgrund seiner wiederholten und oftmals erfolgreichen Annäherungsversuche von ihm ferngehalten werden. Warum gerade *er* und nicht einer seiner Kollegen, die sich zurückhaltender gezeigt hatten, sich als erster auf die elastische Verformung konzentriert und sie genau analysiert hat, bleibt der Interpretation seiner Biographie überlassen . . .

Mittlerweile ist es im Schlafzimmer still geworden. Etwas Wasserdampf, der sich niedergeschlagen hat, etwas Reinigungscreme, die sich gelöst hat, und etwas Wärme in den Sprungfedern, die sich nun beruhigt haben: Das ist alles, was noch auf die letzten Anstrengungen des Abends hindeutet. Nun ist es an der Zeit, zu schlafen oder zumindest es zu versuchen. Die Kissen werden zurechtgerückt, zusammengedrückt, leicht ausgeschüttelt und erneut zurechtgerückt. Die Bettdecke wird ganz hochgezogen, und endlich hat man eine angenehme Position gefunden. Noch ein kurzes Brummen, leise Geräusche verschiedenster Art und möglicherweise ein letzter Reflex, dann herrscht plötzlich, ohne daß wir es richtig bemerken, Stille. Oder aber es beginnt – wie in unserem Fall – eine Tortur.

Genau dann, wenn wir am Einschlafen sind, besteht die Chance, die dummerweise günstige Chance, daß wir ein sich ständig wiederholendes, lästiges Geräusch hören. Mit geschlossenen Augen und fast gänzlich zurückgezogenen Sinnen ist es zunächst schwierig, das Wesen dieser Unannehmlichkeit festzustellen. Da ist so etwas wie ein *ping*, dann vielleicht eine Andeutung von einem Plumpsen, und in diesem Moment wird die schreckliche Wahrheit – wenn man sich nicht gerade mit aller Macht gegen eine weitergehende Analyse wehrt – offensichtlich: Es handelt sich um ein leises Platschen, ein Platschen, wie es nur ein einziger Gegenstand im Haus hervorbringen kann, eine peinigende Vorrichtung, für die der Architekt, der es gewagt hatte, sie uns aufzudrängen, erwürgt werden sollte. Es handelt sich um das leise Platschen eines tropfenden Wasserhahns im Badezimmer.

Schwächlinge versuchen, dieses Tropfen zu ignorieren, doch das ist ein Fehler. Schwächlinge verstecken ihren Kopf unter dem Kissen und hoffen, daß, wenn sie sehr, sehr artig sind, das schreckliche Geräusch verschwinden wird oder daß zumindest ihre Ehefrau etwas unternehmen wird, bevor sie selbst irgend etwas tun müssen. Aber tropfende Wasserhähne verschwinden nicht einfach, und Ehefrauen sind selten so dumm, genau in diesem Moment irgendwelche Lebenszeichen von sich zu geben. Tropfende Wasserhähne kennen kein Erbarmen, werden sogar noch lauter und lauter und hallen im Kopf des gequält Daliegenden immer stärker wider, bis dieser schließlich aufgibt, seine Füße in die Pantoffeln steckt und, auf diese Weise grausam am Schlaf gehindert, ins Badezimmer stürmt, um sich mit dem Missetäter auseinanderzusetzen. Wenn er Glück hat, ist das Duell mit dem Wasserhahn nur von kurzer Dauer, nicht etwa eine die Muskeln extrem anspannende Schlacht mit verrostetem Metall, sondern lediglich die Ausführung einer einfachen Bewegung, ein leichtes Drehen, woraufhin er sich schnell wieder zurückziehen kann. Doch wenn er kein Glück hat, wird es zu einer schweren Auseinandersetzung kommen.

Der Wassertropfen kann sich selbst noch durch einen zugedrehten Wasserhahn hindurcharbeiten, da er nicht einfach ohne Verzögerung herauskommt, sondern zunächst einmal herabbaumelt, sich streckt, zieht und zerrt und sich erst dann vom Wasserhahn löst. Diese Verhaltensweise macht das Absperren eines Wasserhahns zu einer schwierigen Angelegenheit. Sie ist auch der Grund dafür, weshalb die Tropfen nicht in regelmäßigen Intervallen, sondern in ungleichmäßigen Abständen herabfallen. Und selbst wenn sie sich vom Hahn gelöst haben, verformen sie sich weiterhin. Im freien Fall ziehen sie sich zunächst einmal in die Länge, doch dann ballen sie sich, da Wasser ein gewisses Maß an Kohäsion besitzt, wieder zusammen, so daß sie fast eine Kugel bilden, ziehen sich danach aber erneut in die Länge. Sie gleichen einem Kunstspringer, der in der Luft eine Serie von Streckungen und Hockstellungen ausführt. Erst nachdem der Tropfen einige Streckungen und Zusammenballungen durchlaufen hat, nimmt er eine beständigere Gestalt an, wobei es sich jedoch nicht um die Tropfenform handelt, die wir uns vorstellen, sondern um eine weitere wenig aerodynamische Form, die am ehsten mit der eines Brötchens zu vergleichen ist. (Wenn wir zu den sehr aufmerksamen Beobachtern gehören, können wir diese Transformationen des Wassertropfens ansatzweise erkennen.) Derartige Verformungen durchläuft auch der durch die Luft fliegende Tennisball aus Gummi; beim Aufschlag ist er platt, wenn er den Schläger verläßt, dann nimmt er die langgestreckte Form einer pelzigen Wurst an, wird erneut platt und wiederholt diesen

Wechsel immer wieder, bis er das gegnerische Feld erreicht, wobei sich auch seine Geschwindigkeit ständig verändert. (Bei jedem Aufschlag, der in Wimbledon ausgeführt wird, wäre dies zu beobachten, doch die Fernsehkameras sind selbst bei der Zeitlupeneinstellung noch zu grobschlächtig, um dies zu dokumentieren.)

Wenn der Wassertropfen im Waschbecken landet, gibt er zwei verschiedene Geräusche von sich. Für uns scheint es sich um einen äußerst kurzen Vorgang zu handeln; er dauert nur $\frac{1}{100}$ Sekunde. Doch für den Wassertropfen, dessen Molekülaktivitäten in milliardstel Sekunden zu messen sind, gleicht die Aufprallbewegung einem langsamen, stundenlang dauernden Zerschmettern. Ihm bleibt noch Zeit, sich zu winden und zu schlängeln, zu hüpfen und zu tanzen, bis schließlich das Unvermeidliche eintritt und der Tropfen explodiert. Würden die Wasserfragmente bei der Explosion mit einer Geschwindigkeit von 290 Stundenkilometern auf die Reise geschickt werden, so würden diese Miniaturgeschosse dabei die ganze, während des Fallens angesammelte Energie verbrauchen, und keines von ihnen wäre mehr übrig, um auf dem Waschbecken ein Geräusch hervorzurufen. Aber leider haben die in unser Waschbecken fallenden Tropfen die dumme Angewohnheit, nur mit 120 Stundenkilometern auseinanderzuspritzen; bei dieser Geschwindigkeit steht noch genug Energie zur Verfügung, um dem Waschbecken ein Geräusch zu entlocken. Hätte man das Becken so konstruiert, daß es dem Innenraum eines Cellos ähnelt, so würde das entstehende Geräusch vielleicht wie ein angenehmer, von einem Virtuosen gespielter Grundakkord klingen. Doch da es sich bei dem Waschbecken, das auf Veranlassung unseres phantasielosen Architekten eingebaut worden ist, wahrscheinlich um ein stinknormales, beckenförmiges Ding handelt – das akustisch gesehen einem kaputten Banjo entspricht –, wird der beim Aufprall auseinanderspritzende Tropfen zunächst ein dissonantes *ping* erzeugen.

Stroboskopisches Einfrieren eines tropfenden Wasserhahns; der Tropfen durchläuft beim Herabfallen eine erstaunliche Folge von Verformungen, die durch den Luftwiderstand hervorgerufen werden, bis er schließlich mit einem stürmischen Aufprall im Waschbecken landet.

Die mit der Geschwindigkeit von 120 Stundenkilometern davon-
rasenden Wasserteilchen sind für die zweite Hälfte des Geräuschs
verantwortlich. Diese Fragmente des auseinanderplatzenden Trop-
fens lassen in der vor ihnen befindlichen Luft Stoßwellen entstehen, wenn sie vom Aufschlagpunkt aus seitwärts davonschnellen.
In einem größeren Maßstab bringen derartige Stoßwellen ein
ohrenbetäubendes Donnern hervor; das Geräusch, das sie im
Waschbecken erzeugen, ist gleichermaßen dissonant, nur etwas leiser. Verbinden wir diese beiden soeben beschriebenen Töne, so ist
das *pingdong* eines tropfenden Wasserhahns vollständig.

Um diesem lästigen Geräusch Einhalt zu gebieten, ist der Haus-
besitzer also noch einmal aus seinem Bett gestiegen. Er stürzt sich
auf den Wasserhahn und beginnt sogleich, ihn mit aller Kraft zuzu-
drehen, verzweifelt und ärgerlich zugleich dreht er ihn mit ruckartigen Bewegungen immer fester zu, wobei er ignoriert, daß er
sich dabei die Haut seiner Handfläche aufscheuert, und er dreht so
lange, bis kein Tropfen mehr hervorquillt, bis er vollkommen
sicher ist, daß es kein *ping* und auch kein *dong* mehr geben wird.
Er dreht den Hahn so fest zu, daß die Tortur ein Ende hat und die
Ruhe in seinem Haus hergestellt ist. Erst jetzt kann er wieder in
sein Bett zurückkehren, wo alles warm, angenehm weich und still
ist.

Erst jetzt ist der Tag für unser Haus wirklich beendet.

Sachregister